数学の真理
をつかんだ
25人の
天才たち

イアン・スチュアート

水谷淳［訳］

Significant Figures
Lives and Works of
Trailblazing Mathematicians

ダイヤモンド社

Significant Figures
by Ian Stewart

Copyright © Joat Enterprises, 2017
All rights reserved.
Japanese translation rights arranged with Profile Books Limited
c/o Andrew Nurnberg Associates International Limited, London
through Tuttle-Mori Agency, Inc., Tokyo

編集者で友人のジョン・デイヴィー
（1945/4/19−2017/4/21）へ

はしがき

　科学のどの分野も、その起源ははるか遠い歴史の靄のなかにまでさかのぼることができる。しかしほとんどの分野でその歴史は、「いまではそれは間違っていたことがわかっている」とか「方向性は正しかったが今日の見方とは違っていた」などとみなされている。

　たとえばギリシャの哲学者アリストテレスは、速歩をしているウマの足が4本とも地面から離れることはけっしてないと考えたが、1878年にエドワード・マイブリッジが、一列に並べた何台ものカメラに罠のワイヤーを結びつけた仕掛けを使って、その考えが間違っていたことを証明した。アリストテレスの運動の理論はガリレオ・ガリレイやアイザック・ニュートンによって完全に覆されたし、心に関するアリストテレスの理論も現代の神経科学や心理学には何ら役立っていない。

　だが数学は違う。けっして廃れることはない。古代バビロニア人が二次方程式の解法を導いたのはおそらく紀元前2000年頃だが、確実な証拠として最も古いのは紀元前1500年のものとされている。この解法が時代遅れになることはけっしてなかった。当時も正しかったし、正しい理由も彼らは知っていた。そして今日でも正しい。我々はそれを記号を使って表現するが、論法に違い

はまったくない。数学の考え方は、未来からバビロニアの時代に至るまで途切れずに延々とさかのぼるのだ。アルキメデスは球の体積を導いたとき、代数記号も使わなかったし、我々と違ってπという具体的な数も頭になかった。当時のギリシャ人のやり方どおり、比を使って幾何学的にその結果を表現した。それでも、その答えが今日の$\frac{4}{3}\pi r^3$と同等であることは瞬時にわかる。

確かに数学以外でも、古代の発見が同じように長く生きつづけている例はいくつかある。アルキメデスによる、物体がそれと同じ体積の液体を押しのけるという原理や、てこの原理などがそうだ。ギリシャ時代の物理学や工学の一部も生きつづけている。

しかしこれらの分野では長命は珍しいが、数学ではもっとふつうのことだ。幾何学の基礎を築いたエウクレイデス(ユークリッド)の『原論』は、いまでも詳しく探究する価値がある。そこに挙げられている数々の定理は正しいままだし、多くはいまだに役に立つ。数学では、我々は前進しながらも、歴史を捨て去ることはないのだ。

数学は単に過去を振り返ることにすぎないと思われる前に、二つの事柄を指摘しておかなければならない。一つは、ある手法や定理がどれほど重要視されるかは変化しうるということだ。研究の方向性が変わったり新たな手法に取って代わられたりして、数学の一分野が丸ごと流行遅れになったり使われなくなったりした例もいくつかある。それでもその分野はいまだに正しいし、ときには、別の分野とのつながりや新たな応用法や画期的な方法論が見つかって、廃れていた分野が復活を見せることもある。指摘しておくべき二つめの事柄は、数学者はある分野を発展させるとき、

単に前へ進んでいくだけではないということ。それと同時に、重要で美しくて有用な新しい数学を大量に生み出していくのだ。

とはいっても、基本的な点はけっして変わらない。ある数学定理の正しさがひとたび証明されたら、その定理はさらなる数学の礎(いしずえ)となる。永遠に。現代の証明の概念はエウクレイデスの時代に比べてかなり厳密になり、暗黙の仮定が排除されている。それでも、いまでは欠陥とみなされている点を埋めることはできるし、エウクレイデスの結果はいまだに有効だ。

数学は「人間の構築物」か?

本書では、新しい数学を誕生させる神秘めいたプロセスを探っていく。数学は何もないところから生まれるわけではない。人が作り出すのだ。そのなかには、驚くほどの独創性や明晰さを備えていた人物が何人かいる。大きなブレークスルーと結びつけられている人々、いわゆる先駆者、開拓者、偉人たちだ。歴史家が言うとおり、彼ら偉人たちの業績は、そのパズル全体のなかの小さなピースに貢献した大勢の脇役に支えられていた。比較的無名の人物が、役に立つ重要な疑問を提起することもある。重要なアイデアを何となく考えついても、それを新しい強力な手法や見方に変える技能がない人物もいる。

ニュートンは、「自分は巨人たちの肩の上に立っている」と言った。ニュートンは多少嫌みっぽいところがあって、巨人とされた一部の人たち(とくにロバート・フック)は、ニュートンは自分たちの肩の上に立っているというよりも爪先を踏みつけている

ようなものだと不満を垂れた。自分たちのことを正当に評価せず、著作のなかでは自分たちの成果を引用しながらも、公の場では手柄を横取りしているというのだ。しかしニュートンの言葉は正しかった。運動や重力や光に関するニュートンの偉大な業績は、知的な先人たちの膨大な識見に頼っていた。巨人たちだけではない。ふつうの人々もまた大きな役割を果たしたのだ。

とはいえ巨人たちは抜きん出ていて、我々の進む道を先導していく。選りすぐりの偉人たちの人生や業績を通して見ていくことで、新しい数学はどのようにして作られるのか、誰が作ったのか、その人たちはどのような生き方をしたのかを知ることができる。彼らは単に、我々に進むべき道を指し示した先導者というだけでなく、数学的概念の広大なジャングルにからみ合った下草を刈り払って道を切り拓いた開拓者でもあると思う。ほとんどの歳月は棘だらけの藪や沼に悪戦苦闘したが、ときにはゾウの失われた都市やエル・ドラードにたどり着き、下草のなかに隠された貴重な宝石を発見した。そして、それまで人類が知らなかった概念領域を明らかにしたのだ。

というよりも、彼らはその領域を作り出した。数学のジャングルは、アマゾンの熱帯雨林やアフリカのコンゴなどとは違う。数学の開拓者は、ザンベジ川沿いのルートを切り拓いたりナイル川の源流を探したりしたデイヴィッド・リヴィングストンとは違う。リヴィングストンは、すでにそこにあるものを「発見」したにすぎない。地元の人々はそれがあることを知っていた。しかし当時のヨーロッパ人は、「ヨーロッパ人がほかのヨーロッパ人の目をあるものに向けさせること」を「発見」と解釈していた。

だが数学の開拓者は、もとから存在していたジャングルを探検するだけではない。ある意味、前進するにつれてジャングルを作っていくのだ。まるで、彼らの足跡から新たな植物が芽生えて、あっという間に若木になり、さらに巨大な樹木へと成長していくかのように。しかし、どのような植物が芽生えるかを選ぶことはできないので、あたかもそのジャングルはもとから存在していたかのように感じられる。踏みしめる場所は選べるが、マングローブの沼地ができてくる場所にマホガニーの木立を「発見」することはできないのだ。

　いまだに広く受け入れられている、数学的概念に対するプラトン的な見方の根底には、このような考え方があるのだと思う。数学的真理は「実在」しているが、それは過去にも未来にもつねに存在しつづけるいわば並行世界のなかに理想的な形で実在しているという見方だ。この見方によれば、新しい定理を証明するというのは、ずっと存在してきたものを見つけ出すことにすぎない。このプラトン的な見方が文字どおり正しいとは思わないが、数学研究のプロセスを正確に表わしてはいる。結果を選ぶことはできない。できるのは、藪を揺すって何か出てこないか見極めることだけだ。

　ルーベン・ハーシュは著書『数学とは本当は何なのか』のなかで、数学に対するもっと現実に近い見方を示している。数学とは、人間が頭のなかで作り上げた共有構築物だというのだ。この点ではお金に似ている。お金は、金属の塊や紙切れやコンピュータ上の数字「そのもの」ではない。金属の塊や紙切れやコンピュータ上の数字を互いに、あるいは品物とどのように交換するかを定め

た、誰もが共有する一連の約束事、それがお金だ。

　ハーシュのこの主張に一部の数学者は怒りをあらわにし、「人間の構築物」という表現を槍玉に挙げて、数学はけっして好き勝手に作れるものではないと反論した。確かに社会相対主義とのそしりは免れない。しかしハーシュは、数学はけっして人間の構築物ではないとはっきり説明している。我々はフェルマーの最終定理に挑むかどうかは選ぶことができるが、それが真か偽かを選ぶことはできない。人間の構築物である数学は、厳格な論理体系の制約にしばられており、この制約を尊重しないかぎりその構築物に何かを付け足すことはできない。その制約のおかげで我々は真と偽を区別できるのだろう。しかし、真と偽のどちらかしかありえないと声を荒げただけでは、どちらが当てはまるのかを知ることはできない。肝心なのは、「真と偽のどちらなのか」である。

　物議を醸している数学分野を批判するために、数学なんて同語反復にすぎないと指摘する声を、私は何度聞いたかわからない。新しい事柄はすべて、すでに知られている事柄の論理的帰結でしかないというのだ。確かにそのとおりだ。新しい事柄は古い事柄のなかに暗黙に含まれている。しかし、それを明らかにしようとしたら苦労が待っている。アンドリュー・ワイルズに聞いてみたらいい。フェルマーの最終定理の真偽は数学の論理構造によってあらかじめ決まっていたと言ったところで、何の意味もない。ワイルズは、そのあらかじめ決まっていた真偽を明らかにするために7年の歳月を費やした。たとえあらかじめ決まっていたとしても、それが明らかにされるまでは何の役にも立たない。まるで、誰かに大英図書館までの道を尋ねたら、イギリスにあると言われ

てしまったかのように。

25人の偉大な数学者

　本書は数学全体の体系的な歴史書ではないが、数学のさまざまな話題を一貫した形で紹介し、読み進めるにつれていろいろな概念が体系的に積み上がっていくようにしたつもりだ。そのためには、全体的におおよそ時代順に並べる必要がある。ただし、話題ごとに時代順に並べてしまうと、さまざまな数学者を行ったり来たりして読めたものではないので、各章をその数学者の誕生年の順に並べ、ところどころに相互参照を付けた。

　私が選んだ偉人は25人、古代も現代も、男女も、洋の東西もさまざまだ。彼らの個人史の冒頭を飾るのは、古代ギリシャ、偉大な幾何学者で工学者のアルキメデスである。その業績は、πの近似値の算出や球の表面積および体積の計算から、らせん揚水機や、敵の艦船を破壊するクレーンに似た機械の発明に至るまで幅広い。次に登場する3人は、中世に主要な数学研究がおこなわれた東洋を代表する人物。中国人学者の劉徽、著作の題名が「アルゴリズム」や「アルジェブラ」（代数学）の語源となったペルシャ人数学者のムハンマド・ムーサー・アル゠フワーリズミー、そして、西洋では1000年後にニュートンによって再発見された三角関数の無限級数展開を編み出したインド人、サンガーマグラーマのマーダヴァである。

　イタリア・ルネサンスによって主要な数学研究がヨーロッパの地に戻り、数学の殿堂に燦然と輝く史上最高のぺてん師の一人、

ジローラモ・カルダーノが登場する。賭博師で喧嘩好きのカルダーノは、これまでに印刷されたなかで最も重要な代数学の教科書を書き、医者として働き、タブロイド紙の記事張りの人生を送った。星占いもおこなった。それとは対照的に、最終定理で有名なピエール・ド・フェルマーは弁護士だったが、数学に対する情熱のあまり本業をおろそかにすることも多かった。フェルマーは数論をれっきとした数学の一分野に変えたが、それだけでなく、光学にも貢献を果たし、微積分の先駆けとなる手法も編み出した。

微積分の分野を完成させたのはニュートンで、その代表作が『自然哲学の数学的諸原理』、通称『プリンキピア』である。そのなかでニュートンは、運動と重力の諸法則を示し、それらを太陽系の運動に当てはめた。ニュートンによって数理物理学は転換点を迎え、ニュートンいわく「世界体系」の組織立った数学的学問へと変貌した。

ニュートンから100年のうちに、数学の本場はヨーロッパ大陸やロシアへ移った。史上最も多作の数学者レオンハルト・オイラーは、まるで新聞記者のようなペースで重要な論文を次々に発表しながら、数学の多くの分野を体系化して、的確かつ明快な一連の教科書を書いた。オイラーの洗礼を受けなかった数学分野は一つもない。オイラーはジョゼフ・フーリエのアイデアの一部まで先取りしていた。フーリエによる熱伝導の研究は、現代の工学便覧に収められている最も重要な手法の一つ、フーリエ解析へつながった。これは、周期的な波形を基本的な三角関数である「サイン」と「コサイン」で表現するというものだ。フーリエはまた、地球の熱収支に大気が重要な役割を果たしていることを初めて明

らかにした。

　数学が現代に突入したのは、史上最高の数学者の座を争う強力な対抗馬、カール・フリードリヒ・ガウスによる比類ない研究の数々のおかげである。ガウスは数論の研究からスタートし、新たに発見された小惑星ケレスの再出現を予測することで天体力学における名声を固め、さらに複素数、最小二乗法、非ユークリッド幾何学を大きく前進させた。ただし非ユークリッド幾何学に関しては、時代を先取りしすぎていて物笑いの種になることを怖れ、何一つ発表しなかった。

　ニコライ・イワノヴィッチ・ロバチェフスキーはもっと大胆で、ユークリッド幾何学に代わる、いまでは双曲幾何学と呼ばれている分野に関して数多く発表した。ロバチェフスキーとボーヤイ・ヤーノシュがいまでは非ユークリッド幾何学の正当な創始者とされていて、その幾何学は曲率一定の曲面の自然な幾何学と解釈することができる。しかし、そのアイデアは時代を先取りしすぎているとガウスが考えたのもあながち間違ってはおらず、ロバチェフスキーもボーヤイも生前に認められることはなかった。この時代を締めくくるのは、20歳のときに若い女性をめぐる決闘で命を落とした革命家エヴァリスト・ガロアの悲劇である。ガロアは代数学を大きく前進させ、それが、対称性という重要な概念を変換群に基づいて特徴づける、今日の考え方につながった。

　ここで物語は新たなテーマに突入し、本書初登場の女性数学者が切り拓いた道を進んでいく。それは計算の数学である。ラヴレス伯爵夫人のオーガスタ・エイダ・キングは、計算機械のパワーの可能性に気づいたひたむきな人物チャールズ・バベッジの補佐

役を果たした。バベッジは、いまではスチームパンクSFを象徴するような、ラチェットと歯車でできたプログラム可能なコンピュータ、解析機関の構想を立てた。エイダは史上初のコンピュータ・プログラマーと広く認められているが、ただしその見解に対しては異論もある。計算をめぐるテーマは続き、ジョージ・ブールは著書『思考法則』のなかで、今日のコンピュータにおけるデジタル論理の基礎を数学的に定式化した。

　数学が多面的になるにつれて本書の話も枝分かれし、広がりつづけるジャングルの新たな領域へ分け入っていく。ベルンハルト・リーマンは、一見したところ複雑な概念の根底に潜む単純で包括的な考え方を解き明かすことに秀でていた。リーマンの業績の一つが、幾何学、とくに湾曲した「多様体」の基礎を築いたことで、それをもとにアルベルト・アインシュタインが革新的な重力理論である一般相対論を構築した。しかしリーマンはまた、数論と複素解析を「ゼータ関数」で結びつけることによって、素数の理論を大きく前進させた。このゼータ関数の零点に関するリーマン予想は、数学全体のなかでも最も有名で最も重要な未解決問題であり、その解決には100万ドルの賞金が懸けられている。

　次に登場するゲオルク・カントールは、集合論を導入することで数学の基礎に対する考え方を変え、自然数1, 2, 3……に対応する無限大を定義して、無限大のなかには厳密かつ役に立つ意味で大きいものと小さいものがあることを発見した。カントールも多くの革新者と同じく、生前は正当に評価されず嘲笑の的になっていた。

　ここで、桁外れの才能を持った本書2人目の女性数学者、ソフ

ィア・コワレフスカヤが登場する。コワレフスカヤの人生はかなり複雑で、ロシア革命前夜の政治情勢と、才能豊かな女性の行く手を阻む男性中心社会による数々の障壁とからみあっていた。それでも驚くことに、コワレフスカヤはさまざまな数学的業績を残した。偏微分方程式の解法、剛体の運動、土星の環の構造、そして結晶による光の屈折に関して数々の優れた発見をおこなったのだ。

ここから物語のペースは速まる。19世紀初頭、世界を代表する数学者の一人だったのがフランス人のアンリ・ポアンカレである。一見したところ風変わりだが、実はとてつもなく頭の切れる人物だった。ポアンカレは、図形を連続的に変形させられる「ゴムシートの幾何学」、いわゆるトポロジーという生まれたての分野の重要性に気づき、それを2次元から3次元以上に拡張させた。さらにそれを微分方程式に応用し、ニュートン重力理論における三体問題に取り組んだ。そこから、ランダムでない系が見かけ上ランダムな振る舞いを見せるという、決定論的カオスが起こりうることを発見した。また、アインシュタインに先んじて特殊相対論の発見にも近づいた。

ドイツでポアンカレに相当する人物であるダフィット・ヒルベルトの経歴は、5つのまったく異なる期間に分けることができる。はじめに、ブールが先鞭をつけた、座標系が変化しても変わらない代数式、いわゆる「不変式」に関する研究を引き継いだ。次に、数論の主要領域の体系的手法を編み出した。その後、エウクレイデスによる幾何学の公理を再検討して不備を見つけ、公理を追加して論理的欠陥をふさいだ。次に数理論理学と数学基礎論に転向

して、数学を一つの公理的基礎の上に構築できること、および数学は無矛盾(いかなる論理的演繹からも矛盾が導かれない)で完全(すべての命題を証明または反証できる)であることを証明するという計画を立ち上げた。最後に数理物理学に移って、一般相対論の構築においてアインシュタインにあと一歩まで迫り、また量子力学で中心的な役割を果たすヒルベルト空間の概念も導入した。

女性数学者として本書で最後、3番目に登場するエミー・ネーターは、女性が学問に携わることに対してほとんどの男性科学者がいまだ顔をしかめていた時代に生きた。ヒルベルトと同じく最初は不変式の理論に取り組み、やがてヒルベルトと共同研究をするようになる。ヒルベルトは、女性を排除する見えない壁を打ち崩してネーターを常勤職に就けようと努力を重ね、ある程度は実を結んだ。ネーターは抽象代数学の道を切り拓き、群、環、体といった今日の公理的構造の先駆けを築いた。また、物理法則の対称性と、エネルギーなどの保存量とを結びつける重要な定理も証明した。

すでに物語は20世紀に入っている。優れた数学的才能が西洋の知識階級に留まらないことを示すために、貧しい家庭で育った独学の天才インド人、シュリニヴァーサ・ラマヌジャンの生涯と業績を追いかけていく。奇妙だが正しい公式を思いつくその神秘的な才能に太刀打ちできる人物がいたとしたら、それはオイラーやカール・ヤコービといった巨人くらいだったろう。ラマヌジャンは証明の概念こそぼんやりとしか理解していなかったが、誰も想像だにしたことのないような公式を見つけることができた。今日でもなお、斬新な考え方を求めてその論文やノートが詳しく調

べられている。

　哲学志向の2人の数学者によって、話は数学の基礎とその計算との関係性へと戻る。一人はクルト・ゲーデル。算術のいかなる公理系も不完全で決定不可能であることを証明し、算術を公理化するというヒルベルトの計画を打ち砕いた。もう一人はアラン・チューリング。プログラム可能なコンピュータの能力に関する考察から、上記の結果に対するもっと単純で自然な証明を導いた。第2次大戦中にブレッチリー・パークで暗号解読に携わったことでももちろん有名だ。また、人工知能のチューリングテストを提唱し、戦後は動物の身体の模様が示すパターンについても研究した。同性愛者だったチューリングは、悲劇的で謎めいた状況で命を落とした。

　存命の数学者は一人も取り上げないと決めたが、最後に、最近亡くなった現代の数学者2人に登場してもらう。1人は純粋数学者で、もう1人は応用数学者（型破りでもある）。後者がブノワ・マンデルブロ、どんなに拡大しても細かい構造を持っている幾何学図形、いわゆるフラクタルに関する研究で広く知られている。自然の事物をモデル化するうえでは、球や円筒といった従来の滑らかな曲面よりもフラクタルのほうがはるかに的確なことが多い。いまではフラクタルとみなされている構造を研究した数学者はほかに何人もいるが、マンデルブロはそれらが自然界のモデルになりうることに気づいてこの分野を大きく前進させた。マンデルブロは定理を証明するタイプの数学者ではなく、幾何構造を直感的かつ視覚的に把握することで、関係性をとらえて予想を示すスタイルだった。また演出上手でもあり、自分のアイデアを積極的に

売り込んだ。そのため数学界の一部では良く思われていなかったが、そもそも全員を満足させることなんて誰にもできない。

最後に、(純粋) 数学者のなかの数学者、ウィリアム・サーストンを選んだ。サーストンも幾何構造を直感的に、しかもマンデルブロよりも幅広くかつ奥深くとらえることができた。定理を証明するタイプの数学を誰よりも進めることができたが、業績を重ねるにつれ、定理を重視して証明はあらましですませるようになっていった。とくにトポロジーを研究し、非ユークリッド幾何学との思いがけない関係性に気づいた。のちにグリゴリ・ペレルマンがその考え方を手掛かりにして、ポアンカレの提唱した、トポロジーに関するある難解な予想を証明した。その証明法は、すべての3次元多様体に関する予想外の事実を教えてくれる、サーストンによるさらに包括的な予想の証明にもつながった。

驚異の人物たちはどのように数学者になったのか

最後の章では、彼ら驚異の人物たちの25の物語を貫く共通項をいくつか取り上げ、そこから先駆的な数学者についてどんなことが読み取れるかを探っていく。どんな人物か、どのような取り組み方をするのか、どこから突飛なアイデアを思いつくのか、そもそも何がきっかけで数学者になるのか。

しかしここで断わりを2つ入れておきたい。1つは、どうしても選り好みをするしかなかったことだ。ありとあらゆる人物の伝記を書き、開拓者たちが取り組んだすべての事柄を調べ尽くし、彼らがどうやってアイデアを生み出してどうやって同業者と交流

したのか、その詳細に立ち入るほどの紙面の余裕はない。そこで、最も重要で最も興味深い発見や概念を選び出し、そこに、彼らの人となりや社会における立場が浮かび上がるだけの歴史的詳細を付け加えてみた。古代の何人かの数学者については、その人生に関する記録がほとんど残っていない（業績に関する原文書も残っていないことが多い）ため、どうしてもかなりおおざっぱな記述になってしまっている。

　2つめの注意事項として、私が選んだ25人の数学者だけが、数学の発展に寄与した偉人であるなどということはけっしてない。この25人を選んだのには、数学的内容の重要性、その分野自体の関心度、人間的な物語の魅力、歴史上の時代、多様さ、そして「バランス」というとらえどころのない要素など、さまざまな理由がある。あなたの好きな数学者が取り上げられていなかったとしたら、それはおそらく、紙幅が限られていたためと、場所、時代、性別という3つの座標を持つ3次元多様体の上に広く散らばるよう代表的人物を選ぼうとしたためだ。本書に登場するどの人物も取り上げられるに十分値すると思っているが、1人か2人については異論があるかもしれない。また、ほかにも同じくらい取り上げられてしかるべきだった人物が大勢いることは間違いない。

数学の真理をつかんだ25人の天才たち──**目次**

はしがき ⅲ
　数学は「人間の構築物」か？　ⅴ
　25人の偉大な数学者　ⅸ
　驚異の人物たちはどのように数学者になったのか　ⅹⅵ

1　アルキメデス
Archimedes
私の描いた円を乱すな
1
　多芸多才の当時最高の科学者　4
　簡単に船を動かすアルキメデス　6
　入浴中のひらめき「エウレカ!」　11
　太陽神は何頭の牛を飼っているか　13
　墓に刻まれた定理　15

2　劉 徽
りゅう き
Liu Hui
道の師
17
　中国の進んだ数学　20
　精確なπの近似値を求める　22
　中国人数学者の考え方はヨーロッパに伝播したのか　24

3　ムハンマド・アル＝フワーリズミー
Muhammad al-Khwarizmi
アルゴリズミはこう言った
27
　なぜ代数学の父と言われるのか　30
　現代にまで影響をおよぼしているアルゴリズム　36
　さまざまな分野の著作　38

4 サンガーマグラーマのマーダヴァ
Madhava of Sangamagrama
───── 41
無限の革新者
天文学と数学のケーララ学派を開く　43
ケーララ学派は高度な数学を独自に発展させた　45
インド人数学者はヨーロッパ人よりも
はるか以前に重要な発見をしていた　50

5 ジローラモ・カルダーノ
Girolamo Cardano
───── 52
ギャンブルをする占星術師
自堕落な生活で財産を失う　54
数学の公開試合　56
死ぬ日を予言し自ら命を絶つ　61

6 ピエール・ド・フェルマー
Pierre de Fermat
───── 63
最終定理
数学への興味で、法律の仕事は上の空　65
数論に関する最大の業績　68
フェルマーは最終定理を証明していない　70
1995年、最終定理の証明が完成した　74

7 アイザック・ニュートン
Isaac Newton
───── 78
世界の体系
不幸な子供時代　81
「無限小」という概念をめぐって　85
微積分をめぐるライプニッツとの大論争　90
ニュートン物理学はいまだにきわめて重要である　92
神秘主義から合理主義への過渡期の人物　95

8 レオンハルト・オイラー
Leonhard Euler — 99
我々すべての師
- ロシアとベルリンでの多産な研究活動　104
- 数多くの発見と膨大な業績　107
- 組み合わせ論と離散数学を生み出した　110
- あらゆる数学分野に関心を示した　112

9 ジョゼフ・フーリエ
Joseph Fourier — 115
熱を操る者
- フランス革命期の華麗なる生涯　118
- 熱の流れを表わす熱伝導方程式　120
- 地球温暖化の「温室効果」　124
- フーリエのひらめきは現代にも幅広く応用されている　126

10 カール・フリードリヒ・ガウス
Carl Friedrich Gauss — 128
見えない足場
- 教師を驚嘆させた神童　130
- 2つの興味、数学と言語学　132
- エウクレイデスの正多面体　134
- 19歳の若者が発見した正一七角形の方程式　136
- 足場を見せない簡潔明瞭な文体　138
- 妻と息子の死を乗り越えて　143
- 幅広い分野におよぶ研究　145
- 物理学者ヴェーバーとの共同研究　146

11 ニコライ・イワノヴィッチ・ロバチェフスキー
Nikolai Ivanovich Lobachevsky — 149
ルールを曲げる
- 平行線公理との矛盾　152

非ユークリッド幾何学を発見したが
注目されることなく世を去った　157
ボーヤイとロバチェフスキーの幾何学　159
非ユークリッド幾何学の評価と発展　162

12 エヴァリスト・ガロア
Évariste Galois
根と革命家 ——— 166
一人の女性をめぐる決闘で命を落とす　168
遺された手紙がのちの数学に多大な影響を与える　174
群は「数学全体」をその真髄まで削ぎ落としたもの　181

13 オーガスタ・エイダ・キング
Augusta Ada King
数の魔女 ——— 184
バベッジの階差機関　187
史上初のコンピュータ・プログラマー　191
晩年は不遇のうちに亡くなった　196

14 ジョージ・ブール
George Boole
思考の法則 ——— 198
父親から読み書きと数学を教わる　201
初期の研究によって一つの数学分野が生まれた　202
論理法則を代数演算として解釈する　204
アリストテレスの三段論法を記号を使って証明　209
同毒療法が効かず胸膜肺炎で亡くなる　211
ブール代数がデジタル時代への道を拓いた　213

15 ベルンハルト・リーマン
Bernhard Riemann
素数の音楽家 ——— 218
複素解析にトポロジー的手法を導入　222

論理的厳密性が発展を妨げるか　226
リーマン予想は数学最大の未解決問題の一つ　227

16 ゲオルク・カントール
Georg Cantor ──── 232
連続体の枢機卿
集合論と超限数　234
無限集合では全体が部分と等しいことがある　239
対角線論法で実数の集合は不可算であることを証明した　242
数学と信仰との折り合い　245
晩年は鬱状態に陥り、療養所で亡くなる　247
集合論は現代数学の土台となる　248

17 ソフィア・コワレフスカヤ
Sofia Kovalevskaia ──── 250
初の偉大な女性
家族ぐるみで作家ドストエフスキーと付き合う　253
18歳で「偽装結婚」　255
女性としてはルネサンス期以来初の
数学の最優等博士号を取得　258
数学者としての名声が高まり、
ロシア科学アカデミーの会長に就任　262
コワレフスカヤのこまは数理物理学の模範例　265

18 アンリ・ポアンカレ
Henri Poincaré ──── 268
怒濤のように浮かぶアイデア
数学のモンスター　271
ポアンカレ予想　273
ポアンカレ写像　280
多体問題の論文　282
偉大な数学的遺産　285

19 ダフィット・ヒルベルト
David Hilbert ———287
我々は知らなければならない、我々は知ることになろう
- 不変式論の分野全体をひっくり返す 290
- 代数的数論を発展させる 293
- ユークリッド幾何学を公理論的に扱うための基本原理を確立 295
- 20世紀の数学研究を方向付けたヒルベルト問題 299

20 エミー・ネーター
Emmy Noether ———303
学問の慣例を覆す
- 著名な数学者の娘として生まれる 305
- 因習を打ち崩すヒルベルトの奇抜な解決策 308
- イデアルからネーター環へ 312
- ナチスのユダヤ人排除でアメリカへ 316

21 シュリニヴァーサ・ラマヌジャン
Srinivasa Ramanujan ———319
公式人間
- 早世した独学の天才 322
- 独創的な直感 331
- 驚くべき分割数の理論 333
- 弦理論にも役立つ「テータ関数」 335
- 年月とともにますます高まる影響力 337

22 クルト・ゲーデル
Kurt Gödel ———339
不完全で決定不可能
- アメリカに渡りアインシュタインと交流 343
- 数学全体の公理化 347
- 真偽が定まらないような命題が存在する 349

23 アラン・チューリング
Alan Turing
この機械は停止する ——354

- アルゴリズム全般の定式化を考えはじめる 356
- チューリングマシンの汎用性 358
- 第2次世界大戦での暗号解読に貢献 362
- 女性数学者との婚約解消と一流の長距離走者 365
- プログラム内蔵方式のコンピュータの設計と
  チューリングテスト 367
- 同性愛者として断罪された数学の天才への謝罪 370

24 ブノワ・マンデルブロ
Benoit Mandelbrot
フラクタルの父 ——373

- 数学者の叔父シュレムの影響と叔父への反感 376
- 自然界をフラクタルでモデル化 381
- 抽象的な事柄と具体的な事柄をつなぐ論理の鎖 388

25 ウィリアム・サーストン
William Thurston
裏返しにする ——391

- 一つの分野を完全に片付けてしまう 394
- **3次元多様体におけるポアンカレ予想** 396
- **数学的概念を視覚化する能力** 403

数学的な人々 407

- **多種多様な先駆者たち** 407
- **視覚的に考える数学者** 410
- **数学を愛し、突き進んでいた人たち** 413

原注 417 ／ 参考文献 419 ／ 索引 423

［編集部注］本文中の＊番号ルビは、著者による原注を示し巻末に掲載した。

1

私の描いた円を乱すな
アルキメデス

Do Not Disturb My Circles
Archimedes

シラクサのアルキメデス

生:シチリア島シラクサ、紀元前287年頃
没:シラクサ、紀元前212年頃

年は1973年、場所はアテナイ近郊のスカラマガス海軍基地。全員の視線が、ローマ時代の船のベニヤ板模型に集中していた。その船に集中したのはそれだけではない。50メートル先に並べられた、横1メートル縦1.5メートルの銅被覆鏡70枚で反射した日光も、そこに集束したのだ。

　すると、数秒もせずにその船は燃えはじめた。

　現代のギリシャ人科学者イオアンニス・サッカスは、古代ギリシャのある伝説的な科学を再現しようとしている。紀元2世紀のローマ人作家ルキアノスによると、紀元前214年から212年頃、シラクサの包囲戦のさいに、工学者で数学者のアルキメデスが敵の艦船を燃やして破壊する装置を発明したという。その装置が実在したのか、もし実在していたとしてもうまく機能したのか、それはほとんどわかっていない。ルキアノスの話は、火をつけた矢を射るとか、燃えた布きれをカタパルトで発射させるとかいったありふれた方法を指していただけなのかもしれないが、わざわざ新発明と紹介している理由はどうもわからない。

　6世紀、トラレスのアンテミオスは著作『燃やす鏡』のなかで、アルキメデスは巨大なレンズを使ったのではないかと書いている。しかし最も広まっている言い伝えによると、アルキメデスは1枚の巨大な鏡、または、何枚もの鏡を弧状に並べて放物面反射鏡に近い形にしたものを使ったのだという。

　放物線はU字形の曲線で、ギリシャ人幾何学者にもよく知られていた。アルキメデスももちろん、その集束的な性質を知っていた。軸に平行であるどの直線も、放物線で反射すると、焦点という同じ点を通るという性質だ。ただし、ギリシャ人は光の性質を

不十分にしか理解していなかったため、放物面鏡が太陽からの光（および熱）を同じように集束させることに誰かが気づいたかどうかは定かでない。しかしサッカスの実験からわかるとおり、アルキメデスは鏡をわざわざ放物線の形に並べる必要はなかっただろう。光を反射する楯を持った大勢の兵士がそれぞれ、船の同じ場所に太陽光が当たるよう狙いを定めれば、同じくらいの効果をおよぼしたにちがいない。

「アルキメデスの熱光線」と呼ばれているこの代物が実際に機能したかどうかは、長いあいだ激しい論争の的になってきた。光学の先駆者でもある哲学者のルネ・デカルトは、うまくいったはずがないと信じていた。サッカスの実験を見るとうまく機能したかもしれないようにも思えるが、ベニヤ板で作った模型の船は脆かったし、タールを使った塗料が塗られていたので、簡単に燃えてもおかしくなかった。とはいえ、アルキメデスの時代には船体を守るためにタールを塗るのが一般的だった。

2005年、MITの学生グループがサッカスの実験を再度おこない、最終的には木製の模型船に火をつけることに成功したが、そのためには、船をいっさい動かさずに太陽光を10分間集束させつづけなければならなかった。このグループはテレビ番組『怪しい伝説』のなかで、サンフランシスコの1艘の漁船を使って再度挑戦し、木材を焦がしていくつか炎を出すところまではこぎつけたものの、燃え上がらせるには至らなかった。番組は、この伝説は嘘だと結論づけた。

多芸多才の当時最高の科学者

　アルキメデスは、天文学、工学、発明、数学、物理学と多才多芸だった。当時最高の科学者（現代の言い回しで言えば）だったと思われる。数学の重要な発見に加え、水を汲み上げるためのらせん揚水機や、重いものを持ち上げるための滑車装置など、驚くほど幅広い発明品を生み出し、また、浮かべた物体に関するアルキメデスの原理や、てこの原理も発見した（てこ自体が登場したのはもっとずっと昔だが）。さらに、鉤爪状の軍事用機械も発明したとされている。言い伝えによると、シラクサの戦いでそのクレーンのような装置を使い、敵の船を海から持ち上げて沈めたという。2005年のテレビ・ドキュメンタリー『古代世界の超兵器』では、その装置を独自に作ったところ実際に機能した。

　古代の文書にはそのほかにも、アルキメデスのものとされる興味深い定理や発明が数多く取り上げられている。そのなかの一つである機械式の惑星計算装置にかなり似た、有名なアンティキティラの機械は、紀元前100年頃に作られて、1900年から1901年に沈没船のなかから発見され、最近になってようやく機能が解明された。

　アルキメデスの人物像についてはほとんどわかっていない。生まれたのは、シチリア島東岸の南端に近い由緒ある町シラクサ。この町は、コリントを追われた半ば神話的な人物アルキアスの指揮のもと、紀元前734年か733年にギリシャ人入植者によって建設されたといわれている。

プルタルコスによれば、アルキアスは美男子アクタイオンに夢中になったという。求愛を断わられたアルキアスはアクタイオンを連れ去ろうとしたが、もみ合いのなかでアクタイオンの身体は引き裂かれてしまう。アクタイオンの父メリッソスは裁きを求めたが聞き入れられなかったため、ポセイドンの神殿の屋根に登って神に息子の復讐を乞い、地面の岩めがけて身を投げた。この劇的な出来事ののちに厳しい旱魃と飢饉が起こり、町の神官は、ポセイドンの怒りを鎮めるには復讐を実行するしかないと言いきった。それを聞いたアルキアスは、生け贄にされないよう自ら町を去り、シチリア島へ向かってシラクサを建設した。しかしのちに、少年時代やはりアルキアスに気に入られていたテレポスに殺され、結局のところ過去のおこないのせいで身を滅ぼしたのだった。

　土地が豊かで地元民も親切だったシラクサは、まもなく地中海全体で最も繁栄する有力なギリシャ人都市となった。アルキメデスは著作『砂粒を数える者』のなかで、自分の父親は天文学者のフェイディアスであると書いている。またプルタルコスの『対比列伝』によると、アルキメデスはシラクサの僭主ヒエロン2世の遠い親戚だという。アルキメデスは若い頃、ナイルデルタ沿岸のエジプトの都市アレクサンドリアで学び、そこでサモスのコノンやキュレネのエラトステネスと出会ったといわれている。その証拠として、コノンは友人だというアルキメデスの言葉が残っているし、著作『機械的定理の方法』と『牛の問題』のはしがきはエラトステネスに宛てて書かれている。

　アルキメデスの死についてもいくつか言い伝えがあり、のちほど紹介する。

簡単に船を動かすアルキメデス

　数学に関するアルキメデスの名声は、後代の写本として残っているその著作に基づいている。友人のドシテオスに宛てた手紙という体裁を取っている著作『放物線の求積』には、放物線に関する24の定理が収められており、そのうちの最後の定理は、放物線の一部分に囲まれた面積を三角形との比として求めるというものである。アルキメデスの著作には放物線が目立った形で登場する。放物線を含む円錐曲線は、ギリシャ幾何学で中心的な役割を果たした。円錐曲線を作るには、2つの同じ円錐を頂点どうしで連結した複円錐を、平面で切断する。円錐曲線にはおもに、閉じ

3種類の円錐曲線

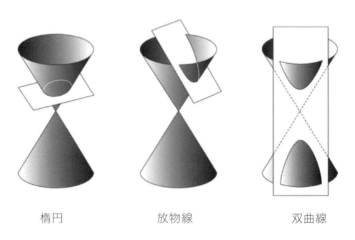

楕円　　　　　　放物線　　　　　　双曲線

た環状である楕円、U字形をした放物線、そして、2本のU字形曲線が背中合わせで向かい合った双曲線の計3種類がある。

　全2巻の著作『平面の釣り合いについて』には、静止した物体の状態を解析する、いまでは静力学と呼ばれている力学の一分野に関する、いくつかの基本的な結果が示されている。この分野がさらに発展したことで土木工学が確立し、建物や橋の構造部材にかかる力を計算して、たわんだり崩れたりせずに持ちこたえられるようにすることが可能となった。

　第1巻ではおもにてこの原理が論じられており、そこでは「2つの物体はその重さに反比例する距離において平衡を保つ」と書かれている。ここから導かれる一つの結論として、長いてこを使うと小さい力が増幅される。プルタルコスによれば、アルキメデスは王ヒエロンへの手紙のなかでこの結論を、「立つ場所を与えてもらえれば地球を動かしてみせましょう」と大げさに説明したという。このためにはとてつもなく長くて絶対に曲がらないてこが必要だが、てこのいちばんの欠点は、加えた力は確かに増幅されるものの、てこの向こう端が力を加える端に比べてずっと短い距離しか動かないこと。ただ飛び跳ねるだけでも、地球をそれと同じくらいの（ごく短い）距離動かせたはずだ。それでもてこはきわめて効果的で、その変形版である滑車もやはり有効であることをアルキメデスも理解していた。疑うヒエロンがアルキメデスに、実際にやってみろと言うと、

> 　アルキメデスはそれに応じて、王の兵器庫のなかから、大勢の人間がかなり苦労しないと船渠（せんきょ）から引っ張り出せないような運搬

船を選び、そこに大勢の人間と満載の貨物を載せた。そしてかなり離れた場所に座って何も大変なことはせず、ただ滑車の上部を手で持って綱を少しずつ引くと、船はまるで海上に浮かんでいるかのように滑らかにまっすぐに引き寄せられていった。

『平面の釣り合いについて』の第2巻にはおもに、三角形、平行四辺形、台形、放物線の一部分など、さまざまな図形の重心の見つけ方が記されている。

著作『球と円筒について』には、アルキメデス本人が誇りにしていて自分の墓石にまで刻ませた結果が収められている。球の表面積がその大円（地球の赤道に相当する）の面積の4倍であること、球の体積がそれをぴったり取り囲む円筒の体積の3分の2倍であること、そして、球を平面で切ったどの切れ端の表面積も、同じ円筒でそれに対応する部分の表面積に等しいことを、アルキメデスは厳密に証明した。その証明に使われている、取り尽くし法と呼ばれる複雑な手法は、分数で正確に表現できない数、いわゆる無理数を含む比を扱うためにエウドクソスが考案したものだ。現代の表記を使えば、アルキメデスは、半径rの球の表面積が$4\pi r^2$、同じく体積が$\frac{4}{3}\pi r^3$であることを証明したといえる。

数学者というのは、完成させた最終結果を美しく整理された形で発表し、そこへ至るまでの取り散らかって混乱したプロセスは秘密にしたがるものだ。しかし、アルキメデスがどのようにして球に関する発見に至ったかについては、幸いなことに著作『機械的定理の方法』に記されてある程度深く知ることができる。この著作は失われてしまったと長いあいだ考えられていたが、

1906年にデンマーク人歴史家のヨハン・ハイベアがその不完全な写本、アルキメデス・パリンプセストを発見した。パリンプセストとは、羊皮紙や紙を再利用するために古代にこすり落とされたか洗い落とされた文書のこと。

アルキメデスのこの著作は、ビザンティン帝国の首都コンスタンティノープル（現在のイスタンブール）で530年頃にミレトスのイシドロスによって編纂された。950年、幾何学者レオがアルキメデスの著作を学ぶ数学学校を運営していた頃に、それがビザンティンの書記によって筆写された。その写本がエルサレムに渡って、1229年にばらばらにされて洗われ（あまり十分には洗い落とされなかった）、半分に折られ、再び綴じられて、全177ページのキリスト教の祈禱書となったのだ。

1840年代、聖書学者のコンスタンティン・フォン・ティッシェンドルフが、コンスタンティノープルのギリシャ正教の図書館に戻ってきていたその文書をたまたま見つけ、ギリシャ数学に関する文章の痕跡が残っているのに気づいた。そこで、うち1ページを切り離してケンブリッジ大学図書館に預けた。1899年、この図書館に所蔵された文書の目録を作成していたアタナシオス・パパドプロス＝ケラメウスが、その一部を翻訳した。ハイベアは、それがアルキメデスによって書かれたことに気づき、その出所をコンスタンティノープルにまでさかのぼって、文書全体を撮影する許可を得た。そしてその写真を文字に起こして、1910年から15年にかけて出版し、それをトーマス・ヒースが英語に翻訳した。その文書は、所有権をめぐる裁判で競売結果に異議が唱えられるなど、複雑な経緯を経て、匿名のアメリカ人に200万ドルで売却

された。新たな所有者は研究のためにそれを提供し、さまざまなデジタル画像技術によってもとの文章が明らかとなったのだった。

　取り尽くし法を使うにはあらかじめ答えを知っておく必要があるため、アルキメデスがどのようにして球の表面積と体積の公式を推測したのか、長いあいだ謎だった。その方法が『機械的定理の方法』に記されていたのだ。

> 　まず、ある力学的方法によっていくつかの事柄を明らかにしたが、その方法で進めていっても実際の証明が得られなかったため、のちに幾何学を用いて証明しなければならなかった。しかしもちろん、この方法によって問題に関するある程度の知識があらかじめ得られていたため、事前の知識なしに見出すよりも容易に証明を与えることができた。

　アルキメデスは次のような操作を思い浮かべた。天秤に球と円筒と円錐を吊り下げて、それらを無限に薄い板に切り分け、天秤の水平を保ったままでそれらの板の場所を入れ替える。そして、てこの原理を使ってこの3つの立体の体積（円筒と円錐の体積は知られていた）を関連づけ、求めるべき値を導く。このように、アルキメデスは数学に実無限を初めて使用したともいわれている。それは曖昧な文書を深読みしすぎているのかもしれないが、『機械的定理の方法』に微積分の考え方の一部が先取りされているのは間違いない。

入浴中のひらめき「エウレカ！」

　アルキメデスのそれ以外の著作からは、アルキメデスが幅広い事柄に関心を寄せていたことが読み取れる。著作『らせんについて』では、直線に沿って一定の速さで移動しながら一定の速さで回転する点が描く曲線、いわゆるアルキメデスのらせんに関連する長さや面積についての基本的な結果がいくつか証明されている。著作『円錐状体と球状体について』では、円錐曲線をある軸を中心に回転させてできる立体の一部分の体積について論じられている。

　著作『浮体について』は、流体静水学、とくに浮かんだ物体の平衡位置に関する最古の文書である。そこには、液体に沈めた物体は押しのけた液体の重量に等しい浮力を受けるという、いわゆるアルキメデスの原理が記されている。この原理からはある有名な逸話が生まれた。王ヒエロン2世が神に捧げるための王冠を作らせたが、それが本当に金でできているかどうかわからない。そこでアルキメデスに、それを判定する手法を考え出せと指示した。するとアルキメデスは入浴中に突然ひらめき、あまりの喜びように、服を着るのも忘れて「エウレカ！」（「わかった！」）と叫びながら街なかを駆けていった。念のために言っておくが、古代ギリシャでは公衆の前で裸になるのは別にみっともないことではなかった。この著作の山場は、回転放物体が安定に浮かぶ条件を示したところで、それが船の安定と転覆に関する造船工学の基本的考え方の先駆けとなった。

著作『円の計測』では、円の面積が半径の半分掛ける円周に等しい（現代の記法では$πr^2$である）ことを、取り尽くし法を使って証明している。この証明では、円に内接および外接する、辺が6本、12本、24本、48本、96本の正多角形を用いている。そして正九六角形に基づいて、πの概算値に相当する結果として、それが$3\frac{1}{7}$と$3\frac{10}{71}$のあいだであることを導いている。

著作『砂粒を数える者』は、ヒエロン2世の息子であるシラクサの僭主ゲロン2世に宛てて書かれている。アルキメデスと王族とのつながりをさらに裏付ける証拠だ。アルキメデスはこの著作の目的を次のように説明している。

> ゲロン王よ、砂粒の個数は無限に多いと言う者がいます。……しかし私はここで、……自身で名付け、ゼウキッポスへ送った文書のなかで示している数のうちのいくつかが、地球全体を満たす量どころか、宇宙の大きさに等しい量の砂粒の個数をも上回ることをお示ししましょう。

この著作でアルキメデスは、大きな数の新たな命名体系を広めることで、「無限」という言葉を「きわめて大きい」という意味で誤用する風潮を一掃しようとしている。この文書では二つの重要な考え方が組み合わされている。一つめは、ギリシャ語の標準的な数詞を拡張して、"myriad myriad"（1億、10^8）よりもはるかに大きい数を表現できるようにするというアイデア。二つめは、アリスタルコスの太陽中心説に基づく宇宙の大きさの推測値である。その最終結果を現代の表記法で表わすと、多くとも10^{63}個の

砂粒があれば宇宙を満たすことができる、となる。

太陽神は何頭の牛を飼っているか

　数学には、ゲームやパズルを使った娯楽の長い伝統がある。単なる遊びで終わることもあれば、軽い気持ちで出された問題がもっと本格的な概念に光を当てることもある。アルキメデスの著作『牛の問題』で示された問題は、今日もなお研究されている。1773年、ドイツ人司書のゴットホルト・レッシングがあるギリシャ語の文書をたまたま発見した。それは全44行の詩で、太陽神が何頭の牛を飼っているかを計算せよというものだった。詩の表題には、これはアルキメデスからエラトステネスへ宛てた手紙であると記されている。その冒頭部分は次のとおり。

> 　友よ、計算せよ。かつてシチリア島の平原で草を食んでいて、身体の色に応じて4つの群れに分けられた、太陽神の牛の頭数を。一つの群れは乳白色、一つは黒、一つはブチ、一つは黄色。雄牛の頭数は雌牛の頭数よりも多く、それらの関係は次のとおりである。

これに続いて、

$$白い雄牛 = \left(\frac{1}{2}+\frac{1}{3}\right)黒い雄牛 + 黄色い雄牛$$

といったたぐいの7つの方程式が並べられている。さらに手紙は続く。

> 友よ、それぞれの種類の雄牛と雌牛の頭数を答えられたなら、君は数の初心者ではないものの、高い技能を持っているとまでは言えない。しかしさらに、太陽神の雄牛の頭数どうしに関する次の関係式を考えたまえ。
>
> 白い雄牛＋黒い雄牛＝平方数
> ブチの雄牛＋黄色い雄牛＝三角数
>
> 友よ、これらの式も計算して牛の全頭数を答えられれば、君は勝利者として勝ち誇りたまえ。自分は数に関する最高の技能を持っていると証明できたのだから。

平方数とは、1, 4, 9, 16……のように、自然数をそれ自身と掛け合わせて得られる数のこと。三角数とは、1, 3, 6, 10……のように、自然数を順番に足し合わせて得られる数のことである。たとえば、10＝1＋2＋3＋4となる。上記のような条件を満たす方程式のことを、250年頃に著作『算術』のなかで言及したアレクサンドリアのディオファントスにちなんで、ディオファントス方程式という。太陽神が1頭の半分の牛を飼っているとは考えにくいので、解は自然数でなければならない。

最初の7つの条件式からは無限通りの解が導かれ、そのなかで最小のものは、黒い雄牛が7,460,514頭、それ以外の頭数もこれに近い数となる。追加の条件によってこれらの解のなかからいくつかが選び出され、ディオファントス方程式のなかでもペル方程式（第6章）と呼ばれるタイプの方程式が導かれる。

ペル方程式は、整数 n が与えられたとして $nx^2+1=y^2$ となるような整数 x と y を求めよというものである。たとえば、$n=2$ の場合は $2x^2+1=y^2$ となり、その解は $x=2, y=3$ や $x=12, y=17$ などとなる。1965年にヒュー・ウィリアムズ、R・A・ジャーマン、チャールズ・ザーンキが、IBMのコンピュータを2台使ってこの追加の2条件を満たす最小解を見つけた。それはおよそ 7.76×10^{206544} である。

　アルキメデスが手計算でこの数を見つけられたはずはないし、詩の表題以外にこの問題に関わっていた証拠もない。この牛の問題はいまでも数論学者の関心を惹きつづけていて、ペル方程式に関する新たな結果を生み出している。

墓に刻まれた定理

　アルキメデスの生涯に関する歴史記録は心許ないが、死に関しては、もし言い伝えが正確だとすればもう少し多くのことがわかっている。少なくとも真実の一端は含まれているだろう。

　第二次ポエニ戦争中の紀元前212年頃、ローマの将軍マルクス・クラウディウス・マルケルスがシラクサを包囲し、その2年後に陥落させた。プルタルコスによれば、年老いたアルキメデスは砂に描いた幾何学の図を見つめていたという。将軍は1人の兵士を遣わしてアルキメデスに謁見に来るよう伝えたが、アルキメデスは問題が解けていないからと断わった。すると兵士は腹を立て、剣でアルキメデスを殺してしまった。最期の言葉は「私が描いた円を乱すな！」だったと伝えられている。

数学者としてはもっともらしい話だと思うが、プルタルコスの別の話によると、アルキメデスは兵士に従おうとしたが、手に抱えている数学の道具を兵士が価値ある代物だと思って、それを奪うために殺したのだという。いずれにせよマルケルスは、尊敬を集める天才工学者の死に苛立った。

　アルキメデスの墓には、本人が気に入っていた定理をかたどった彫刻が飾られた。著作『球と円筒について』で示した、円筒に内接する球は体積がその円筒の3分の2で表面積が等しいという定理だ。アルキメデスの死から100年以上のち、ローマ人雄弁家のキケロがシチリア島の財務官（国選会計監査人）となっていた。アルキメデスの墓の噂を耳にしたキケロは、シラクサのアグリジェンティノ門の近くで荒れ果てた状態の墓を見つけた。そこで復元を指示し、その折に、球と円筒の図を含む碑銘の一部を読み取ったのだった。

　いまでは墓の場所は不明だし、何一つ残っていないと思われる。しかしアルキメデスは数学を通じて生きつづけており、2000年以上経ってもなおその数学の大部分は重要性を帯びている。

2

道の師
劉徽
りゅう き

Master of the Way
Liu Hui

劉徽

活躍:中国・魏、3世紀

『周髀算経』(日時計と天空の循環経路の算術の古典)は、紀元前400年から前200年までの戦国時代に書かれた、知られているなかで最も古い中国の数学の文書である。その冒頭には、教育の重要性を的確に説いた次のような一節がある。

> はるか昔、栄方が陳子に尋ねた。
> 「師よ、先日、あなたの『道』について耳にしました。あなたの道によって、太陽の高さと大きさ、その輝きが照らす範囲、1日に動く距離、その最も長い距離と最も短い距離の値、人間の視界の届く範囲、4つの極の遠さ、星々が並んだ星座、そして天界と地上の奥行きと幅を知ることができるというのは本当なのですか?」
> 陳子は「本当だ」と答えた。
> 栄方は尋ねた。「師よ、私は賢くはないですが、よろしければ説明していただけませんか? 私のような者がその道を教わることはできますか?」
> 陳子は答えた。「できる。すべては数学で知ることができる。真剣に繰り返し考えれば、おまえの数学の能力でもそのような事柄を十分に理解できる」

これに続き、幾何学を用いて地球から太陽までの距離の値が導かれている。そこに使われている宇宙モデルは、平らな円形の空の下に平らな地面があるという素朴なものだ。しかし数学はかなり高度で、太陽の落とす影に対して相似三角形の幾何が使われている。

この『周髀算経』からわかるように、ギリシャのヘレニズム時代（アレクサンドロス大王が亡くなった紀元前323年から、共和政ローマがギリシャを併合した前146年まで）の頃、中国の数学は進んだ状態にあった。ヘレニズム時代は古代ギリシャの学問的優位性がピークに達した時期で、古代世界の優れた幾何学者、哲学者、論理学者、天文学者の大部分を輩出した。ローマの支配下でもギリシャは紀元600年頃まで文化と科学を発展させつづけたが、数学の進歩の中心地は中国やアラブやインドへ移った。ルネサンス時代まで最先端の数学がヨーロッパに戻ってくることはなかったが、そのいわゆる「暗黒時代」も言われているほど暗黒ではなく、ヨーロッパでも多少の進展はあった。

　一方、中国の進歩はすさまじかった。最近までほとんどの数学史がヨーロッパ中心の見方を取って中国を無視していたが、その後、ジョージ・G・ジョーゼフが著書『非ヨーロッパ起源の数学』で極東の古代の数学について著した。古代中国の数学者のなかでも最も偉大なのが、劉徽である。漢の菑の侯の子孫で、三国時代に魏の国に住んでいた。そして263年、中国の有名な数学書『九章算術』に収められた数学問題の解答をまとめた本を出版した。

　劉徽の業績としては、ピタゴラスの定理の証明、立体幾何学の諸定理、アルキメデスによるπの近似値の改良、たくさんの未知数を含む一次方程式の体系的解法などがある。劉徽は、測量術、とくに天文学への応用についても書き記している。古代中国の四つの都の一つ、洛陽を訪れて、太陽の影の長さを測定したらしい。

中国の進んだ数学

　古代中国の歴史に関する証拠は、後世に書かれた数少ない文書に基づいている。たとえば、漢の書記官、司馬遷の大著『史記』（紀元前100年頃）や、紀元前296年に魏の襄王の墓に副葬されて紀元281年に掘り起こされた、竹簡に書かれた年代記『竹書紀年』などがある。これらの資料によると、中国文明は紀元前2000年紀に夏の国から始まったという。文字の記録が残っている最古の国は、紀元前1600年から前1046年まで統治した殷で、占いに使うための印をつけた骨、卜骨に、数を数えた中国最古の証拠が残っている。周が侵略に成功すると、封建制度に基づく安定した国家が形成されたが、その300年後、他集団の進出によって崩壊が始まった。

　紀元前476年、事実上の無政府状態に陥り、それから200年以上にわたって戦国時代が続くことになる。この混乱の時代に『周髀算経』は書かれた。そのおもな数学の内容は、現在で言うところのピタゴラスの定理、分数、算術などで、そのほかに天文学についても多く記されている。ピタゴラスの定理については、周公旦と商高の会話という体裁で示されている。直角三角形に関する2人の会話から、この有名な定理とその幾何学的証明が導かれるという形だ。かつて、この発見はピタゴラスよりも500年先んじていたと考えられていた。しかし今日の一般的な見方では、この発見は独立したもので、ピタゴラスより古いものの大きな時代の開きはないとされている。

この時代にそれに続いて出された重要な本が、先ほど挙げた『九章算術』で、そこには、根の開平、連立方程式の解法、面積と体積、そしてやはり直角三角形など膨大な内容が収められている。紀元130年に張衡が加えた注釈には、π ≈ √10 という近似値が示されている。また、紀元3世紀に『周髀算経』に趙君卿が加えた注釈には、二次方程式の解法が記されている。紀元263年に『九章算術』の内容を発展させて最も大きな影響力をおよぼしたのが、古代中国最高の数学者、劉徽である。劉徽は『九章算術』を次のように紹介している。

> 　かつて、秦の暴君が数々の文書を燃やし、古代の知識が破壊された。その後、北平侯の張蒼と大司農中丞の耿寿昌が、計算の才能で名を馳せた。古代の文書が劣化していたため、張蒼とその弟子たちは、傷んだ箇所を取り除いたり欠けた部分を補ったりして新版を作成した。さらに一部を改訂し、以前の版と異なる結果を記した。

　とくに劉徽は、アルキメデスの『機械的定理の方法』に示されているのと似た、今日なら厳密ではないとみなされるであろう手法を使って、『九章算術』の方法が通用することを証明している。さらに測量術に関する内容も付け加え、それは『海島算経』として別の本にまとめた。

精確なπの近似値を求める

『九章算術』の第1章では、長方形、三角形、台形、円などさまざまな形の田畑の面積を計算する方法が説明されている。その計算規則は円を除いてすべて正しい。円についても計算の「方法」は正しく、半径と円周の半分とを掛け合わせよと記されている。しかし円周が半径の3倍と計算されており、π＝3と置いたことになっている。実用面で言うと、面積を5パーセント足らず小さく見積もることになる。

紀元前1世紀、支配者の王莽が、天文学者で暦の制作者の劉歆に、体積の標準的な単位を定めるよう指示した。そこで劉歆は、きわめて精確な円筒形の青銅の器を作り、それを単位の基準とした。その何千個もの複製が中国全土で使われた。原物の器はいまでは北京の博物館に収められており、その寸法から判断して、劉歆はπの値として約3.1547を使っていたという説がある（青銅の器の大きさを測定することでどうやってこれほど精確な値が得られるのかは、少なくとも私にはよくわからない）。『隋書』（隋の公式の歴史書）にも、劉歆がπの新たな値を発見したという旨の記述がある。

劉徽も、それと同じ頃に宮廷占星術師の張衡が、πを10の平方根（＝3.1622）とするよう提案したと書いている。改良されたπの値が広まっていったのは間違いない。

劉徽は『九章算術』への注釈のなかで、従来のπ＝3という規則は間違っており、この規則は円の円周でなく、明らかにそれよりも小さい内接正六角形の外周を与えると指摘している。そして、

円周（事実上はπ）のもっと精確な値を計算した。さらにそれだけでなく、πの概算値を任意の精度で計算する方法も示した。その方法はアルキメデスのものに似ていて、辺の数が6本、12本、24本、48本、96本……の正多角形で円を近似するというものである。アルキメデスは取り尽くし法を利用するために、円に内接する一連の多角形と、外接する一連の多角形を使った。

一方、劉徽は内接多角形しか使わなかったが、計算の最後には、幾何学的論法によってπの真の値の上限と下限を両方示している。この方法では、平方根よりも難しいものをいっさい使わずに、いくらでも精確なπの近似値を求めることができる。その計算は体系的におこなうことができ、手間はかかるものの、複雑さは掛け算の筆算程度だ。計算の得意な人なら1日でπを小数第10位まではじき出せるだろう。

のちの紀元469年頃、祖沖之（そちゅうし）がこの計算を発展させて

$$3.1415926 < \pi < 3.1415927$$

であることを示した。

この結果自体は記録に残っているものの、その方法が説明されていたと思われる著作『綴術（てつじゅつ）』（補間法という意味）は失われてしまっている。劉徽の計算をさらに進めていったとも思われるが、この著作の題名から見ると、1つは小さくてもう1つは大きい2つの近似値に基づいて、さらに精確な近似値を導いたとも考えられる。これに似た方法は現代に至るまで数学で使われている。少し前までは、対数表を使うために学校でも教えられていた。祖沖之は、πを近似する2つの単純な分数を導いた。1つはアルキメデスと同じ$\frac{22}{7}$で、これは小数第2位まで正しい。もう1つは$\frac{355}{113}$で、

これは小数第6位まで正しい。$\frac{22}{7}$は今日広く使われているし、$\frac{355}{113}$は数学者にはよく知られている。

中国人数学者の考え方はヨーロッパに伝播したのか

劉徽によるピタゴラスの定理の証明法を、著作の記述に基づいて再現すると、巧妙かつ独特な方法で図形を分割していることがわかる。下の図で、直角三角形は黒く塗りつぶしてある。直角と隣り合った一方の辺に接した正方形は、対角線で2つに分割されている（薄い灰色）。もう一方の正方形は、小さい正方形1個（濃い灰色）、もとの直角三角形と合同で対称的に配置された三角形2個（中間の灰色）、および、残りの部分を埋める、対称的に配置さ

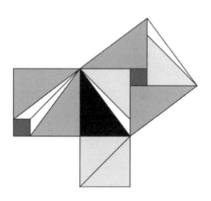

劉徽によるピタゴラスの定理の証明法を再現したもの

れた三角形2個（白色）という、計5つの部分に分けられている。そして以上7つの部分が組み合わさって、斜辺に接する正方形が作られている。

　もっと単純な別の分割方法でもピタゴラスの定理は証明することができる。

　古代中国の数学者はどんな面でも同時代のギリシャ人に引けを取ってはおらず、劉徽の時代以降の中国の数学には、ヨーロッパの数学に先んじた発見が数多く見られる。たとえば、劉徽と祖沖之が導いたπの概算値よりも優れた値は、それから1000年ものあいだ出てこなかった。

　ジョーゼフは、中国人数学者の考え方が交易とともにインドやアラブへ、さらにはヨーロッパへ伝わった可能性はないかどうか検討している。もし伝わったのだとしたら、ヨーロッパにおけるその後の発見は完全に独立のものではなかったことになる。6世紀にはインドに中国の外交官がいたし、7世紀にはインドの数学や天文学の書物が中国語に翻訳されている。

　アラブに関して言うと、預言者ムハンマドが宗教上重要な言行録『ハディース』のなかで、「中国のような遠い地からも学ぶことに努めよ」と述べている。14世紀にはアラブ人旅行家が中国との正式な交易関係について書いているし、モロッコの旅行家で学者のムハンマド・イブン・バットゥータは『リフラ』（旅行記）のなかで、中国の科学技術や文化について記している。

　次の2つの章で述べるとおり、インドやアラブの考え方が中世ヨーロッパに伝わったことはわかっている。したがって、中国の知識も同様に伝わった可能性はもちろんある。17世紀から18世紀、

中国を訪れたイエズス会修道士を介して孔子の教えがライプニッツに哲学のヒントを与えた。ギリシャ、中東、インド、中国のあいだに、数学や科学など多くの事柄を伝える複雑なネットワークが存在していたのだろう。もしそうだとしたら、西洋の数学に関する従来の歴史像は修正が必要なのかもしれない。

3

アルゴリズミはこう言った
ムハンマド・アル゠フワーリズミー

Dixit Algorismi
Muhammad al-Khwarizmi

ムハンマド・イブン・ムーサー・アル゠フワーリズミー

生:ペルシャ・ホラズム(現在のヒヴァ)、780年頃

没:850年頃

632年に預言者ムハンマドが世を去ると、イスラーム世界の支配権はハリーファ（カリフ）たちに次々と引き継がれていった。原則的にハリーファは功績に基づいて選ばれたため、ハリーファの権力体制は正確に言うと君主制ではない。それでもハリーファは強大な権力を持っていた。

654年、第3代ハリーファのウスマーンのもとで史上最大の帝国が誕生した。その領土は、（現代の地理区分で）アラビア半島、北アフリカのエジプトからリビアを通ってチュニジア東部まで、レヴァント地方、カフカス地方、そして、イランからパキスタン、アフガニスタン、トルクメニスタンへ至る中央アジアの大部分にまでおよんでいた。

最初の4代のハリーファはラシダン（正統）ハリーファと呼ばれた。その後、ウマイヤ朝が興り、さらにペルシャの後ろ盾のもとウマイヤ朝を倒したアッバース朝に引き継がれた。行政の中心地はもともとダマスカスだったが、762年にハリーファのアル＝マンスールが建設したバグダッドに移された。ペルシャに近い場所が選ばれたのには、イスラーム帝国の各地域の関係性を理解していたペルシャの統治者に頼らざるをえないという事情があった。

ハリーファから行政責任を託されたワズィール（高官）という官職が作られ、ワズィールはさらに各地域の問題をアミール（首長）に任せた。ハリーファの地位は徐々に名目上のものとなり、実際の権力はワズィールに移っていったものの、アッバース朝の初期のハリーファはかなりの支配力を行使していた。

800年頃、ハールーン・アッ＝ラシードが、他文化からアラビア語に翻訳した書物を収めた図書館バイート・アル＝ヒクマ（知

恵の館）を創設した。息子のアル＝マームーンがその事業を完成させ、ギリシャの膨大な文書と大勢の学者を集めた。バグダッドは科学と交易の中心地となり、遠くは中国やインドからも学者や商人を引き寄せた。そのなかの一人が、数学史における重要人物、ムハンマド・イブン・ムーサー・アル＝フワーリズミーである。

　アル＝フワーリズミーが生まれたのは、中央アジアのホラズム、現在のウズベキスタンのヒヴァである。アル＝マームーンのもとで大きな業績を残し、急速に失われていくヨーロッパの知識を生かしつづける役割を果たした。ギリシャ語やサンスクリット語の重要な文書を翻訳するとともに、自身でも科学や数学、天文学や地理学を前進させ、現代ならベストセラーといえる一連の本を書いた。

　825年頃に書いた『インド数字を使った計算法について』は、ラテン語に翻訳されて"*Algoritmi de Numero Indorum*"（アルゴリトミ・デ・ヌーメロ・インドルム）という題名がつけられ、その新たな驚きの計算術の噂がこの1冊によって中世ヨーロッパに広まった。それとともに"Algoritmi"が"Algorismi"へ変化し、インド数字を使った計算法は algorism（アルゴリズム）と呼ばれるようになった。18世紀、この言葉はさらに"algorithm"へと変化した。

　830年頃にアル＝フワーリズミーが書いた"*al-Kitab al-mukhtasar fi hisab al-jabr wa-l-muqabala*"（アル＝キターブ・アル＝ムクタサル・フィー・ヒサーブ・アル＝ジャブル・ワル＝ムカーバラ、『約分と消約による計算に関する概説書』）は、12世紀にチェスターのロバートによってラテン語に翻訳され、"*Liber Algebrae et Almucabola*"（リベル・アルジェブラエ・エト・アルムカボラ）という題名がつけら

れた。これにより、al-jabr のラテン語綴り"algebra"（代数学）がれっきとした1つの単語となった。いまではこの単語は、未知数に x や y などの記号を使い、方程式を解くことでそれらの未知数を求める方法のことを指しているが、アル＝フワーリズミーの著作には記号は使われていない。

なぜ代数学の父と言われるのか

　アル＝フワーリズミーが『アル＝ジャブル』を著したのは、ハリーファのアル＝マームーンから、計算に関する一般向けの本を書くよう促されたことによる。アル＝フワーリズミーはこの著作の目的を次のように述べている。

> 　相続、遺産、配分、訴訟、商売、および他人とのあらゆる取引において、また、土地の測量、運河の掘削、幾何学的計算などさまざまな目的において、たびたび必要となるたぐいの計算を、なるべく簡単に、しかもなるべく役に立つように説明することである。

　代数学の本とはあまり思えない。それどころか、代数学はこの著作のごく一部分しか占めていない。冒頭では、「人々は計算で何を知りたいのだろうかと考えると、それはどんなときでも数である」という理由から、1や10や100などきわめて単純な単位に基づいて数のことを説明している。学者向けの高度な専門書ではなく、一般の読者を教育することを狙った大衆向けの数学書であ

る。ハリーファはまさにそのような本を望んでいて、そのとおりの本を手にした。アル＝フワーリズミーも、この本が数学研究の最前線に位置するなどとは思っていなかった。しかしいまでは、『アル＝ジャブル』の一部分はまさに数学の最前線に立っていたとみなされている。その一部分とは、この著作で最も深遠な、未知数を含む方程式の体系的な解法である。

「アル＝ジャブル」はふつう「完成」と訳され、両辺に同じ項を足し合わせて方程式を単純化することを指す。「アル＝ムカーバラ」は「釣り合わせる」という意味で、方程式の一方の辺からもう一方の辺に項を（符号を変えて）移し、両辺で同じ項を打ち消すことを指す。

たとえば、現代の表記法で

$$x - 3 = 7$$

という方程式があったら、アル＝ジャブルによって両辺に3を足すと、

$$x = 10$$

となり、この場合はこれで方程式が解けた。また、

$$2x^2 + x + 6 = x^2 + 18$$

という方程式があったら、アル＝ムカーバラによって左辺の6を右辺に移してそれを引き算すると、

$$2x^2 + x = x^2 + 12$$

となる。再びアル＝ムカーバラによって、右辺のx^2を左辺に移してそれを引くと、

$$x^2 + x = 12$$

とさらに単純になるが、これではまだ答えにはなっていない。

前にも述べたが、アル゠フワーリズミーは記号は使っていない。代数学の父は、我々のほとんどが代数学と考えているものを実際にはやっておらず、すべて言葉で説明している。具体的な数は「単位」、我々が x と呼ぶ未知数は「根」、我々が x^2 と書くものは「平方」と呼んでいて、先ほどの最後の方程式は、記号を使わずに、

　　平方足す根が12単位に等しい

と表現される。そこで次のステップでは、このような方程式から答えを出す方法を説明しなければならない。アル゠フワーリズミーは方程式を6つのタイプに分類しており、そのなかの一つが、$x^2+x=12$ のように「平方足す根が数に等しい」というものである。

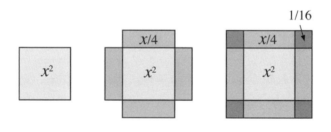

「平方足す根が数に等しい」というタイプの方程式の幾何学的解法

アル=フワーリズミーはそれぞれのタイプの方程式を一つずつ考察し、代数学的手法と幾何学的手法を併用して方程式を解いている。$x^2+x=12$ を解くためには、まず x^2 を表わす正方形を描く（左図）。そしてこれに x を足すために、2辺の長さが x と $\frac{1}{4}$ である長方形を4つくっつける（中央図）。こうしてできた図形を眺めていると、各辺の長さが $\frac{1}{4}$、面積が $\frac{1}{16}$ である4つの小さい正方形をくっつければ「正方形が完成する」ことに気づく。そこで方程式の左辺にも $4 \times \frac{1}{16} = \frac{1}{4}$ を足す（右図）。するとアル=ジャブルの規則によって右辺にも $\frac{1}{4}$ を足さなければならず、右辺は $12\frac{1}{4}$ となる。結果、この方程式は、

$$\left(x+\frac{1}{2}\right)^2 = 12\frac{1}{4} = \frac{49}{4} = \left(\frac{7}{2}\right)^2$$

となる。

　この両辺の平方根を取ると、

$$x+\frac{1}{2}=\frac{7}{2}$$

となり、$x=3$ となる。今日なら負の平方根 $-\frac{7}{2}$ も取って、2つめの解 $x=-4$ も得られる。アル=フワーリズミーの時代には負の数も認識されはじめていたが、この本では取り上げられていない。

　バビロニア人もギリシャ人もすでにこれとほぼ同じ計算法を使っており、この方法も理解できたはずだ。逆に、アル=フワーリズミーのほうがエウクレイデスの『原論』を知っていたのではないかという説もある。アル=フワーリズミーが若かった頃、同じ

く知恵の館にいた学者アル＝ハッジャージュがエウクレイデスの著作をアラビア語に翻訳しているというのがその根拠だ。しかし他方で、知恵の館のおもな役割はあくまでも翻訳であり、そこで働く人が仲間の訳した文書を読む必要は必ずしもなかった。

　歴史家のなかには、アル＝フワーリズミーの幾何学がエウクレイデスのスタイルと違っていることから見て、アル＝フワーリズミーは『原論』に精通してはいなかったのではないかと論じている人もいる。しかし、繰り返しになるが『アル＝ジャブル』は一般向けの数学書なので、たとえアル＝フワーリズミーがエウクレイデスの公理体系を完璧に知っていたとしても、必ずしもその方法に従う必要はなかったはずだ。いずれにせよ、正方形を完成させるという方法はバビロニアにさかのぼるものだし、いくつもの文献から知ることができた。

　ではなぜ、多くの歴史家がアル＝フワーリズミーを代数学の父とみなしているのだろうか？　そもそも記号をまったく使っていないというのに？　強力な対抗馬として、ギリシャ人のディオファントスがいる。250年頃にディオファントスが書いた、方程式の整数または有理数の解に関する一連の著書『算術』には、記号が使われている。先ほどの疑問の答えとしては、ディオファントスのおもな関心が数論にあり、またその記号は略記に毛の生えた程度だということがある。

　もっと深い理由として私もうなずけるのは、アル＝フワーリズミーが多くのケースで一般的な「解法」を示していることだ。それ以前の人たちの典型的な説明の仕方は、具体的な数の入った例を使ってその解き方を示し、一般的な規則は読者の類推に任せる

というものだった。つまり、先ほどの幾何学的方法の要点を説明するとしたら、「1を取り、それを2で割って$\frac{1}{2}$にし、それを2乗して$\frac{1}{4}$とし、両辺に$\frac{1}{4}$を足す」といった形になっており、そこから読者は、「最初の1をxの係数の半分に置き換え、それを2乗し、それを両辺に足す」という一般的な規則を類推するしかなかった。この程度の一般化はもちろん教師が説明したはずだし、生徒に数多くの例を計算させればもっとしっかりと伝わったはずだ。

アル゠フワーリズミーもときにはこれと同様の方法を使ったようだが、多くの場合は、用いる規則をもっとはっきりと説明している。したがって、アル゠フワーリズミーが代数学の創始者として認められる深い理由は、代表的な数でなく代数式の一般的な操作に焦点を当てたことだと言える。たとえばアル゠フワーリズミーは、

$$(a+bx)(c+dx)$$

という積を平方x^2と根xと数へ展開するための規則について記している。その規則を記号を使って表わすなら、

$$ac + (ad+bc)x + (bd)x^2$$

となり、アル゠フワーリズミーはこれを、a, b, c, dに対して具体的な数を使わずに言葉で表現している。数と根と平方を含む一般的な式をどのように操作すればいいかを、読者に説明しているのだ。すなわちそのような式を、未知の数を間接的に表現したもの

ととらえるのでなく、実際の数がわからなくても計算できる新たな種類の数学的対象ととらえている。これを額面どおり受け止めるのであれば、抽象化に向けたこの一歩が、アル゠フワーリズミーが代数学を創始したという主張の根拠といえる。ディオファントスの『算術』にはそのような抽象化の証拠は見られないのだ。

　この著作のもう一つのテーマは、長方形や円、円筒や円錐や球などの面積や体積を求めるための規則という、もっとありきたりのものである。そこではインドやヘブライの文書に記された方法をなぞっていて、アルキメデスやエウクレイデスのような特徴は見られない。この著作の最後には、もっと現実的な問題として、イスラームの遺産相続のルールが幅広く取り上げられている。そのルールを適用するにはさまざまな比の割り算が必要だが、数学的には一次方程式と基本的な加減乗除よりも複雑なものは不要だ。

現代にまで影響をおよぼしているアルゴリズム

　アル゠フワーリズミーの著作のなかでも、書かれた当時とそれから何百年にもわたって最も大きい影響をおよぼしたのが、前に述べたように「アルゴリズム」という言葉の語源となった『インド数字を使った計算法について』である。当時、「アル゠フワーリズミーはこう言った」という意味の"dixit Algorismi"というフレーズは、数学をめぐるどんな議論でも決め手となった。また、教師は「彼の言葉を聞きなさい」というのを決まり文句にしていた。

　インド数字はもちろん、0 1 2 3 4 5 6 7 8 9 という10種類の記号を並べてあらゆる数を書くことのできる十進記数法の先駆けだ。

Dixit Algorismi | Muhammad al-Khwarizmi

アル＝フワーリズミーは、著作の題名にも示しているとおり、これはインドの数学者の功績であるとはっきり述べているが、中世ヨーロッパでのアル＝フワーリズミーの影響力があまりにも大きかったために、この記数法はアラビア数字と呼ばれるようになった（インド＝アラビア数字と呼ばれることもあるが、それでさえインド人への扱いは不当だ）。

　アラブ世界の貢献はおもに、インド数字と関係はあるが明らかに異なる独自の数の記号を考案し、その記数法を広めて利用を促したことにある。10種類の数字を表わす記号は時代とともに何度も変化したし、現代の世界でも地域によってそれぞれ違う記号が使われている。

　今日、アルゴリズムというのは、ある具体的な値を計算する、またはある具体的な出力を生成するための段階的な手順として、正しい答えを出して停止することが保証されているものを指す。「うまくいくまでランダムに数を試していく」というのはアルゴリズムではない。答えが得られればそれは正しい答えだが、答えが見つからずに永遠に試しつづける場合もあるかもしれないからだ。

　初期のアルゴリズムの例を説明するために、素数は自分自身と1以外の約数を持たない数であることを思い出してほしい。最初のほうの素数は、2, 3, 5, 7, 11, 13。1より大きい正の整数のうち、素数以外のものを合成数という。たとえば6は、6＝2×3なので合成数だ。1は特別な数とみなされ、ここでは単位元と呼ばれる。

　紀元前250年頃に考案されたエラトステネスの篩（ふるい）は、ある上限までのすべての素数を書き出すためのアルゴリズムで、その方法

は次のとおり。

まず、その上限までの正の整数をすべて列挙する。そして、2以外の2の倍数をすべて取り去り、残っている次の数3を残して3以外の3の倍数をすべて取り去り、残っている次の数5について同じことをして……と続けていく。すると、上限の数よりも少ない回数のステップで、その上限までの素数だけが漏れなく残り、この手順は終了する。

コンピュータはアルゴリズムを走らせる機械なので、現代生活にとってアルゴリズムは中心的な役割を果たしていると言える。インターネットにかわいい猫の動画を投稿したり、借入限度額を計算したり、どの本をおすすめ商品にするかを決めたり、毎秒何十億件もの為替取引や株式売買を実行したり、オンラインバンキングのパスワードを盗んだりするのは、すべてアルゴリズムだ。

加減乗除の方法もすべてもちろんアルゴリズムだが、皮肉なことに、アル゠フワーリズミーの著作のうちアルゴリズムが最大の売りになっているのは、『インド数字を使った計算法について』ではない。それは、方程式の一般的解法を詳述したことで名声を得た代数学の著作のほうである。その解法の手順はまさにアルゴリズムで、それゆえに重要性を帯びている。

さまざまな分野の著作

アル゠フワーリズミーは、数学だけでなく地理学や天文学についても著している。833年に書いた『キターブ・スーラト・アル゠アード』（大地の概念の本）は、それまで規範とされていた、

150年頃に書かれたプトレマイオスの『地理学』を、最新の内容に書き替えた本である。当時知られていた範囲の世界の地図帳を自作するという体裁の本で、3種類の座標格子の上に各大陸の輪郭を描くとともに、そこに主要都市などの目印を書き込む方法を説明している。また、地図作製の基本原理についても論じている。

　この本では、列挙された地点が2402カ所に増やされ、プトレマイオスによるデータの一部が修正されている。とくに、地中海の幅が過大に見積もられていたのが改められている。また、プトレマイオスは大西洋とインド洋を陸地に囲まれた海として示していたが、アル＝フワーリズミーは果てしなく続くものとみなしている。

　820年頃に書いた『ジージュ・アル＝シンドヒンド』（シッダーンタの天文表）は、おもにインド人天文学者の著作から引用した100編を超える天文表を収めた本である。そこには、太陽と月と5つの惑星の運行表や、三角関数表が含まれている。アル＝フワーリズミーは、航海術にとって重要な球面三角法についても著したと考えられている。

『リサーラ・フィー・イシュティクラージ・タアリーク・アル＝ヤフード』（ユダヤ年代の導出）はユダヤ暦に関する著作で、太陽年と太陰月の公倍数にきわめて近い19年周期、いわゆるメトン周期について論じている。太陽暦と太陰暦はしだいにずれていくが、19年ごとに再びほぼ一致する。メトン周期という名前は、紀元前432年にこの概念を導入したアテナイのメトンに由来する。

　古代中国（第2章）やインド（第4章）の数学者に加えて、アル＝フワーリズミーの残した業績が裏付けているとおり、ヨーロッ

パの科学の進歩がほぼ停滞した中世、科学や数学の発展の中心地は極東や中東へ移った。第5章で述べるとおり、ようやくルネサンス期になってヨーロッパは再び目覚める。それに先立ってアル＝フワーリズミーは新たな道を切り拓き、数学はけっして後ろを振り返らずに進んでいったのだ。

4

無限の革新者
サンガーマグラーマのマーダヴァ

Innovator of the Infinite
Madhava of Sangamagrama

イリンナラッピッリ（イリンニナヴァッリ）・マーダヴァ

生：インド・ケーララ州サンガーマグラーマ、1350年
没：インド、1425年

「ハリケーン・リタが蓄えている水の量は象1億頭分もの重さに匹敵する」。現代のマスコミはよく、重さの単位に象を、面積の単位にベルギーやウェールズを、体積の単位にオリンピック・プールを、長さや高さの単位にロンドンバスを使う。どうお思いだろうか？

> 神（33）、目（2）、象（8）、蛇（8）、火（3）、三（3）、質（3）、ヴェーダ（4）、ナクシャトラ（27）、象（8）、腕（2）――賢人は言う。円の直径が900,000,000,000であるとき、これがその円周の値だと。

何なのかおわかりだろうか？　実はこれは、中世インドでおそらく最高の数学者兼天文学者である、サンガーマグラーマのマーダヴァが1400年頃に書いた、πにまつわる詩を訳したものである。神や象や蛇などというのは数字の記号のことで、おそらくは小さい絵で描かれていた。全体では（後ろから逆にたどっていくと）、

2,827,433,388,233

という数を表わしていて、これを9000億で割ると

3.141592653592222……

となる。見慣れた数のはずだ。この比は π を幾何学的に求めたもので、精確な値は、

3.141592653589793……

小数第11位まで一致している（589を四捨五入すれば第10位と第11位が59となる）。知られているなかでは、これが当時最も精確な近似値だった。この記録が破られたのは、1430年、ペルシャ人

数学者のジャムシード・アル゠カーシーが著書『ミフターフ・アル゠ヒサーブ』（算法の鍵）のなかで小数第16位まで計算したときである。

　マーダヴァの天文学の文書はいくつか残っているが、数学に関する業績は後世の注釈書を通じてしか知られていない。たとえばピタゴラス学派のメンバーによる発見がすべておのずからピタゴラスの業績とされたように、弟子たちの見出した結果が偉大な師の功績として扱われるという問題は、時代を問わず何度も繰り返されている。そのため、どの結果がマーダヴァ本人の発見したものなのかを正確に知ることはできない。そこでこれ以降は、弟子たちの言葉をそのまま受け取ることにする。

　マーダヴァの最大の業績は、無限級数を導入して解析学への最初の一歩を踏み出したことである。西洋ではグレゴリーの級数と呼ばれている、逆正接関数の無限級数を発見し、それに基づいてπを無限級数で表現した。マーダヴァが発見したなかでも最も目を惹くのが、サインとコサインの無限級数で、西洋ではそれは200年以上のちのニュートンによってようやく発見された。

天文学と数学のケーララ学派を開く

　マーダヴァの生涯についてはほとんどわかっていない。サンガーマグラーマという村に住んでいて、同じマーダヴァという名前のほかの人物、たとえば占星術師のヴィージャ・マーダヴァと区別するために、ふつうは名前の前にこの村の名がつけられる。この村には、同じサンガーマグラーマという名前の神を祭った寺院

があった。現在のバラモンの村アイリンジャラクーダの近郊にあったと考えられている。インド南部の、西はアラビア海、東は西ガーツ山脈に挟まれた細長いケーララ州にある町、コーチンに近い。中世後期、ケーララ州は数学研究の本場だった。それ以前のほとんどのインド人数学者はもっと北部の出身だったが、何らかの理由でケーララ州の学問が復活を見せたのだ。古代インドでは一般的に数学は天文学の一分野とみなされており、マーダヴァは天文学と数学のケーララ学派を開いた。

この学派にはきわめて有能な数学者が大勢属していた。天文学者パラメーシュヴァラは、天体の食の観測結果を使って当時の計算法の精度を確かめ、25編以上もの文書を書いている。

ケーラル・ニーラカンタ・ソーマヤジは1501年、432編のサンスクリット語の詩を8つの章にまとめた天文学の優れた教科書『タントラサムグラーア』を書いた。この本には、偉大なインド人数学者アーリヤバタによる水星と金星の運行の理論を独自に修正したものが収められている。ニーラカンタはまた、同じくアーリヤバタの業績に対する本格的な注釈書『アーリヤバティーヤ・バーシャ』を書き、そのなかで、代数学、三角法、および三角関数の無限級数展開について論じている。

ジャヤスタデーヴァは『タントラサムグラーア』に対する注釈書『ユクティバーサー』を書き、その主要な結果に対する証明を付け加えた。これを微積分に関する史上初の書物と見る人もいる。

数理言語学者のメルパトゥール・ナラーヤナー・バッタティールは、『プルクリヤサルヴァウォム』のなかで、サンスクリット

語の文法を3959の規則にまとめたパニーニの原理体系を拡張した。また、現在でも使われているクリシュナ賛歌『ナラヤニーヤム』でも有名だ。

ケーララ学派は高度な数学を独自に発展させた

　三角形を使って測定をおこなう三角法は、古代ギリシャ、とくにヒッパルコスやメネラーオスやプトレマイオスにさかのぼり、おもに測量術と天文学に応用される（のちに航海術も付け加わった）。その重要なポイントは、直接測るのが難しい（天体の場合は不可能な）距離でも、視界が開けてさえいれば角度を測定できることである。三角形の少なくとも一辺の長さがわかっていれば、三角

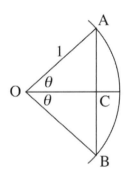

半径1、中心Oの円の円弧をABとする。角AOB（大きさ2θ）が張る弦の長さは、ABの距離に等しい。角AOC（大きさθ）の正弦（サイン）はACの長さに等しい。θの余弦（コサイン）はOCの長さに等しく、θの正接（タンジェント）はAC/OCである。

法を使うことで、角度からそのほかの辺の長さを導くことができる。測量の場合は、基線の長さを慎重に測定しておいてからいろいろな角度を測ることで、精確な地図を描くことができる。天文学の場合も同じで、測定の仕方が違うだけだ。

　前ページの図のように、ギリシャ人は角の弦を使った。紀元前140年にヒッパルコスが弦の長さの表を初めて作成し、それを平面三角法と球面三角法に利用した。球面三角法は、球面上の大円の弧で作られる三角形に関するものである。恒星や惑星は、地球を中心とした仮想的な球面、いわゆる天球上にあるように見える。もっと正確に言うと、それぞれの天体の方角が天球上の各点に対応する。そのため、天文学には球面三角法が欠かせない。2世紀にプトレマイオスが著作『アルマゲスト』に弦の表を掲載し、それがその後1200年のあいだ広く使われた。

　古代インドの数学者は、ギリシャ人のこれらの成果に基づいて三角法を大きく発展させた。弦の代わりに、それと密接に関係したサイン（sin）とコサイン（cos）の関数を用いるほうが便利であることを見出し、それが現代でも使われている。

　サイン関数は、400年頃に書かれたインドの天文学の教科書『スーリヤ・シッダーンタ』に初めて登場し、さらに500年頃にアーリヤバタが『アーリヤバティーヤ』のなかで発展させた。同様の考え方は中国でも独自に生まれた。インドの三角法はヴァラーハミヒラやブラーマグプタやバースカラチャルヤに引き継がれ、彼らの著作には、サイン関数の実用的な近似値やいくつかの基本的な公式、たとえばヴァラーハミヒラによる、ピタゴラスの定理を三角法に基づいて解釈した公式、

$$\sin^2\theta + \cos^2\theta = 1$$

などが収められた。

　最近まで、インドの数学はバースカラチャルヤ以後に停滞し、かつての結果を言い換えた注釈が続くだけだったと考えられていた。大英帝国がインドを併合してからようやく新たな数学がもたらされたということだ。しかしインドの多くの地域ではそのとおりだったかもしれないが、ケーララ州は違っていた。ジョーゼフ[*1]によると、「(ケーララ学派)の書物から読み取れる数学のレベルは、……古典時代に生み出された数学に比べてきわめて高く、後者から前者が生まれたとは思えない」という。しかし、ヨーロッパでそれに匹敵する数学が生まれたのは何百年ものちのことなので、それが両者をつなぐ「ミッシング・リンク」だったということはありえない。ケーララ学派はおそらく独自に数学を発展させたのだろう。

　ジャヤスタデーヴァによる注釈書『ユクティバーサー』には、マーダヴァによるものとされる級数のことが記されている。

> 　第1項は、与えられた正弦と求めたい弧の半径を掛け、それをその弧の余弦で割ったものである。それ以降の項は、最初の項に正弦の2乗を掛けて余弦の2乗で割るという操作を繰り返す反復法によって得られる。その後、すべての項を奇数1, 3, 5……で割る。弧の長さは、その奇数番目の項と偶数番目の項をそれぞれ足したり引いたりすることで得られる。

現代の表記法で言い換え、また正弦割る余弦が正接（$\tan\theta$）であることを踏まえると、この級数は、

$$\theta = \tan\theta - \frac{1}{3}\tan^3\theta + \frac{1}{5}\tan^5\theta - \frac{1}{7}\tan^7\theta + \ldots$$

となる。これを逆タンジェントを使って書き替えたものを、西洋の人間はグレゴリーの級数と呼んでいる。すなわち、ジェイムズ・グレゴリーが1671年かそれより少し前に西洋文明のなかで発見した級数である。『マハージャナヤーナー・プラカーラー』（偉大なサインのための方法）によると、マーダヴァはこの級数を使ってπを計算したという。この級数の特別なケース（$\theta = \frac{\pi}{4} = 45°$）を取ると$\pi$の無限級数展開が得られ、それがこのタイプの級数として最初の例となった。

$$\frac{\pi}{4} = 1 - \frac{1}{3} + \frac{1}{5} - \frac{1}{7} + \frac{1}{9} - \frac{1}{11} + \ldots$$

しかし、これはπを計算するための実用的な方法にはならない。というのも、項がきわめてゆっくりとしか減少していかず、小数点以下数桁を求めるのにも膨大な項が必要だからだ。そこでマーダヴァは、代わりに$\theta = \frac{\pi}{6} = 30°$と置いて、もっと速く収束する次のような級数を導いた。

$$\pi = \sqrt{12}\left(1 - \frac{1}{3\times 3} + \frac{1}{5\times 3^2} - \frac{1}{7\times 3^3} + \ldots\right)$$

そして最初の21個の項を計算して、πを小数第11位まで求めた。

πを計算する方法としては、アルキメデスが辺の本数を次々に増やした多角形を使って以降、初の新たな方法であった。

マーダヴァの業績の特徴として、驚くほど洗練されていることが挙げられる。級数を有限個の項で打ち切った場合の誤差も見積もられている。それどころか、誤差を3通りの式で示し、それを補正項として足し合わせることで精度を高めることができた。先ほどの級数の n 個の項を足し合わせたときの誤差の式としてマーダヴァが示したのは、

$$\frac{1}{4n} \quad \frac{n}{4n^2+1} \quad \frac{n^2+1}{4n^3+5n}$$

の3つである。マーダヴァはこの3番目の式を使って和の値の精度を上げ、πを小数第13位まで導いた。これと同様の方法が次に数学の文献に登場するのは、現代になってからのことである。

1676年、ニュートンが王立協会書記ヘンリー・オルデンバーグに、微積分を用いた回りくどい方法によって次のようなサインとコサインの無限級数を導いたと伝えた。

$$\sin\theta = \theta - \frac{\theta^3}{3!} + \frac{\theta^5}{5!} - \frac{\theta^7}{7!} + \frac{\theta^9}{9!} - \frac{\theta^{11}}{11!} + \ldots$$

$$\cos\theta = 1 - \frac{\theta^2}{2!} + \frac{\theta^4}{4!} - \frac{\theta^6}{6!} + \frac{\theta^8}{8!} - \frac{\theta^{10}}{10!} + \ldots$$

長いあいだ、この公式はニュートンが最初に考え出したとされていたが、いまではそれより400年近く前にマーダヴァが導いて

いたことがわかっている。その導出過程の詳細が『ユクティバーサー』に記されているのだ。その方法は複雑だが、級数を1項ずつ積分するという微積分の方法を先取りしたものととらえることができる。

それどころか、マーダヴァはニュートンよりもずっと前に、微分、曲線の下の面積としての積分、そして項別積分という、微積分の基本的な諸概念を編み出していたとも言われている。マーダヴァはまた、代数学において多項式を展開する方法を発見し、反復法による方程式の数値的解法を編み出し、無限連分数の研究もおこなった。

インド人数学者はヨーロッパ人よりもはるか以前に重要な発見をしていた

ジョーゼフは、マーダヴァのアイデアがヨーロッパに伝わったのではないかと論じている。そしてその根拠として、ヴァスコ・ダ・ガマなどヨーロッパの探検家がケーララ地方を熟知していたことを指摘している。ケーララ地方は、中国など極東へ向かう船がアラビア海を渡ったのちに立ち寄る中継地として都合がよく、交易の中心地としての役割はバビロニア時代にまでさかのぼる。また、西ガーツ山脈とアラビア海に挟まれて地理的に孤立しているおかげで、中世インドのほかの地方における政治的混乱から守られていて、外国人旅行者にとってはさらに都合がよかった。

当時、ケーララ地方の技術や産品がいくつかヨーロッパに伝えられたようだが、数学のアイデアが直接伝わったという証拠はいまのところ見つかっていない。新たな証拠が明らかにならないか

ぎり、ケーララ地方とヨーロッパは数学におけるいくつもの重要なアイデアを互いに独立に発見したと考えるしかない。

アーリヤバタやブラーマグプタなどの偉大なインド人の業績は、昔からヨーロッパにも知られていた。しかし、ケーララ学派の業績が初めてヨーロッパの学界の関心を惹いたのは、1835年という比較的最近のことである。それはチャールズ・ウィッシュが、ニーラカンタ著『タントラサムグラーア』、ジャヤスタデーヴァ著『ユクティバーサー』、プトゥマーナー・ソマヤージ著『カラーナ・パダッティ』、サーンカラ・ヴァーマン著『サドラナマーラー』という4編の重要な文書に関する論文を発表したことによる。

ウィッシュは、ニュートンが微積分に用いた流率という概念(第7章)の基礎が『タントラサムグラーア』に収められていると主張して、騒動を引き起こした。「他国の著作には見られない、流率形式と級数が豊富に収められている」というのだ。しかし、東インド会社がインドとの貿易を管理し、インドそのものが征服の対象ととらえられていた当時、この主張はあえなく斥けられた。そうしてケーララ地方の数学はほぼ忘れ去られた。

だがそれから100年以上経った1940年代に、その高度な数学がようやく顧みられる。カダムブール・ラージャーゴーパルらが一連の論文のなかで、ケーララ学派の数学を詳細に調査し、インド人数学者がいくつもの重要な結果を、一般的に発見者とされてきたヨーロッパ人よりもはるか以前に発見していたことを証明したのである。

5

ギャンブルをする占星術師
ジローラモ・カルダーノ

The Gambling Astrologer
Girolamo Cardano

**ジローラモ（ジェロラモ、ジェロニモ）・カルダーノ／
ヒエロニムス・カルダヌス**

生:ミラノ公国パヴィア、1501年9月24日
没:ローマ、1576年9月21日

> 私は幼い頃、あらゆるたぐいの剣術の稽古を本格的にやりはじめ、練習を続けて、最終的にはかなり高度なものも含めてある程度のレベルに達した。夜は公爵の制令さえ破り、武器を携えて地元の街をぶらついた。黒い毛糸のフードをかぶって顔を隠し、生皮の靴を履いた。夜が明けるまでぶらついては、汗をしたたらせながら楽器でセレナーデを演奏することもしょっちゅうだった。

1520年頃、ルネサンス期のイタリアでの生活は、少なくともジローラモ・カルダーノにとってはこのようなものだった。カルダーノはざっくばらんな自伝『わが人生の書』で、このような行動をもっと数多く告白している。とくに数学と医学に秀でた博学者カルダーノは、（もし本人の言葉どおりであれば）昼メロやタブロイド紙張りの人生を送った。家の資産を浪費して、ギャンブルにはまり、破滅と救貧院での生活に耐えた。ギャンブルの相手がぺてんをしていると疑って、ナイフで顔を切りつけた。異端の罪に問われて投獄され、息子は妻を毒殺した罪で処刑された。

その一方で、口がきけなくなったセント・アンドリューズの主教を再びしゃべれるよう治療し、褒美として金貨1400枚をもらった。そして意気揚々とイタリアに帰国し、それまで何十年もカルダーノを必死に拒んできた医師会への入会を果たした。

何よりも重要な点として、秀でた数学者カルダーノは空前の優れた教科書『アルス・マグナ』（偉大な術）を書いた。副題は『代数学の諸法則』。この本によって代数学が発展し、記号による表記法が確立して体系的に成熟した。カルダーノは「代数学の父」の称号をめぐるもう一人の候補と見ることができる。しかし案の

定、その地位は口論や裏切りによって得たものだった。

自堕落な生活で財産を失う

　カルダーノは私生児として生まれた。父親のファジオはパヴィア在住、数学の才能を持つがすぐかっとなる性格の弁護士で、レオナルド・ダ・ヴィンチの友人でもあった。紫色の変わったマントと黒くて小さい縁なし帽をいつも身につけていて、55歳で歯をすべて失った。

　ジローラモの母キアラ（旧姓ミシェリア）は、3人の子持ちの若い未亡人で、何年も経ってからファジオと結婚した。太っていてファジオに劣らず癇癪持ち、すぐに腹を立てた。その一方で、信心深く知性も高かった。身ごもっていたときにミラノで疫病が発生したため田舎に避難したが、町に残った3人の子供は病死した。ジローラモの誕生が近づいても喜ぶ気持ちにはなれなかった。「あらゆる堕胎薬を試しても効かず、私は1501年9月24日に自然出産で生まれた」

　ファジオは本業こそ弁護士だったが、ダ・ヴィンチに幾何学に関する助言をするほどの数学の才能の持ち主で、パヴィア大学やミラノのピアッティ財団では幾何学を教えていた。そして、その数学と占星術の技を私生児の息子にも伝授した。「幼い頃に父から算法の基礎を教わって、難解な事柄も身につけた。……アラブの占星術の基本も指南された。……12歳になると、エウクレイデスの最初の6冊の著作を教わった」

　ジローラモは子供の頃は病弱で、父親は弁護士の仕事を継がせ

ようとしたがだめだった。パヴィア大学に医学生として入学し優れた成績を収め、無遠慮な性格が多くの人に嫌われたものの、1票差で総長に選出された。その成功で有頂天になったのか、この頃、剣と楽器を携えて街の通りを徘徊し、ギャンブルに手を染めるようになった。確率を数学的に理解していたために明らかに有利で、1564年頃には確率論に関する初の著作『運のゲームに関する書』を書いた（出版されたのは1663年とかなりのちのことだった）。チェスの才能も金儲けにつながった。しかしどんどん自堕落になっていって、運も相続した財産も失った。

　それでも前へ進みつづけた。医学の学位を手にしたカルダーノは、儲かる職業に就いて快適な生活を送るために、ミラノ医師会へ入会しようとした。しかし、思ったことをそのまま口に出す性格が今度こそ災いして入会を拒否されたため、近くの村で医師として働きはじめた。何とか生活できるほどの収入を得て、民兵の指揮官の娘ルチア・バンダリーニと結婚した。しかし医師会への入会を再度拒否されると、以前の自堕落な生活に逆戻りして財産を失った。ルチアの宝石を含め家財を残らず質に入れ、救貧院に身を寄せた。「破滅だ！　終わりだ！」とカルダーノは書いている。

　ルチアとのあいだに子供が1人生まれ、軽度のさまざまな先天異常があったものの、当時は奇形とみなされるほどではなかった。父ファジオが亡くなると、ジローラモはその後継者に指名されて、ようやく人生が上向きはじめた。1539年には医師会も門前払いをあきらめた。カルダーノはもう一つ新たな成功の糸もたぐり寄せた。数学書を何冊も世に出し、そのうちの1冊がカルダーノを数学の開拓者の一員に位置づけることとなるのだ。

数学の公開試合

　数学のほとんどの分野は、定まった方向性のない複雑で入り組んだ歴史的プロセスを通じて生まれるものである。方向性そのものは、断片的なアイデアがつながりはじめることで作られていく。いわば、探検するにつれて密林が生い茂っていくのだ。

　代数学のいくつかの側面は古代ギリシャ人にさかのぼることができるが、彼らは自然数についてさえ有用な表記法を持っていなかった。ディオファントスは未知数を表わす略記法を考案して原始的な代数学を大きく前進させたが、その主眼は自然数の方程式を解くことであって、そこから直接発展したのは数論である。ギリシャやペルシャの幾何学者が解いた数々の問題も、いまでは、代数学の問題を純粋に幾何学的な手段で解いたものとみなされている。アル゠フワーリズミーは代数学的な手順をまとめ上げたが、記号を用いた表記法を導入することはなかった。

　これらの出来事よりはるか以前、バビロニア人がすでに、代数学における史上初の真に重要な手法を発見していた。それは二次方程式の解法である。これによって、学校数学で代数学と呼ばれている分野への扉が開かれ、それが19世紀までに形式化された。代数学とは要するに、未知量とその「累乗」（2乗や3乗など）の数的関係からその未知量の値（あるいは取りうる値の短いリスト）を導く、すなわち多項方程式を解くという分野のことである。

　未知数の最も高い次数が2の場合、その方程式を二次方程式と呼ぶ。古代バビロニアの筆記者兼数学者は二次方程式の解き方を

知っていて、それを弟子に教えていた。その証拠として、難解な楔形文字が刻まれた粘土板が何枚か見つかっている。解くうえで最も難しいステップは、適切な値の平方根を取るところである。

　後知恵だが、二次方程式の次に何が来るかは明らかだ。未知数とその2乗に加えて、その3乗も含んだ、三次方程式である。バビロニアのある粘土板からは、三次方程式を解くための特別な方法がうかがい知れるが、当時の発見についてそれ以上のことはわかっていない。ギリシャとペルシャの幾何学的解法も実際に有効で、それを最も詳細に論じたのが、詩作、とくに『ルバイヤート』(もっと言うと、エドワード・フィッツジェラルドによるその翻訳)で有名なウマル・ハイヤームである。しかし、純粋に代数学的な解法にはまだまだ手が届かなかったらしい。

　それが、イタリア・ルネサンスの華やかな時代に一変した。

　1515年頃、ボローニャ大学教授のシピオーネ・デル・フェッロが、いくつかのタイプの三次方程式の解法を発見した。タイプ分けされていたのは、当時は負の数が認められておらず、両辺に正の項が来るように方程式が書かれていたためである。義理の息子アンニバレ・デル・ナーヴェに遺した何冊かのノートによると、デル・フェッロは「立方足す未知数が数に等しい」というタイプの方程式を解くことができたという。ほかの2つのタイプの方程式を解くことができたのも間違いなさそうで、事前に少し操作をすればこの3つのタイプでほぼすべての三次方程式を扱うことができた。その解法には平方根と立方根の両方が使われていた。

　上記のケースにおける解法は、デル・ナーヴェに加えてデル・フェッロの弟子アントニオ・フィオールにも伝えられた。また、

それとは独立にニッコロ・フォンタナ（いまでは差別的な、「タルタリア（どもる人）」というあだ名で一般的には知られている）も、同じケースの解法を発見した。

　数学を教える商売を始めるつもりだったフィオールは、ある素晴らしいアイデアを思いつく。タルタリアを相手に、数学の問題を出し合う公開試合をおこなうというアイデアで、当時、このように頭脳を使った戦いはしょっちゅうおこなわれていた。タルタリアは、すでに3つのケースとも解法が導かれているという噂を聞きつけて、フィオールがそれを知っているのではないかと心配するあまり、すさまじい努力を重ねて試合ぎりぎりでそれらの解法を見つけた。そして、フィオールは実は1つのタイプしか解けないことをその後から知り、フィオールの解けないケースの問題ばかり出して相手をこてんぱんに負かしたのだった。

　このおもしろい話はあっという間に広まり、『アルス・マグナ』執筆のためにせっせと題材を集めていたカルダーノの耳にも届いた。執筆予定の著書をより良いものにするために、興味深い新たな数学につねに目を光らせていたカルダーノは、千載一遇のチャンスをめざとく見て取った。デル・フェッロの以前の著作がすでにほぼ失われていたため、カルダーノはタルタリアのもとを訪ね、三次方程式の秘密を教えてくれるよう頼み込んだ。結局タルタリアはその頼みを聞き入れた。言い伝えによると、タルタリアはカルダーノに秘密を守るよう誓わせたというが、カルダーノが代数学の本を書こうとしていたことを踏まえるとそれは少々考えにくい。

　ともかく、出版された『アルス・マグナ』にはタルタリアによ

る三次方程式の解法が収められていた。タルタリアの業績であることは記されていたが、秘密をばらされた以上そんなことはどうでもよかった。怒ったタルタリアは、著書『さまざまな問題と新発明』にカルダーノとのやり取りを漏れなく掲載して復讐に出た。この本によると、カルダーノは1539年に「あなたの発見をけっして公表しない」と謹厳に約束していたという。その約束が破られたのだ。

　ご想像どおり、事の顚末はもっと複雑だったらしい。しばらくして、のちにカルダーノの弟子となるロドヴィコ・フェラーリが、自分もあの場に居合わせていて、カルダーノはタルタリアの解法を秘密にすると同意してなどいなかったと主張した。とはいえ、フェラーリが中立な立会人だったとは言いがたい。約束が破られたというタルタリアの主張を受けて、好き勝手なテーマでタルタリアに論争を吹っかける張り紙を掲示したのだ。

　1548年8月、その対決を見ようと教会に大勢の人が集まった。観衆の多くは、数学に関心があったわけでもないし理解さえもしていなかったと思う。古き良き口喧嘩を望んでいただけだろう。その対決の結果に関する記録は見つかっていないが、それからまもなくしてフェラーリは皇帝の息子の個人教師の職に招かれた。対照的にタルタリアはけっして勝利を主張することはなく、ブレシアでの職を失い、結末について愚痴を漏らしつづけた。結果は推して知るべしだ。

　皮肉なことに、すべては無用な諍いだった。『アルス・マグナ』執筆の準備中にカルダーノとフェラーリは、デル・フェッロがボローニャ大学で書いた、三次方程式のおおもとの解法が収められ

た論文を読んでいたのだ。2人が言うには、それが実際の出典だったという。カルダーノがタルタリアの成果に触れたのは、デル・フェッロの業績をどうやって知ったのかを説明するためだった。それだけだというのだ。

　そのとおりなのかもしれない。しかし、もしカルダーノが以前の文献からすでに解法を知っていたのだとしたら、なぜタルタリアに秘密を教えてくれと頼み込んだりしたのだろうか？　もしかしたら頼み込んでなどいないのかもしれない。それについてはタルタリアの証言以外に証拠がない。

　その一方でカルダーノは、三次方程式の解法そのもの以外にも必要としているものがあって、しばらくのあいだある隠し事をしていた。カルダーノの指導のもとでフェラーリが、四次方程式（未知数の4乗を含む方程式）の解法を一歩一歩導いていたのだ。しかしその解法は、関係する三次方程式に還元するというしくみだった。そのため、カルダーノが四次方程式の解法を世間に発表するためには、どうしても一緒に三次方程式の解法も示すしかなかったのだ。

　もしかしたら、すべてはカルダーノとフェラーリの主張どおりだったのかもしれない。タルタリアがフィオールを打ち負かしたことで、カルダーノは三次方程式が解けることに気づいた。そして少し調べてデル・フェッロの文書を見つけ、著作の執筆に必要な解法を知った。その発見に力を得たフェラーリが、四次方程式を攻略した。カルダーノはそれを漏れなく著書に記した。弟子のフェラーリは、自分の導いた結果が収録されることに不満などあったはずはなく、おそらくは誇りに思ったことだろう。そしてカ

ルダーノはタルタリアに敬意を表し、その解法を再発見して自分の注目を惹いてくれたことに感謝の意を示したのだ。

『アルス・マグナ』にはもう一つ重要な意義がある。カルダーノは自らの代数学的手法を使って、和が10で積が40である2つの数を探し、$5+\sqrt{-15}$と$5-\sqrt{-15}$という答えを導いた。しかし負の数に平方根はないため、この結果は「名状しがたく役に立たない」と言いきった。また三次方程式の公式からも、3つの解がすべて実数であるケースでこのような数が導かれてしまった。

1572年にラファエル・ボンベリは、このような式が何を意味するのかは無視してただ計算をおこなえば、正しい実数解が得られることに気づいた。この考え方がやがて、-1が平方根を持つ複素数の体系へつながっていく。そのようにして実数を拡張した体系は、今日の数学、物理学、工学に欠かせないものとなっている。

死ぬ日を予言し自ら命を絶つ

1540年代にカルダーノは医者の稼業に戻った。すると、(先ほど言ったように昼メロやタブロイド紙張りに)悲劇が襲う。長男のジャンバティスタとひそかに結婚したブランドニア・ディ・セローニのことを、カルダーノは取り柄がなくて図々しい女性とみていた。両親も面の皮が厚かったブランドニアは、ジャンバティスタのことを公の場で罵り、3人の子供の父親はジャンバティスタではないと言い張った。すると、ジャンバティスタは妻に毒を盛って殺し、すぐに自首した。裁判官は、死刑を免れるにはカルダ

ーノがディ・セローニ家に賠償する以外にないと要求した。しかし要求額が莫大で支払えなかったため、ジャンバティスタは拷問され、左手を切り落とされ、首をはねられてしまった。

　カルダーノは一部始終を目にしても動じなかったものの、街を離れざるをえなくなり、ボローニャ大学の医学教授となった。そこでも横柄さゆえに同僚の医者を敵に回し、解雇されそうになる。さらに、息子のアルドがギャンブルで多額の借金を背負い、父親の家に忍び込んで現金や宝石を盗んだ。カルダーノはやむをえず通報し、アルドはボローニャから追放された。それでもカルダーノは楽天的で、相次ぐ悲劇のなかでも「いまだにたくさんのご加護を得ていて、誰かほかの人だったら自分は幸運だと思っただろう」と書き記している。

　ところがさらなる悲劇が襲う。その原因は占星術だった。1570年にカルダーノはイエスの星占いをし、また初期のキリスト教徒を迫害したネロを讃える本を書いた。これらの理由で異端の罪に問われたのだ。投獄されてのちに釈放されたが、学問に関するいかなる職に就くことも禁じられてしまった。

　そこでローマに移ると、驚いたことに温かく迎え入れられた。教皇グレゴリウス13世に赦されたらしく、恩給を与えられた。ローマの医師会への入会も認められ、自伝を書いたものの、出版はしなかった。ようやく世に出たのは死後60年以上経ってからだった。言い伝えによると、カルダーノは自分が死ぬ日を予言し、プロとしての誇りからその予言を的中させるために自ら命を絶ったのだという。

最終定理
ピエール・ド・フェルマー

The Last Theorem
Pierre de Fermat

ピエール・ド・フェルマー

生:フランス・ボーモン=ド=ロマーニュ、1601年8月17日
(または1607年10月31日から12月6日のあいだ)
没:フランス・カストル、1665年1月12日

何百年も答えの出ない問題、とくに、出題されたときには存在さえしていなかった分野で中心的な重要性を帯びるようになる問題を出せる数学者など、片手で数えられるほどしかいない。その特別な人たちのなかでもおそらく最も有名なのが、ピエール・フェルマーである（貴族の称号である"ド"は、のちに政府役人になったときに付け加えられた）。しかし厳密にいうと数学者ではなく、法学の学位を取ってトゥールーズ高等法院の評議員になった。とはいえ、アマチュア数学者呼ばわりするのは失礼だ。法律で生計を立てる無給のプロ数学者と考えるのがいちばんだろう。

　フェルマーは研究成果をほとんど発表していない。それはおそらく、数学以外の仕事のせいで書き上げる時間がほとんどなかったからだろう。それらの成果についてわかっていることはおもに、ピエール・ド・カルカヴィ、ルネ・デカルト、マラン・メルセンヌ、ブレーズ・パスカルといった数学者や哲学者に宛てた手紙に基づいている。

　フェルマーは証明の意義をわきまえており、とくに、現存する文書に書き記した命題のなかで唯一間違っているもの（素数のみを与えると考えた公式）には、証明が欠けているという言い訳が添えられている。いまも残っている証明はごくわずかしかないが、そのなかで最も重要なのが、2つの平方数を足し合わせても4乗数にはならないことの証明で、それには「無限降下法」と名付けた新しい手法が使われている。

　フェルマーは数学における名声を数多く有している。幾何学を大きく前進させ、微積分の先駆けとなる方法を編み出し、確率論や光の数理物理学を研究した。しかし最大の業績は、数論に関す

る独創的な研究である。その分野では、テレビドキュメンタリーやベストセラー本によって一般の人のあいだでも名声を獲得したあの予想を示した。いわゆるフェルマーの最終定理である。この単純だが謎めいた予想がこのように呼ばれるようになったのは、死の床で息も絶え絶えに発したからではない。フェルマーの示したそのほかの数々の定理を後継者たちが何百年もかけて残らず証明（一つのケースでは反証）していったものの、たった一つこれだけが証明できなかったからである。集中攻撃に最後まで持ちこたえ、並外れた天才たちを斥けたのだ。

　そのなかの一人が、天才中の天才、ガウスである。フェルマーの余白の書き込みから200年近く経った頃、ガウスはフェルマーの最終定理を見限って、予想するのは簡単だが証明も反証も事実上不可能な、数に関する膨大な命題の代表例だと言いきった。ガウスは数学に関してはたいてい非の打ち所がなかったが、ここでは珍しく数学の意義を見くびってしまった。ガウスの肩を持つわけではないが、フェルマーがこの問題を示してから350年間、ほとんどの数学者が同じように感じていた。数学のもっと中心的な分野との深遠なつながりが見出されてようやく、その真の重要性が浮かび上がってきたのだ。

数学への興味で、法律の仕事は上の空

　現在のボーモン＝ド＝ロマーニュは、フランス南部のミディ＝ピレネー地方にあるコミューン（行政区）である。1276年、この地域にいくつかある要塞都市の一つとして建設され、動乱の歴史

を歩んできた。百年戦争のさなかに一時期イングランドに占領され、その後、疫病で市民500人を失った。カトリックの町だが、周囲はプロテスタントの3つの町に囲まれていた。

アンリ3世からこの町を譲り受けた、のちのアンリ4世が1580年に攻撃を仕掛け、市民100人が虐殺された。1600年代初頭にはルイ13世によって包囲された。そして王に対する反乱側に加わり、1651年に軍事占領されて重い賠償金を科された。その後、再び疫病に襲われた。

これらの出来事にちょうど挟まれた時期に、この町で最も有名な住人が誕生した。ピエール・フェルマー、裕福な革商人ドミニクと弁護士一家出身のクレア(旧姓ド・ロン)の息子である。同じくピエールという名前の兄がいたが幼いうちに亡くなったらしく、そのため誕生年は定かでないところがある(1601年か、または1607年)。

父親はボーモン=ド=ロマーニュの第二執政官でもあり、フェルマーは政治家一家で育った。父親の地位を考えると、生まれた町で育てられたのは明らかで、そうだとしたらフランシスコ会の修道院で教育を受けたにちがいない。一時期トゥールーズ大学で学んだのちにボルドー大学へ移り、そこで数学に対する興味を花開かせた。まず、ギリシャ人幾何学者アポロニウスの失われた著作『平面上の軌跡について』を実験的に復元し、続いて最大値と最小値に関する文書を著して微積分の初期の発展を先取りした。

オルレアン大学で法学の学位を取ったことで、弁護士としての成功の道も開けた。1631年にトゥールーズ高等法院評議員の地位をお金で手に入れ、名前に"ド"が与えられた。この立場で活動し、

弁護士として生涯トゥールーズで暮らしたが、しばしばボーモン＝ド＝ロマーニュやカストルでも働いた。

　はじめは下級職だったが、1638年に上級職に昇格し、さらに1652年には刑事法廷の最高位に就いた。1650年代に疫病で高級官吏が大勢亡くなったこともあって、さらに昇進は続いた。1653年、フェルマーが疫病で亡くなったと報じられたが、それは（マーク・トゥエインの場合と同じく）大きな誤報だった。フェルマーは欲張りすぎたようにも思える。数学への興味のあまり、法律の仕事に身が入らなかったのだ。ある文書には、「かなり上の空で、裁判報告も十分でなく地に足が着いていない」と記されている。

　1629年に書いた『平面と立体の軌跡の概論』は、座標を使って幾何学と代数学を結びつける方法を切り拓いた。一般的にはこのアイデアは、デカルトが1637年に『方法序説』の補遺として書いた小論『幾何学』で初めて示したとされているが、実際にはギリシャ時代までさかのぼる以前の多くの著作にそれらしいことが記されている。2本の座標軸を使って、平面上の各点をただ一つの数の組 (x, y) で表現するというこの方法は、いまではかなりありきたりで説明の必要はほとんどないだろう。

　1679年の著作『曲線の接線について』でフェルマーは曲線の接線を導いており、それは微分法の幾何学版と言える。フェルマーによる最大値と最小値の算出法も、微積分のもう一つの先駆けだ。光学においては、光線は伝播時間の合計が最小になるような経路をたどるという、最小時間の原理を示した。これは、関連する何らかの量が最大または最小になるような曲線または曲面を探すという解析学の一分野、変分法に向けた一歩となった。たとえ

ば、体積一定のもとで表面積が最小になるような閉じた立体は？それは球である。石鹸の泡が球形なのもそれで説明できる。表面張力のエネルギーは表面積に比例し、泡は必ずエネルギーが最小になるような形を取るのだ。

この話に関連してフェルマーは、デカルトが導いたとする光線の屈折の法則をめぐってデカルトに異議を唱えた。一方のデカルトも、自分が考案したと考える座標の概念をフェルマーが自分の手柄にしようとしていると心配していたのか、フェルマーによる最大値と最小値と接線に関する研究成果を批判した。言い争いがあまりに激しさを増したため、工学者で先駆的な幾何学者のジラール・デザルグが仲裁に入った。デザルグが、フェルマーの言い分が正しいと言うと、デカルトもしぶしぶ認め、「はじめからそのように説明してくれていれば、けっして否定はしなかったのに」とこぼしたという。

数論に関する最大の業績

フェルマーが遺した最大の業績は、数論に関するものである。フェルマーがほかの数学者に宛てた手紙には、挑戦問題が数多く記されている。そのなかに、2つの立方数の和は立方数になりえないことを証明せよという問題や、n を与えられた自然数として「ペル方程式」$nx^2+1=y^2$ の整数解 x と y を見つけよという問題がある。実はペル方程式という呼び名は正しくない。レオンハルト・オイラーが、ブランカー卿の発見した解法を誤ってジョン・ペルのものとみなしてしまったのだ。もっと言うと、ブラーマグプタ

が628年に書いた『ブラーマスプタシッダーンタ』(正確に定められた梵(ぼん)の教義)にもその解法が収められている。

　フェルマーが導いた結果のなかでも最も重要で美しいものの一つが、2つの平方数の和で表わせる数の性質に関するものである。その答え自体は、アルベール・ジラールが、死後の1634年に出版された著作のなかで示していた。フェルマーはそれを証明したと初めて主張し、1640年にメルセンヌに宛てた手紙のなかで公表した。

　その要点は、素数の場合に関してこの問題を解くことである。答えは次のように素数の種類で違ってくる。偶数の素数は2だけ。奇数は、4の倍数に1を足したものか、または4の倍数に3を足したもののいずれかだ。つまり、$4k+1$という形か、$4k+3$という形のいずれかである。もちろん奇素数にもこれと同じことが言える。フェルマーは、2と、$4k+1$という形のすべての素数は2つの平方数の和であり、$4k+3$という形の素数はそうでないことを証明した。

　これはいくつか試してみれば容易に推測できる。たとえば、$13=4+9=2^2+3^2$で、$13=4\times 3+1$である。一方、$7=4\times 1+3$で、7は2つの平方数の和には等しくなりえない。しかし、このフェルマーの二平方数定理を証明するのはかなり難しい。そのなかでもいちばん簡単な部分は、$4k+3$という形の素数が2つの平方数の和ではないことを示すところである。その方法については、第10章で、ガウスが数論の基本的手法を体系化させるために編み出した手法を使って説明する。

　$4k+1$という形の素数が2つの平方数の和であることを示すの

は、それよりもずっと難しい。フェルマーの証明そのものは残っていないが、フェルマーにも手が届いたはずの手法を使った証明法はいくつか知られている。知られているなかで初の証明はオイラーが与えたもので、1747年に発表され、1752年と1755年の2編の論文で出版された。

その要点として、自然数が2つの平方数の和になるのは、その数を素因数分解したときに、$4k+3$という形の素因数がすべて偶数乗で現われる場合に限られる。たとえば$245 = 5 \times 7^2$である。因数7は$4k+3$という形であって、しかも偶数乗として現われているので、245は2つの平方数の和である。確かに$245 = 14^2 + 7^2$となっている。それに対して$35 = 5 \times 7$では、因数7が奇数乗で現われているため、35は2つの平方数の和ではない。

この結論は単なる興味の対象でしかないように思われるかもしれないが、実はいくつもの研究の道筋のきっかけとなり、ガウスによる遠大な二次形式の理論へ結実した（第10章）。現代ではさらにずっと発展している。ラグランジュが証明した関連の定理によれば、すべての自然数は4つの平方数の和である（$0 = 0^2$を認めた場合）。この定理もまた幅広い影響をもたらしている。

フェルマーは最終定理を証明していない

フェルマーの最終定理の話は何度も語られているが、ここで再度話させてもらおう。すごい物語だ。

フェルマーの最大の名声が、本人はほぼ間違いなく証明していない定理に基づいているというのも、何とも皮肉なことだろう。

フェルマーは証明したとはっきり主張しているし、結論はいまでは正しいことがわかっているが、歴史に基づいて判断すると、フェルマーが使うことのできた手法ではその証明には手が届かない。証明したというフェルマーの主張は1冊の本の余白に記されただけで、しかもその原本は残っていないので、拙速だったということもありうる。朝目覚めたときには、自分はある重要な事柄を証明したと信じていても、昼には間違いを見つけて証明がご破算になることなど、数学の研究ではしょっちゅうあるものだ。

くだんの本というのは、ディオファントスの書いた『算術』のフランス人による訳本。エウクレイデスの『原論』を除けば数論に関する初の重要な著作で、素数の基本的性質をいくつも導いていくつかの重要な方程式を解いている。もちろん、この分野における初の専門家向けの書物である。整数または有理数で解かなければならない多項方程式に「ディオファントス方程式」という専門用語が与えられているのは、この本による。

ディオファントスはそのタイプの方程式を体系的に列挙しており、そのなかでも中心的な役割を果たしている方程式の一つが、ピタゴラスの定理に基づいて辺の長さがx, y, zである直角三角形を作る、いわゆるピタゴラスの三つ組の方程式、$x^2+y^2=z^2$である。その正の整数の解として最も単純なのが、$3^2+4^2=5^2$、かの有名な3-4-5の三角形だ。解は無限個存在し、エウクレイデスがそれをすべて生成する手順を導いた。ディオファントスの本にはその手順も収められている。

この『算術』をクロード・バシェ・ド・メジリアックが1621年にラテン語に翻訳した本を、フェルマーは1冊所有していて、

自分が気づいたことをその余白に書き込んでいた。フェルマーの息子サミュエルによると、最終定理は、第2巻の問題8に添えられたメモ書きとして示されたという。それがわかっているのは、サミュエルが『算術』の独自の版を父親のメモ書きを含めて出版したためである。

そのメモ書きが記された日付は定かでないが、フェルマーが『算術』を読みはじめたのは1630年頃のこと。記されたのは1637年であるとされていることが多いが、それは単なる推測にすぎない。ともかくフェルマーは、ピタゴラスの三つ組を一般化できないかと考えたらしく、余白に次のような壮大な注釈をつけたのだった。

> 1つの立方数を2つの立方数に、1つの4乗数を2つの4乗数に、あるいは一般的に、2次より高い任意の累乗数を、それと同次の2つの累乗数に分割することは不可能である。それに対するまさに驚くべき証明を発見したが、この余白には狭すぎて収まりきらない。

つまり、nが3以上の整数のとき、ディオファントス方程式$x^n + y^n = z^n$に自然数解はないということだ。

のちにフェルマーが、証明に成功したという考えをひるがえしたことを示す状況証拠がある。フェルマーはたびたび、自分が導いた定理をほかの数学者への手紙のなかで問題として出題していた(少なくともそのなかの1人は、難しすぎると文句を言っている)。しかし、この定理に触れた手紙は1通も残っていない。さらに説得力のある証拠として、フェルマーは3次と4次という特別なケ

ースを、文通相手に問題として出している。もっと包括的な結論を証明できていたのだとしたら、なぜそんなことをしたのだろうか？　フェルマーが3次のケースを証明したのは間違いなさそうだし、フェルマーが4次のケースを証明した方法は明らかになっている。フェルマーが遺したあらゆる著作や文書のなかで、証明といえるのはその一つだけだ。

　その実際の文言は、「直角三角形の面積は平方数ではありえない」となっている。これは明らかにピタゴラスの三つ組を指している。エウクレイデスとディオファントスによる解法から容易にわかるように、この問題は、足し合わせると4乗数になるような2つの平方数を見つけることと同等である。指数4の場合の$x^4+y^4=z^4$の解がもし存在するなら、x^4とy^4はどちらも（x^2およびy^2の）平方数である。したがってフェルマーのこの言葉は、そのような解は存在しないという意味になる。

　フェルマーの証明は巧妙で、当時としては革新的だった。フェルマーはその方法を無限降下法と呼んでいる。解が1つ存在すると仮定して、エウクレイデスとディオファントスによる解法を当てはめ、少々細工をすると、もっと小さい解の存在を導くことができる。したがって、フェルマーいわく、次々に小さくなっていく解の無限の連なりを作ることができる。しかし、自然数からなるそのような減少数列はどこかで終わるはずなので、論理的に矛盾している。したがって、最初に仮定した解は実際には存在しないと結論できる。

1995年、最終定理の証明が完成した

　もしかしたら、フェルマーは自分の導いた証明を意図的に隠したのかもしれない。少々意地が悪かったようで、自分の結果を問題として出してほかの数学者を苦しめるのが好きだった。何か重要な事柄を挙げておいてから、その証明を明かさない言い訳をすぐに付け加えるというやり方は、例の余白の書き込みだけにかぎらない。フェルマーのことをデカルトは自慢屋とみなし、ウォリスは「あの忌々しいフランス人」と呼んでいる。確かにそうかもしれないが、この戦術は功を奏した——それが戦術だったのだとしたらの話だが。フェルマーが後世に向けて示した数々の問題を、その死後に、あるいは存命中にも、偉大な数学者たちが一つ一つ片付けては名を挙げていったのだ。

　たとえばオイラーは、1753年に友人のクリスティアン・ゴールドバッハに宛てた手紙のなかで、2つの立方数を足し合わせても立方数にならないことの証明を導いたと主張した。いまではその証明には穴があったことがわかっているが、その穴は比較的簡単にふさぐことができるので、初めて証明を発表した功績は一般的にオイラーに与えられている。

　1825年にはアドリアン゠マリ・ルジャンドルが最終定理の5次のケースを証明し、1832年にはペーター・ディリクレが7次のケースを証明しようとして失敗したが、それをもっと弱いケースに生かして14次のケースを証明した。1839年にはガブリエル・ラメが7次のケースに取り組み、1847年にパリ科学アカデミーでそ

の証明の骨子を説明した。その証明には、特別なタイプの複素数において素因数分解に相当するものが使われていた。

ラメの発表が終わると、ジョゼフ・リウヴィルが立ち上がって、その証明法の欠陥となりかねない点を指摘した。通常の数の場合、素因数分解は「一意」である。つまり、素因数を書く順番を考えなければ、素因数分解の方法は1通りしかないということだ。たとえば60の素因数分解は$2^2 \times 3 \times 5$だけで、これ以外にはない。リウヴィルは、ラメの考えたタイプの複素数では素因数分解の一意性が成り立たないのではないかと心配したのだ。結局その心配は的中し、23次のケースでは素因数分解の一意性が成り立たなくなっていた。

ラメのアイデアをなんとか活かそうと、エルンスト・クンマーが「イデアル数」という新たな概念を導入した。これは数のように振る舞うが数ではない。クンマーはこのイデアル数を使って、いくつもの次数のケースでフェルマーの最終定理を証明し、100までの次数のうち37, 59, 67を除くすべてのケースを攻略した。1993年までには、400万以下のすべての次数でフェルマーの最終定理が正しいことが明らかとなったが、このように一つ一つのケースを必死になって潰していっても、包括的なケースを証明できる兆しは見えてこなかった。

新たなアイデアが浮かび上がってきたのは、1955年に谷山豊が、一見したところこれと無関係な、楕円曲線という数論の一分野に取り組んでいたときだった（これは誤解を招く呼び名で、楕円は楕円曲線の一種ではない。楕円曲線とは特別な種類のディオファントス方程式のことである）。谷山は、楕円曲線と、複素解析におけるモ

ジュラ関数の理論とが驚くような形で結びついているという予想を立てた。何年ものあいだほとんど信じられていなかったが、志村＝谷山＝ヴェイユ予想と通常呼ばれているその予想が実は正しいかもしれないことを示す証拠が、徐々に集まっていった。

1975年にイヴ・エルグアーシュが、フェルマーの最終定理と楕円曲線との関係性に気づき、もしフェルマーの最終定理の反例が存在するなら、そこからあるきわめて奇妙な性質を持った楕円曲線が導かれるのではないかと提唱した。そしてゲルハルト・フライが1982年と1986年の2編の論文のなかで、そのような曲線はあまりにも奇妙すぎて存在するはずがないことを証明した。もしそうだとすると、背理法によってフェルマーの最終定理が証明されることになるが、ただしフライの証明には志村＝谷山＝ヴェイユ予想が欠かせない形で利用されており、その肝心の予想はまだ宙ぶらりんの状態だった。

しかしこれらの進展によって、多くの数論学者が、エルグアーシュとフライの方向性でうまくいきそうだと確信した。ジャン＝ピエール・セールは、この道筋でいずれ誰かがフェルマーの最終定理を証明すると予測した。実際に証明される約10年前のことである。

1993年にアンドリュー・ワイルズがその最後のステップを踏み、志村＝谷山＝ヴェイユ予想のある特別なケースの証明を発表した。それは、フェルマーの最終定理の証明を完成させるのに十分なほど強力なケースだった。残念ながらその後ある論理的欠陥が明らかになり、すべて水泡に帰すかに思われた。だがワイルズは幸運だった。以前の教え子リチャード・テイラーの助けを借りて、

1995年にその欠陥を塞ぐことができたのだ。そうして証明は完成した。

　フェルマーが証明を導いていたのかどうかについては、いまでも議論が続いている。先ほど述べたように、状況証拠から言っておそらく導いてはいなかっただろう。もし導いていたとしたら、ほかの数学者に問題として突きつけていたはずだ。おそらく、余白に書き込んだときには証明を考えついたと思っていたが、後から思い直したのだろう。証明に成功した可能性もないではないが、ワイルズのものに似た証明ではありえない。それに必要な概念や抽象的観点が、フェルマーの時代にはまったく存在していなかったからだ。まるで、ニュートンが核兵器を発明していたと妄想するようなものだ。

　それでも、誰もが見落としていた攻略法をフェルマーが見つけたという可能性はありうる。そのようなことはこれまで何度も起こっている。しかし、そのような証明を見つけるにはピエール・ド・フェルマー張りの数学的才能がなければならないが、それはできない相談なのだ。

7

世界の体系
アイザック・ニュートン

System of the World
Isaac Newton

アイザック・ニュートン卿
生:イングランド・ウールスソープ、1643年1月4日
没:ロンドン、1727年3月31日

1696年、イギリスの貨幣鋳造を担う王立造幣局に、新たな理事としてアイザック・ニュートンが赴任した。政府の金融部門のトップである大蔵大臣を当時務めていた、ハリファックス伯チャールズ・モンタギューの指名だった。ニュートンは貨幣改鋳を任された。

　当時、イギリスの貨幣制度は惨憺たる状況だった。ニュートンの見積もりによると、流通している貨幣のおよそ20パーセントが偽造または削り取られていた。縁から金または銀が少量削り落とされ、それが鋳つぶされて売られていたのだ。貨幣偽造や削り落としは本来は反逆罪であり、裁判にかけられて、吊るされて水に沈められて四つ裂きにされるという拷問を受けることになっていた。しかし実際には有罪判決を受けた人は一人もおらず、ましてや罰を受けた人など誰もいなかった。

　ケンブリッジ大学のルーカス記念数学教授だった新理事は、それまで象牙の塔の学者として、数学や物理学や錬金術の難解なテーマに人生の大半を捧げてきた。また、聖書の解釈に関する小冊子を書き、天地創造の時を紀元前4000年と算出していた。公務に就いたことは何度かしかなかった。1689年から90年までと1701年から02年までケンブリッジ大学代表の国会議員を務めたが、討論に参加したのは、議場が寒いので窓を閉めてくれと頼んだときだけだったという。そのため人々は、政治的なコネで名誉職に就いたニュートンなど簡単に丸め込めると決めつけていた。

　ところが数年のうちに28人の偽金造りが有罪判決を受け、考えが甘かったことを思い知らされる。ニュートンはシャーロック・ホームズ張りに証拠を捜した。いかがわしい酒場やパブの常連客

に変装してひそかに客を見張り、犯罪行為を監視した。訴追するうえでの最大の障害がイギリスの法律の曖昧さにあることに気づくと、古来の慣習と以前の判例を味方につけた。

　当時は治安判事局が大きな法的権限を持っていて、容疑者を起訴し、証人を取り調べ、裁判官と陪審に近い役割を果たしていた。そこでニュートンは、ロンドンに隣接するすべての州で自らを治安判事に任命した。そして、1698年夏からの18カ月間で100人を超える証人や容疑者や通報者を取り調べたすえに、上記の28人の有罪判決を勝ち取ったのだった。

　これらの事実がいまに伝わっているのは、ニュートンが傑作『プリンキピア』の自分所有の1冊に、このことについて記した手紙の草稿をたまたま挟んでいたためだ。『プリンキピア』でニュートンは、運動の法則と重力の法則を導き、それを使って幅広い自然現象を説明できると示すことで、数理物理学を事実上創始した。

　この逸話から読み取れるとおり、ニュートンは転身するたびにたいてい大きな事を成し遂げた。ただし錬金術と、おそらく聖書学については違っていたが。ニュートンはさらに、造幣局長官、そして王立協会会長へと昇進し、1705年にアン女王からナイトの爵位を賜った。しかし人類に対する最大の貢献は、数学と物理学に関するものである。微積分を考案して、それを使って自然の基本法則を表現し、そこから、『プリンキピア』第3巻の副題にあるように「世界の体系」を導いた。宇宙の成り立ちということだ。

　しかしその生い立ちは、もっとずっとみすぼらしいものだった。

不幸な子供時代

　ニュートンは1642年のクリスマスの日に生まれた。少なくとも、生まれたときにはクリスマスの日付だった。しかしそれはユリウス暦に基づいて決められた日付であって、「失われた日々」で悪名高いグレゴリオ暦に切り替わると、公式の日付は1643年1月4日となった。子供時代には、リンカンシャー州の、グランサムに程近いウールスソープ＝バイ＝コルスターワースという小さな村の農家で暮らした。

　ニュートンの父親は同じくアイザックという名前で、息子が生まれる2カ月前に亡くなった。ニュートン家は伝統的な農家で、父アイザックはかなり裕福に暮らし、大きな農場と邸宅と何頭もの家畜を所有していた。農場を管理していたのはその妻ハンナ（旧姓アスキュー）。アイザック2歳のときにハンナは、ノース・ウィザムという近くの村の教会の牧師バーナバス・スミスと再婚した。アイザックは、ウールスソープに住む祖母のマージョリー・アスキューに育てられることになった。幸せな子供時代とは言えず、祖父のジェイムズ・アスキューとはあまりうまくいかなかった。母親や義父とはさらにそりが合わなかった。19歳で罪を告解したときには、「両親スミスに、家もろとも焼いてやると脅した」と語っている。

　1653年に義父が亡くなると、アイザックはクラーク家に下宿しながらグランサムのフリー・グラマー・スクールに通いはじめた。大家のウィリアム・クラークは薬剤師で、家はハイ通りのジ

ョージ・インの隣にあった。町の住民のあいだでニュートンは、奇妙な発明品や機械仕掛けを作ることで有名になった。小遣いを工具につぎ込み、遊びなどせずに、木材を使って女の子向けのドールハウスや実際に動く風車の模型などいろいろなものを作った。風車の模型には踏み車を取りつけてネズミに回させた。自分が座り、ハンドルを回して走らせることのできる小さなカートも作った。また、凧(たこ)に提灯(ちょうちん)を取りつけて、夜中に近所の人を驚かせたりもした。ウィリアム・スタックリーの書いた伝記によると、「近所の住民はみなしばらくのあいだ恐れおののき、市(いち)の立つ日には地元の人たちがエールビールのジョッキを傾けながら盛んに語り合った」という。

のちに歴史家が、これらの発明のためにニュートンが参考にした本を見つけた。ジョン・ベイト著『自然と技術の謎』である。ニュートンのノートには、この本からの抜粋が大量に書き込まれている。これらの発明からわかるように、ニュートンは幼い頃から、自分で考え出したのではないにせよ科学的な事柄に熱中していた。

日時計にも興味を抱き、コルスターワース教会にある日時計はニュートンがわずか9歳のときに製作したとされている。また、クラークの家のあちこちにも思うがままに日時計を作った。壁に釘を打ちつけては、1時間や30分や15分の目印にした。夏至冬至や春分秋分などの重要な日を特定する方法も身につけ、クラークの家族や近所の人がたびたび訪れては、「アイザックの日時計」と呼ぶ仕掛けで日時を確かめた。部屋のなかに落ちる影を見て時刻を言い当てることもできた。

また、薬局に下宿しているのを生かして薬品の成分についても調べた。幼い頃に身につけたその化学の知識が、のちに錬金術に対する幅広い興味につながっていく。さらに、部屋の壁には木炭で、鳥や動物や船、人の顔の見事な絵も描いた。

　ニュートンは間違いなく賢い少年だったが、数学の才能をうかがわせる気配はとくになく、学校の成績表には怠け者で集中力がないと書かれていた。この頃、母親に退学させられて地所の管理をしつけられるようになった。長男としては当然の務めだったが、ほかのことにも増して興味が湧かなかった。すると叔父が母親を、アイザックはケンブリッジ大学に進学すべきだと説得し、おかげでニュートンはグランサムに戻って課程を修めることができた。

　1661年にニュートンは、法学の学位を取るつもりでケンブリッジ大学トリニティー・カレッジに入学した。課程の内容はアリストテレス哲学に基づいていたが、3年生になると、デカルト、哲学者兼科学者のピエール・ガッサンディ、哲学者のトーマス・ホッブス、物理学者のロバート・ボイルの著作を学ぶことができた。またガリレオの業績も学び、天文学や、地球が太陽の周りを回っているとするコペルニクスの説も身につけた。ケプラーの『光学』も読んだ。

　しかし、ニュートンが高等数学に触れた経緯はあまりはっきりしていない。アブラーム・ド・モアブルによると、市で占星術の本を買ったがその数学の内容を理解できなかったことがきっかけだったという。そこで三角法を習得しようとしたが、幾何学の知識が足りないことに気づき、エウクレイデスの著作をアイザック・バローが編集したものを手に取った。するとあまりに簡単だと感

じ、平行四辺形の面積に関するある定理まで導いて悦に入った。そこで続いて、ウィリアム・オートレッド『数学の鍵』、デカルト『幾何学』、フランソワ・ヴィエトの著作、フランス・ファン・スホーテン『ルネ・デカルトの幾何学』、ジョン・ウォリス『代数学』といった主要な数学書を読み通した。

ウォリスの著作には、放物線や双曲線に囲まれた面積を計算するために、分割不能量、すなわち無限小が使われていた。それについて考えをめぐらせたニュートンは、「ウォリスはこのようにやっているが、もしかしたらこうかもしれない……」と書き残した。すでに独自の証明やアイデアを考えついていて、偉大な数学者にかき立てられながらも言いなりになることはなかったのだ。ウォリスの方法は興味深かったが、けっして神聖視すべきものではなかった。ニュートンのほうがうまくやれたのだ。

1663年にバローがルーカス記念教授職を継ぎ、ニュートンの在籍するトリニティー・カレッジの教員となったが、その若い学生の特別な才能に気づいたという証拠はない。その才能が花開いたのは1665年、大疫病を避けるために学生たちが実家に送り返されたときだった。平和で静かなリンカンシャーの片田舎で、都市の喧噪に邪魔されることもなく、ニュートンは科学や数学に精神を集中させた。そして1665年から66年のあいだに、月や惑星の運動を説明する重力の法則を導き、物体の運動を説明する力学の法則を編み出し、微分と積分を考案し、光学におけるいくつかの重要な発見を成し遂げた。

そのいずれの成果も発表しなかったが、ケンブリッジ大学に戻って修士の学位を取り、トリニティー・カレッジの教員に選出さ

れた。そして1669年に、バローが退いたルーカス記念数学教授職に就き、1672年には王立協会会員となった。

1690年からニュートンは、聖書の解釈に関する小冊子を何冊も書き、錬金術の実験もおこなった。また重要な行政職を歴任して、最終的に王立造幣局長官となった。1703年には王立協会の会長に選出され、1705年には、ケンブリッジ大学トリニティー・カレッジを訪れたアン女王からナイトの爵位を賜った。それ以前に爵位を得た科学者はフランシス・ベーコンただ1人だった。

しかし、南海泡沫事件による大恐慌でニュートンの運は尽き、ウィンチェスター近郊で姪夫婦とともに暮らすようになって、1727年にロンドンで眠りながら息を引き取った。毛髪から微量の水銀が検出されていて、水銀中毒が死因だったのではないかと疑われている。錬金術の実験をおこなっていたこととも辻褄が合うし、晩年になって奇行が増えたこともそれで説明できる。

「無限小」という概念をめぐって

ある初期の発見に目を向けると、ニュートンが座標幾何学に精通していたことがよくわかる。当時、円錐曲線を二次方程式で定義できることが知られていた。そこでニュートンは、三次方程式で定義される曲線を研究した。そうして72種類の曲線を見つけ（いまでは78種類が知られている）、それらを4つのタイプに分類した。のちの1771年にジェイムズ・スターリングが、すべての三次曲線がそれらのタイプのどれか1つに属することを証明する。ニュートンは、この4つのタイプは射影のもとですべて同等であると

主張し、1731年にその証明を導いた。これらの発見はいずれも時代を大きく先取りしたもので、それを含む幅広い分野、代数幾何学と射影幾何学が登場するのは何百年ものちのことである。

　作り話かもしれないが、ニュートンは1670年頃、光学に関する初期の研究をしている最中にある実用的な発明品を作ったという。ガラスのプリズムによって白い太陽光が虹の七色に分かれることは、小学生でも知っている。それを発見したのは、屋根裏部屋で実験をしていたニュートンだった。しかしその実験を邪魔する者がいた。ニュートンは猫を飼っていたが、科学研究に没頭する飼い主が餌の量を管理しなかったせいで丸々と太っていたらしい。その猫は、屋根裏部屋のドアを押し開けてアイザックが何をしているか覗き込む癖があり、そのたびに光が射し込んで実験が邪魔された。そこでニュートンは、ドアに穴を開けてそこにフェルトの切れ端を吊り下げた。キャットフラップの発明だ。その猫が子供を産むと、ニュートンは大きい穴の隣に小さい穴を開けてやったという（思っているほどばかげてはいない。子猫は重いフェルトの切れ端をなかなか押せなかったのだろう）。

　この逸話の出所は「ある田舎の教区司祭」としか伝えられておらず、もしかしたら単なる作り話かもしれない。ただし、トリニティー・カレッジでもとのニュートンの部屋に住んでいたジョン・ライトが、1827年に、以前はドアに穴が2つ開いていて、1つはちょうど猫1匹のサイズ、もう1つは子猫のサイズだったと書いている。

　しかし数学におけるニュートン最大の功績は、微積分と『プリンキピア』である。光学の研究は物理学を大きく前進させたが、

数学への影響は比較的小さかったので、ここではこれ以上は触れない。理屈のうえでは微積分が先で『プリンキピア』が後だが、時代的には複雑にからみ合っているし、ニュートンが成果を発表したがらなかったせいでますます判然としなくなっている。

　ニュートンは批判されるのがそもそも嫌いで、手っ取り早く批判を避けるために自分の発見を秘密にしたがった。しかし結局、それがもっとずっと厳しい批判の集中砲火を招き、人々のあいだに激しい論争を巻き起こすこととなる。ドイツ人数学者で哲学者のゴットフリート・ライプニッツが同じ頃にそっくりなアイデアを思いついていて、やがて先取権をめぐる口論が勃発したのだ。

　微積分の起源は、アルキメデスの『方法』、ウォリスが1656年に書いた『無限の算術』、そしてフェルマーの業績（第6章）にさかのぼることができる。この分野は、互いに関連した2つの分野に分けられる。

　微分は、時間とともに変化する量の変化率を求めるための方法である。たとえば速度は、位置の変化率（1時間のうちに位置が何キロメートル変わるか）。加速度は、速度の変化率（スピードが速くなっているか遅くなっているか）だ。微分では基本的に、時間に依存する何らかの関数の変化率を求める。その結果もまた時間に依存する関数で、変化率は時間によって変わりうる。

　積分は、面積や体積などの概念を扱う方法である。その進め方としては、物体をごく薄い切れ端に切り分け、その厚さよりもはるかに小さい誤差を無視して一枚一枚の面積または体積を見積もり、それをすべて足し合わせたうえで、切れ端をいくらでも薄くしていく。ニュートンとライプニッツが発見したように、積分は

結局のところ微分の逆操作である。

　どちらの操作にも、理屈上つかみどころのないある概念が関わっている。それは、いくらでも小さくできる量という概念だ。それは無限小と呼ばれていて、きわめて慎重な取り扱いが求められる。「いくらでも小さい」具体的な数などというものは存在しない。もしそのような数があったとしても、それよりさらに小さい数を作れるはずだからだ。変化する数なら好きなだけ小さくすることができる。しかし、そもそも変化するものを数と呼べるのだろうか？

　1台の車がどの瞬間にどの位置にあるかがすべてわかっていて、その車の速度を計算したいとしよう。1時間に60キロ進んだら、その時間のあいだの平均速度は時速60キロだ。しかし速度は速くなったり遅くなったりするかもしれない。時間間隔を1秒にまで短くすれば、1秒間での平均速度という、もっと精確な値が出てくる。しかしそれでも、その時間のあいだに速度がわずかに変化するかもしれない。あるきわめて短い時間のあいだに車がどれだけ進んだかを調べ、その距離を時間で割れば、ある瞬間における瞬間速度を近似的に求めることはできる。しかしその時間間隔をどんなに短くしても、出てくる値は近似値でしかない。そこでこれと同じことを、車の位置を表わす数式を使ってやってみよう。時間間隔を0にどんどん近づけていくと、その時間のあいだの平均速度はある決まった値にどんどん近づいていく。その値を瞬間速度と定義するのだ。

　通常の方法でそれを計算するには、距離をかかった時間で割らなければならない。主教ジョージ・バークリーなどは、かかった

時間が0ならばその割り算が$\frac{0}{0}$となってしまって意味をなさないと指摘して、ニュートンを批判した。バークリーは1734年に小冊子『解析者、不信心な数学者に向けた説教』のなかでその批判を展開し、ニュートンの言う流率（瞬間速度）を「消え去る量の亡霊」と呼んで当てこすった。

　そのような批判に対して、ニュートンとライプニッツは反論を用意した。ニュートンは物理的なイメージとして、時間間隔が0に向かって流れていくが、実際に0にたどり着くことはないという場面を思い浮かべた。これとともに移動距離も0に向かって流れていき、平均速度も流れていく。ニュートンいわく、重要なのはそれがどこに向かって流れていくかであって、そこにたどり着くかどうかは関係ない。そのためニュートンは、この方法を「流率」（流れるもの）と名付けた。

　一方ライプニッツは、時間間隔を無限小として扱うことを選んだ。ライプニッツの言う無限小とは、いくらでも小さくありうる、0でない一定の量という意味ではなく（それは論理的に意味をなさない）、いくらでも小さくすることのできる、0でない変化量という意味だ。ニュートンの見方とほぼ変わらない。また、専門用語を使って正確に表わすなら、「極限を取る」という現代の見方とも共通する。しかし、すべてが決着するまでには何百年もかかった。一筋縄ではいかないのだ。いまでも、大学生が身につけるにはしばらく時間がかかる。

微積分をめぐるライプニッツとの大論争

　バークリー主教は微積分の前提に不満だったかもしれないが、数学者というのはたいてい哲学者の言うことを無視したがる。とくに、完璧に通用している方法をやめろと言ってくる場合にはそうだ。しかし微積分をめぐって起こった大論争は、誰がそれを作ったのかという先取権争いのほうだった。

　ニュートンは1671年には著作『流率法と無限級数』を書き上げていたが、出版はしなかった。ようやく日の目を見たのは1736年、ジョン・コルソンがそのラテン語の原文を英語に翻訳したときだった。一方のライプニッツは、1684年に微分について、1686年に積分について発表している。ニュートンの『プリンキピア』が出版されたのは1687年。しかも、そこに収められた結論の多くは実際には微積分に基づいていたものの、ニュートンは、「主比と究極比」と呼ぶ原理を使って、もっと伝統的な幾何学の形式で説明することを選んだ。2つの流率の相等性は次のように定義している。

> 任意の有限時間内に相等な状態へ連続的に収束し、その時間が終わるまでに任意の与えられた差よりも互いに接近する量、および量の比は、最終的に相等となる。

　現代の解析学における極限の概念もこれと意味は同じだが、もっと明確に表現されている。ニュートンを批判する人たちは、こ

の定義をまったく理解できなかったのだ。

　ニュートンは『プリンキピア』のなかで微積分の代わりに幾何学を使うことで、無限小をめぐる問題に煩わされることを避けたわけだが、それによって、世間に微積分を公表するというまたとないチャンスを逃してしまった。イギリス人数学者のあいだでは微積分の考え方が何となく広まっていたが、その外の世界ではほぼ知られていなかった。そのため、ライプニッツが微積分について初めて発表すると、イギリスからは抗議の声が上がった。

　引き金を引いたのはジョン・キールという名前のスコットランド人数学者、『王立協会紀要』の論文のなかで、ライプニッツを剽窃(ひょうせつ)のかどで非難した。1711年にそれを読んだライプニッツは論文の取り下げを要求したが、キールはさらに強硬な態度を取り、微分の主要な考え方が記されたニュートンからの2通の手紙をライプニッツは読んでいたと主張した。ライプニッツは王立協会に仲裁を求め、委員会が開かれた。結果、ニュートンを支持する形で判定が下されたが、その報告書はニュートン本人が書いたものだったし、誰もライプニッツから言い分を聞こうともしなかった。

　するとヨーロッパ大陸の大物数学者たちが論争に加わり、ライプニッツは正当な扱いを受けていないと訴えはじめた。しかしライプニッツ本人は、バカと言い争うのは嫌だと言ってキールとの論争から手を引いてしまう。事態は収拾がつかなくなっていった。

　後世の歴史家は、この戦いは引き分けに終わったとみている。ニュートンとライプニッツは、それぞれの手法を互いにほぼ独立して考え出した。互いの研究のことをある程度は知っていたが、どちらも相手のアイデアを盗んではいない。しかもそれまで100

年以上のあいだ、フェルマーやウォリスなどさまざまな数学者がこの手法に迫っていた。あいにく、この愚かな論争によってイギリスの数学者は、大陸の同胞たちの研究を100年ほどにわたって無視しつづけることとなる。そこには数理物理学の大部分が含まれていただけに、残念なことだった。

ニュートン物理学はいまだにきわめて重要である

『プリンキピア』は、それ以前の科学者、とくにケプラーとガリレオの業績を土台にして書かれている。ニュートンが重力の法則を編み出すうえで基にしたのが、ケプラーの導いた惑星運動の三法則である。一方のガリレオは、落下する物体の運動を実験的に調べてその測定値に美しいパターンを発見し、1590年に著作『運動について』で発表した。それをヒントにしてニュートンは運動の三法則を導いたのだった。『プリンキピア』の初版は1687年に出版され、その後、補遺や修正が加えられて何度も改訂された。アレクシス・クレイローは1747年に、この本が「物理学の大革命の時代を開いた」と書いている。『プリンキピア』のはしがきでは、この本の主題が次のように説明されている。

> 合理的な力学とは、あらゆる力によって引き起こされる運動と、あらゆる運動を引き起こすのに必要な力の科学であるはずで、……それゆえこの著作は自然哲学の数学的原理として示す。というのも、自然哲学のあらゆる問題は、運動現象によって自然の力を調べ、それらの力によって他方の現象を説明することに帰する

と思われるからである。

　大胆な主張だが、あとから考えればその楽観的な姿勢もまったく理にかなっていた。ニュートンのこのひらめきは、100年もしないうちに数理物理学という巨大な数学分野へ成長する。この時代に導かれた数式の多くが今日でも使われていて、熱や光、音や磁気や電気、重力や振動や地球物理などに応用されている。いまではこの「古典的な」スタイルの物理学を超えて相対論や量子論にまで進歩しているが、驚くことにニュートン物理学はいまだにきわめて重要である。また、自然界を微分方程式で表わすというニュートンのアイデアは、天文学から動物学に至るまで科学全般に使われている。

　『プリンキピア』の第1巻では、抵抗をおよぼす媒体が存在しない、つまり摩擦も空気抵抗も流体抗力も働かない場合の運動が論じられている。これが最も単純なタイプの運動で、最も簡潔な数学で表現できる。はじめに初比と終比の方法というものを説明し、それ以降はすべてこの方法に基づいている。前に述べたように、これは幾何学を装った微積分にほかならない。

　この方法を使ってまず、引力の逆2乗則がケプラーの惑星運動の法則と等価であることが証明されている。ニュートンの法則がケプラーの三法則と論理的に等価であるとしたら、ニュートンはケプラーの三法則を力という言葉を使って単に表現しなおしただけであるようにも思えてしまう。しかしそこにはもう一つ特徴があり、ニュートンは法則というよりも一つの予測を示しているのだといえる。以前のフックと同じく、それらの力は普遍的である

と主張しているのだ。すなわち、宇宙のすべての物体が、ほかのすべての物体を引き寄せるということである。そうしてニュートンは、太陽系全体に通用する原理を導き、重力を受けて運動する3つの物体に関する問題を導いた。

第2巻では、空気抵抗など、抵抗をおよぼす媒体のなかでの運動が論じられている。そうして、浮かんでいる物体の平衡状態や圧縮可能な流体を扱う流体静力学が展開されている。波に関する考察からは、空気中での音速が秒速331メートルと概算され、それが湿度でどのように変化するかが導かれている。ちなみに現代の値は海抜0メートルで秒速340メートル。第2巻の最後では、太陽系が渦によって形成されたとするデカルトの説が論破されている。

『世界の体系について』という副題がつけられた第3巻では、前の2つの巻で導いた原理を太陽系や天文学に応用している。その応用法は驚くほど詳細で、月の運動の不規則性、当時知られていた木星の4つの衛星の運動、彗星、潮汐、春分点と秋分点の歳差、そして太陽中心説にまでおよんでいる。とくに太陽中心説についてはかなり深く考察して、次のように述べている。「地球と太陽とすべての惑星の共通重心を、世界の中心とみなすべきであり、……その中心は静止しているか、または直線上を一様に運動している」。そして、太陽と木星と土星の質量比を概算することで、この共通中心は太陽の中心にきわめて近く、そのずれは太陽の直径以下であると算出した。これは正しい結果である。

神秘主義から合理主義への過渡期の人物

　引力の逆2乗則は、実はニュートンが最初に導いたものではなかった。ケプラーが1604年に、光に関してその種の数学的関係性に触れ、光線の束が四方八方に広がるにつれて、それが照らす球面の表面積は半径の2乗に比例して大きくなっていくはずだと論じている。光の量が保存されるとしたら、明るさは距離の2乗に反比例するはずだ。ケプラーはこれと同様の「重力」法則にも遠回しに触れているが、ケプラーが言う重力というのは、太陽から発せられて惑星を軌道上で推進させる仮想的な力のことで、その力は距離に反比例すると考えていた。これにイスマエル・ビュリアルデュスは異議を唱え、この力は距離の2乗に反比例するはずだと論じた。

　重力が引力であること、それが普遍的に作用すること、そしてそれが逆2乗則に従うことは、1670年頃にはかなり広く受け入れられていた。光線の幾何との類推から言っても、その関係性がきわめて自然であった。1666年にロバート・フックは王立協会での講演のなかで次のように述べている。

> 　これまで受け入れられてきたものとは大きく異なる世界体系を説明しましょう。それは次のような主張に基づいています。(1) すべての天体は、その各部分がそれ自身の中心に向かって重力で引き寄せられているだけでなく、その作用領域のなかで相互にも引き寄せ合っている。(2) 単純な運動をしている天体はすべて直

線上を運動しつづけるが、ただし、外部からの何らかの力によって絶えず直線上から逸れていくと、円や楕円など何らかの曲線を描くようになる。(3) この引力は、天体どうしが近ければ近いほどそのぶん強くなる。距離が遠くなるにつれてその力がどのような割合で弱くなるかに関しては、私自身はまだ見出せていません。

1679年にフックはニュートンに私信を送り、この意味でいう重力は逆2乗則に従うはずだと言及した。まさにそのとおりの法則が『プリンキピア』に収められると、ハレーやクリストファー・レンと並んでフックの功績と記されていたにもかかわらず、フックは明らかに機嫌を損ねた。とはいえフックにも同情できる。ニュートンが功績の大部分をかっさらっていったからだ。『プリンキピア』の影響力があまりに大きかったのがその一因だが、もう一つ理由があった。ニュートンはこの法則をただ単に提案したのではなく、ケプラーの三法則から導くことで、確かな科学的根拠に基づくものにしたのだ。フックも、「それによって生成する曲線」、つまり閉じた軌道が楕円になることを証明したのはニュートンだけだと認めている（逆2乗則のもとでは放物線や双曲線の軌道にもなりうるが、それらは閉じた曲線でなく、運動が周期的に繰り返されることはない）。

今日の我々は、ニュートンを史上初の偉大な合理的思索者ととらえがちだ。ニュートンが神を深く信じていたことや、聖書学に取り組んだことには関心を向けていないし、ある種類の物質を別の種類に転換しようとするかなり神秘的な試み、いわゆる錬金術を本格的に研究したことも、断固として無視している。錬金術に

関するニュートンの文書はおそらく実験室の火事でほとんど失われ、20年におよぶ研究の結果は煙となって消えてしまった。飼っていた犬が原因だったらしい。ニュートンはその犬に、「おいダイヤモンド、ダイヤモンド、おまえは自分がしでかしたことがぜんぜんわかっていないのか」と叱ったと言われている。

とはいえ、ニュートンが賢者の石、すなわち鉛を金に変える方法を探し求めていたことをうかがわせる書物や文書は十分に残っている。おそらく、不死の鍵である命の霊薬も探していただろう。そんな書物のうちの一冊の表題が、『ニコラ・フラメル、彼が解釈した象形寓意図がパリの聖インノケンティウス教会墓地のアーチの上部に描かれた。また、アルテフィウスの秘本と、ジョン・ポンタヌスの書簡、このいずれにも、賢者の石の理論と実践が記されている』。以下はそこからの抜粋だ。

> この土の精を火として、ポンタヌスは、自らの排泄物、☉と☽が浸かる赤ん坊の血、リプリーいわく☉と☽のチンキを組み合わせる術としての不浄の緑の獅子、メディーアが2匹の蛇に掛けた煮出し汁、フィラエテスがその瞑想を用いて煮詰めるべしと☉の民と7羽の鷲の☿が命じる金星を消化する。

それぞれの記号は、☉＝太陽(金)、☽＝月(銀)、☿＝水星(水銀)という意味。現代の目で見ると神秘的で無意味な文章に思える。しかしニュートンはいくつもの道を切り拓こうとしていたのであって、それらの道がどこにつながるかはわかっていなかった。この道はたまたま行き止まりだっただけだ。経済学者のジョン・メ

イナード・ケインズは、実際にはおこなわなかったある講演の原稿のなかで、ニュートンのことを「最後の魔術師、……東方三博士も心からしかるべき敬意を払うはずの最後の神童」と呼んでいる。

　今日ではニュートンの神秘主義的な面はほとんど無視されていて、ニュートンが人々の記憶に残っているのは科学や数学の偉業による。しかしそれによって、ニュートンの非凡な精神を駆り立てたものがほとんど見失われてしまっている。ニュートン以前、人類の自然への理解は超自然的な事柄と深くからみ合っていた。それがニュートン以降、この宇宙は深遠なパターンに従って振る舞っていて、そのパターンは数学を介して表現できるという認識に至った。ニュートン自身はその両方の世界に股を掛けた過渡期の人物であって、人類を神秘主義から合理主義へと導いたことになるのだ。

8

我々すべての師
レオンハルト・オイラー

Master of Us All
Leonhard Euler

レオンハルト・オイラー

生:スイス・バーゼル、1707年4月15日
没:ロシア・サンクトペテルブルク、1783年9月18日

今日、レオンハルト・オイラーは、一般の人々にはほとんど知られていない数学者のなかでも最も重要な人物に挙げられるだろう。しかし生前にはあまりにも名声が高く、1760年、七年戦争でロシア軍がシャルロッテンブルクにあるオイラーの農場を破壊すると、イワン・サルティコフ将軍は即座に賠償をした。さらにロシアの女帝エリザベータは、当時としては破格の4000ルーブルの賠償金を積み増しした。

しかもそれだけでは終わらなかった。オイラーは1726年からサンクトペテルブルク・アカデミーの会員を務めていたが、ロシアの政治情勢の悪化を懸念して1741年にはベルリンへ離れていた。しかし1766年、3000ルーブルの年俸と妻への多額の年金、そして息子たちを高収入の地位に就かせるという約束のもとで、サンクトペテルブルク・アカデミーに戻ったのだ。

だが生活はけっして薔薇色とは言えなかった。1738年に右目を失明してから視力低下に悩まされていたが、今度は左目が白内障を発症してほぼ完全に盲目になってしまったのだ。しかし幸いにもオイラーは驚くほどの記憶力の持ち主で、ウェルギリウスの叙事詩『アエネーイス』全編を暗唱することができ、しかもページ番号を言われればそのページの最初と最後の一行を答えることさえできた。ある晩、寝つけなかったときなど、ヒツジを数えるという昔ながらの方法があまりにも簡単すぎたために、100までのすべての数の6乗を計算して時間を潰した。そして数日経ってもその数をすべて覚えていたという。

息子のヨハンとクリストフ、そしてアカデミーの会員ヴォルフガング・クラフトとアンダース・レクセルが、たびたびオイラー

の書記を務めた。同じく手助けした義理の孫ニコライ・フスは、1776年に正式な助手となった。彼らはいずれもしっかりした数学の知識を持っていて、オイラーが自分のアイデアを議論する相手となった。この体制があまりにもうまく機能したため、もとから桁外れだったオイラーの生産活動は失明してからますます高まったという。

　オイラーの活動を遮るものなどほぼ何もなかった。1740年代にはベルリン・アカデミーで、膨大な量の管理業務を担い、植物園と天文台を統括し、職員を雇い、予算を処理し、地図やカレンダーなどの刊行物を扱った。プロイセン王フリードリヒ2世に、フィンロー運河と、サンスーシにある王の夏の別荘の水力システムの改良に関する助言もおこなった。しかし王はあまり気に入らなかった。

　「我が庭園には噴水を作りたかった。貯水池に水を汲み上げ、そこから水路に流し、最後にサンスーシに噴き出すようにするのに必要な水車の力を、オイラーが計算した。我が水車を幾何学に基づいて配置しようとしたが、水を50ペース〔訳注：約40メートル〕近い高さの貯水池まで汲み上げることはできなかった。あまりにもむなしい！　幾何学はむなしい！[*4]」

　フリードリヒは間違った相手、間違った事柄を責めたことが、歴史上の記録からわかっている。サンスーシを設計した建築家の記録によると、王はとてつもない数の噴水を作りたがり、そのなかの一つは空中30メートルに水を噴き上げる巨大なものだったという。しかし水源は、1500メートル離れたハーヴェル川しかなかった。そこでオイラーは、その川から、風車で駆動させる揚

水機まで、運河を掘る計画を立てた。その揚水機で水を汲み上げて約50メートルの高低差を確保し、その水圧で噴水を動かすというもくろみだ。

　工事は1748年に始まり、揚水機から貯水池へ送水管を敷くところまでは何の問題もなく進んだ。その送水管は、ちょうど樽のように木の板を鉄の帯で束ねた作りだった。ところが貯水池に水を汲み上げはじめたところ、その送水管が破裂してしまった。丸太をくり抜いて作った管もうまくいかず、金属管を使うしかなかったが、細すぎて十分な流量を確保できなかった。問題解決の試みは続けられ、七年戦争中の1756年に中断されたのちにいっときは再開された。しかし王の堪忍袋の緒が切れ、計画は中止になった。

　建築家は、壮大な構造物を構想しておきながら必要な資金を提供しなかったフリードリヒを責めた。報告書には、失敗の責任を負うべきすべての人物がリストアップされた。そしてそのなかにオイラーの名前はなかった。

　とはいえ、オイラーのこの設計の仕事をきっかけに、水の流れが管の圧力におよぼす影響を解析する水力学の理論が生まれた。とくにオイラーは、高低差が変わらなくても流れが速くなると圧力が高まることを証明した。従来の静水力学ではそのようなことは予測されない。オイラーはこの圧力の上昇分を計算して、揚水機と送水管の仕様について助言し、この建築業者は腕が悪いから計画は必ず失敗に終わるとあからさまに警告した。オイラーは次のように書いている。

> 水が高さ20メートルに達するやいなや木製の管が破裂した初期の事例について、計算をおこなった。すると、実際には管は高さ100メートルの水柱に相当する圧力まで耐えたはずだったことがわかった。ゆえに、設備がいまだ完全からはほど遠いと思われる。……どんなに予算をつぎ込んででも、もっと太い管を使わなければならない。

オイラーは、木製でなく鉛の管を使い、その厚さは実験から導いて決めるべきだと主張した。しかしその忠告は無視された。

フリードリヒは科学者にあまり敬意を払わず、ヴォルテールなど天才芸術家のほうを贔屓した。オイラーが目が不自由であることをからかい、「数学界のキュクロプス（ギリシャ神話の一つ目の巨人）」と呼んだ。30年後にサンスーシの失敗について書き記したときには、世を去って久しいオイラーを都合の良いスケープゴートとして扱った。

長いあいだ、オイラーは現実の問題を解決できない象牙の塔の数学者だったと信じられてきたが、それは完全に的外れだ。政府に対して、保険、金融、軍事、富くじに関する助言もおこなっている。数学で武装したいわば解決請負人だったのだ。しかも生涯を通じ、独創的で深遠な研究や、出版するやいなや第一級と認められる教科書を生み出しつづけた。

オイラーは亡くなるその日まで研究を続けていた。朝はふだんどおり、孫に数学を教え、小さい黒板2枚で風船に関するちょっとした計算をおこない、発見されたばかりの天王星についてレクセルやフスと議論した。しかし夕方になって脳出血を起こし、「私

は死ぬ」とつぶやいて6時間後に息を引き取った。ニコラ・ド・コンドルセは追悼文のなかで、「オイラーは生きることと計算することをやめた」と書いている。オイラーにとって数学は、息をするのと同じくらい当たり前のことだったのだ。

ロシアとベルリンでの多産な研究活動

　オイラーの父パウルは、バーゼル大学で神学を学び、プロテスタントの牧師になった。母親のマルガレット（旧姓ブルッカー）はプロテスタントの牧師の娘だった。パウルは、大学生のときに下宿させてもらっていた数学者ヤコブ・ベルヌーイの講義を、ヤコブの弟で自分の同級生だったヨハンと一緒に受けている。ベルヌーイ家は典型的な数学一家で、4世代にわたるほぼ全員が、はじめはもっと伝統的な進路に進もうとするものの、最終的には数学をやるようになった。

　1720年、オイラーは13歳でバーゼル大学の学生となった。父親は牧師にさせたがっていた。1723年、ニュートンとデカルトの哲学を対比する研究で修士の学位を取得したが、敬虔なキリスト教徒でありながら、神学にも、またヘブライ語やギリシャ語にも興味が持てなかった。しかし数学は別で、心から熱中した。数学で身を立てていく術もわかっていた。未刊行の自伝には次のような一節がある。

> 　まもなく、有名な教授のヨハン・ベルヌーイに紹介してもらえる機会ができた。……教授はとても多忙だったため、個人授業を

してほしいという頼みはきっぱり断わられてしまった。しかしもっとずっと貴重な助言として、自力でもっと難しい数学の本を読んでできるかぎりこつこつと学びなさいと言ってくれた。壁にぶつかったりわからなかったりしたら、毎週日曜日の午後に自由に訪ねてきてかまわないと言ってくれて、私が理解できないことを何でも親切に説明してくれた。

ヨハンはすぐにその若者の驚きの才能に気づき、パウルも息子が数学に転向することを許した。パウルとヨハンのよしみが事を円滑に進めたのは間違いない。

オイラーは1726年に自身初の論文を書き、1727年には、パリ・アカデミーが毎年開催する大賞に論文を応募した。その年の課題は、帆船のマストの最適な配置を見出すというものだった。優勝したのはこの分野の専門家ピエール・ブゲールだったが、オイラーは第2位を獲得した。この偉業がサンクトペテルブルク・アカデミーの目にとまり、ニコラウス・ベルヌーイが亡くなって欠員が出ると、その後任にオイラーが選ばれた。19歳のオイラーは、ロシア目指して7週間の旅に発った。ライン川を船で進み、そこから馬車に乗り、最後は再び船に乗った。

1727年から30年まではロシア海軍の医事副官も務めたが、正教授になると海軍を去り、まもなくアカデミーの終身会員となった。1733年、ダニエル・ベルヌーイがサンクトペテルブルクでの職を辞してバーゼルに帰国すると、オイラーが数学教授としてその後を継いだ。収入が増えて結婚する余裕ができ、地元のギムナジウム（高校）に勤める芸術家の娘カタリーナ・グゼルと夫婦

の縁を結んだ。子供を13人もうけ（うち8人は赤ん坊のうちに亡くなったが）、赤ん坊を抱いて周りで子供たちを遊ばせながら自身最高の研究を成し遂げたと自ら語っている。

オイラーはずっと目の問題を抱えており、1735年に瀕死の熱病にかかったことでさらに悪化した。先ほども述べたように、片目をほぼ失明したのだ。しかしそれでも、オイラーの生産性が影響を受けることはほとんどなかった。もっと言えば、何事にも影響を受けることはなかった。1738年と40年にもパリ・アカデミーの大賞を獲得し、最終的には12回受賞した。

1741年、ロシアの政治情勢が不安定さを増すと、オイラーはベルリンに移ってフリードリヒ2世の姪の個人教師となった。ベルリンで過ごした25年間には380編もの論文を書いた。また、解析学、砲術と弾道学、変分法、微分法、月の運動、惑星の軌道、造船と航海術に関する本、さらには『ドイツの王女への手紙』という一般向けの科学書も著した。

1759年、ピエール・ルイ・モロー・ド・モーペルテュイが亡くなると、オイラーはベルリン・アカデミーの事実上の会長に就任したが、正式な肩書きは辞退した。4年後に王フリードリヒが会長に指名したジャン・ル・ロン・ダランベールは、あまりオイラーの好みの人物ではなかった。ダランベールはベルリンへ移りたくないと思ったが、すでに事は進んでいた。そこでオイラーは、新たな地へ向かう潮時だと判断した。というよりも、この場合は「古い地」だった。女帝エカチェリーナの招きでサンクトペテルブルクへ舞い戻ったのだ。そしてその地で、数学を計り知れないほど豊かにして人生の幕を閉じた。

数多くの発見と膨大な業績

　オイラーの素晴らしい才能や、多彩で独創的な発見の数々を、1冊の本の一部で伝えるなどほぼ不可能だ。1冊丸ごと使っても難しいだろう。しかし、オイラーの業績の一端をとらえて、その驚異の才能を垣間見ることならできる。考え方の流れを崩さないよう年代順は無視して、はじめは純粋数学について紹介し、それから応用数学について説明する。

　まず何よりも、オイラーは数式に関する驚くほどの直感力の持ち主だった。1748年に書いた『無限解析入門』では、複素数における指数関数と三角関数の関係性を考察して、

$$e^{i\theta} = \cos\theta + i\sin\theta$$

という式を導いた。

　この式で$\theta = \pi$ラジアン$= 180°$とすると、eとπという2つの謎めいた定数、そして虚数iを結びつける

$$e^{i\pi} + 1 = 0$$

という有名な等式が得られる。$e = 2.718\cdots\cdots$は自然対数の底、iは-1の平方根を表わすためにオイラーが導入した記号で、今日でも標準的に使われている。いまでは複素解析に対する理解が進んでいるので、この関係式にさほど驚かされることはないが、オ

イラーの時代には衝撃的だった。三角関数は、円の幾何と三角形の形状に由来している。一方の指数関数は、複利の数学と対数という計算道具に由来している。この2つがいったいなぜ密接な関係にあるというのだろう？

　オイラーは28歳のとき、数式に対するその超人的な能力でバーゼル問題を解決し、大きな名声を得た。当時、さまざまな無限級数に対する興味深い公式がいくつか見つかっていた。なかでもおそらく最も単純なのが、

$$1 + \frac{1}{2} + \frac{1}{4} + \frac{1}{8} + \frac{1}{16} + \frac{1}{32} + \ldots = 2$$

というものである。バーゼル問題とは、平方数の逆数の和、

$$1 + \frac{1}{4} + \frac{1}{9} + \frac{1}{16} + \frac{1}{25} + \frac{1}{36} + \ldots$$

を求めよというものだった。ライプニッツ、スターリング、ド・モアブル、そしてベルヌーイ家のなかでも最も優れた3人、ヤコブ、ヨハン、ダニエルなど、何人もの著名な数学者がこの問題に挑戦したが、成功していなかった。そんな面々をオイラーは出し抜いて、この和が精確に $\frac{\pi^2}{6}$ であることを証明したのだ（少なくとも、計算でそのことを示した。厳密さはオイラーの得意とするところではなかった）。

　もっと単純な、整数の逆数の無限和、

$$1 + \frac{1}{2} + \frac{1}{3} + \frac{1}{4} + \frac{1}{5} + \frac{1}{6} + \ldots$$

いわゆる「調和級数」は、発散する。つまりこの和は無限大になる。しかしオイラーは動じることなく、

$$1 + \frac{1}{2} + \frac{1}{3} + \frac{1}{4} + \frac{1}{5} + \frac{1}{6} + \ldots + \frac{1}{n} \approx \log n + \gamma$$

というきわめて精確な近似式を発見した。ここでγは、いまではオイラー定数と呼ばれているもので、小数第16位まで示すと

0.5772156649015328…

となる。オイラー自身、この値をかなりの桁まで計算した。しかも手計算でだ。

　オイラーは数論にも自然と魅せられた。フェルマーからかなりの刺激を受け、友人でアマチュア数学者のゴールドバッハとの文通でさらに興味をかき立てられたのだ。そして、自らが導いたバーゼル問題の答えから、素数と無限級数との驚くべき関係性に気づいた（第15章）。

　さらにオイラーは、フェルマーが示したいくつかの基本的な定理も証明した。その一つが、最終定理と区別するために「フェルマーの小定理」と呼ばれているもの。この定理は、nが素数で、aがnの倍数でなければ、$a^n - a$はnで割り切れるというものである。何ということのない定理に見えるかもしれないが、いまでは、解読不可能であるとしてインターネットで広く使われている暗号の基礎となっている。

オイラーはまた、この定理を合成数 n に一般化して、トーシェント関数（オイラー関数）$\phi(n)$ というものを導入した。これは、1から n までの整数のうち、n と共通の素因数を持たないものの個数を指す。オイラーは平方剰余の相互法則というものも予想し、それはのちにガウスによって証明される（第10章）。それによって、2つの平方数の和に等しいすべての素数が特定され（2と、$4k+1$ という形のすべての素数。$4k+3$ という形の素数は一つも含まれない）、さらに、すべての正の整数は4つの平方数の和であるというラグランジュの定理へ発展した。

オイラーが書いた代数学、微積分、複素解析などの教科書によって、数学の表記法や用語が標準化され、その多く、たとえば円周率 π、自然対数の底 e、-1 の平方根 i、和の記号 Σ、x の一般的な関数 $f(x)$ などは今日でも使われている。さらにオイラーは、微分法におけるニュートンとライプニッツの表記法も統合した。

組み合わせ論と離散数学を生み出した

私が数学者というのを定義するのなら、「数学をする人」ではなく、「ほかの誰一人やらない数学をやるチャンスを見つけた人」としたいところだ。オイラーがチャンスを見逃すことはめったになかった。そんなチャンスのうちの2つが、いまでは組み合わせ論と離散数学と呼ばれている、有限個のものを数えたり並べたりする分野を生み出した。

一つめのチャンスは、1735年、プロイセンのケーニヒスベルク（現在はロシアのカリーニングラード）という町をめぐるある難

問によってもたらされた。この町はプレーゲル川に面していて、2つの島が互いに、および両岸と、7本の橋で結ばれていた。難問とは、すべての橋をそれぞれ1回だけ渡って町を1周するルートを見つけろというものだった。スタートとゴールは違っていてもかまわない。オイラーは、そのようなルートが存在しないことを証明するために、もっと一般的な問題として島と橋のあらゆる配置について考察した。そのようなルートが存在するのは、奇数本の橋が架かっている島が最大でも2つしかない場合に限られることを証明したのだ。

　今日ではその定理は、点を線でつないでできるネットワークを研究する学問、いわゆるグラフ理論において最初に示されたものと解釈されている。オイラーによるその証明は代数学的であり、

ケーニヒスベルクの7本の橋の地図

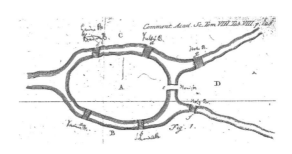

オイラー "Solutio problematis ad geometriam situs pertinentis"
（位置の幾何に関する問題の解）より。

島や橋に記号を当てはめてルートを記号的に表現している。ルートが存在するその条件が必要条件であることを証明するのは簡単だが、十分条件であることを証明するのはもっと難しい。

1782年にオイラーが示した、組み合わせ論に関する二つめの問題は、36人の将校のパズルと呼ばれるもの。「それぞれ階級の異なる6人の将校からなる6つの連隊を、6×6の正方形の配置に並べよ。ただし、縦横どの列にも、同じ連隊または同じ階級の将校が含まれていてはならない」という問題である。オイラーはそれは不可能であると予想したが、証明されたのは1901年のことで、ガストン・タリーによる。

この問題のもとになっているのは、n種類の記号が各n個あって、各行各列にそれぞれの種類の記号が1個だけ来るように$n×n$の正方形に並べよという、いわゆるラテン方格である。36人の将校は、一つは連隊に関する、もう一つは階級に関する、互いに「直交した」2つのラテン方格のあらゆる組み合わせを作らなければならないことになる。ラテン方格は、統計的検定の実験計画法に応用されるとともに、数学のさまざまな分野で幅広く一般化され、それはブロックデザインと呼ばれている。その一つが数独である。

あらゆる数学分野に関心を示した

ここまでで説明したのは、純粋数学に関するオイラーの膨大な成果のごく一部にすぎない。しかしオイラーは、応用数学や数理物理学についても同じくらい多作だった。

力学に関しては、1736年の著作『力学』のなかで、1粒子の運動に関する最先端の知見を体系化して前進させた。幾何学の代わりに解析学を用いた点が画期的で、これによって、それまでばらばらだったいくつもの問題を統一的に扱えるようになった。

　それに続いて書いた船の設計に関する本では、冒頭で静水力学を取り上げ、また剛体の運動を表わす微分方程式を導入した。このテーマを発展させて1765年には『剛体の運動の理論』を書き、そのなかで、いまではオイラー角と呼ばれている座標系を定義し、物体の3本の慣性軸と、それらの軸を中心とする慣性モーメントにそれを関連づけた。慣性軸とは、物体の自転の各成分を表わす直線軸のことで、それに対応するモーメントによって、その軸に対する自転の程度が決まる。とくにオイラーは、慣性モーメントのうちの2つが等しい物体、いわゆるオイラーのこまを表わす方程式を解いた。

　流体力学に関しては、いまではオイラー方程式と呼ばれている基礎方程式を導いた。粘性は無視されているが、いまだに関心が持たれている。オイラーはポテンシャル理論も研究し、それを重力や電気、磁気や弾性に応用した。光に関するオイラーの研究は、1900年に量子力学が登場するまで優勢だった波動説の成功に欠かせないものとなった。天体力学に関する成果のいくつかは、天文学者のトビアス・マイヤーが月の運行表を計算するのに使われた。1740年には『曲線を求める方法』（正式なタイトルはもっとずっと長い）という本を書いて、変分法を切り拓いた。変分法とは、長さや面積などの量が最小（または最大）になるような曲線や曲面を探す方法のこと。オイラーの著作はいずれも明快で簡潔、し

かも見事にまとまっている。

　それ以外に、音楽や地図作製や論理といったテーマを扱った著作もあり、オイラーの関心を惹かなかった数学分野などごくわずかしかない。ラプラスは、オイラーの果たした役割を次のように見事に総括している。「オイラーを読め。とにかくオイラーを読め。彼は我々すべての師だ」

熱を操る者
ジョゼフ・フーリエ

The Heat Operator
Joseph Fourier

ジャン・バティスト・ジョゼフ・フーリエ

生:フランス・オセール、1768年3月21日
没:フランス・パリ、1830年5月16日

1804年のこと、数理物理学が世間の話題になっていた。以前にヨハン・ベルヌーイが、ニュートンの運動の法則と、伸ばしたばねがおよぼす力に関するフックの法則とを組み合わせて、それをバイオリンの弦の振動に適用していた。そのアイデアをもとに、ジャン・ル・ロン・ダランベールが波動方程式を導いた。それは偏微分方程式の一種で、空間と時間に対する弦の形の変化率どうしを結びつけている。この方程式は、水の波、音波、振動と、あらゆる種類の波の振る舞いを支配している。これと同様の方程式が、磁気、電気、重力に関しても提唱されていた。

　そこでジョゼフ・フーリエは、これと同じ方法を、物理学の別の分野、媒質中での熱の流れに当てはめようと考えた。そして3年にわたる研究のすえ、熱の伝わり方に関する長大な論文を書き上げた。それはパリ学士院で発表されたが、賛否入り交じった反応だったため、検討委員会が設置された。報告書を見ると、委員会が満足しなかったことは間違いない。それには2つの理由があった。一つは真っ当な理由で、もう一つは首をかしげる理由である。

　ジャン＝バティスト・ビオは委員会に対し、熱の流れを記述する方程式を導いたのは自分だと強く主張していた。しかもフーリエは、1804年のビオの論文には言及していなかった。だがビオの論文は間違っていたので、この理由には首をかしげるしかない。真っ当な理由のほうは、フーリエの論述のなかで鍵となるステップ、すなわち、周期関数を、ある角の倍数のサインとコサインからなる無限級数に変換するというステップが、十分に厳密には証明されていなかったことである。実はオイラーとベルヌーイが、

波動方程式についてこれと同じアイデアを何年も前から論じていた。フーリエはただちに自らの論拠をはっきりと説明したが、それでも委員会は納得しなかった。

とはいえこの問題の重要性が認められ、またフーリエがかなり真剣に取り組んでいたこともあって、学士院は1811年の懸賞問題に固体中での熱の流れを選んだと発表した。そこでフーリエは、冷却や熱放射に関するいくつかの結果を論文に追加して提出した。新たな委員会はフーリエに賞を授けたが、三角級数に関してはやはり判断を留保した。

> 当筆者がこれらの方程式に至った方法に難点がないとは言えず、それらを積分する解析法には、一般性の根拠とさらなる厳密性に関していまだ問題点が残されている。

賞を獲得した論文は出版されるのが通例だったが、委員会はこれを理由に出版を拒否した。

1817年、フーリエはパリ科学アカデミーの会員に選出された。その5年後、数学部門の書記ジャン・ドゥランブルが亡くなる。その後任にアラゴー、ビオ、フーリエが立候補したが、アラゴーは途中で辞退し、フーリエが圧勝した。それからまもなくしてアカデミーは、あの賞を取ったフーリエの論文『熱の解析理論』を出版した。フーリエが委員会に根回ししたようにも思えるが、以前からドゥランブルが出版を決めていた。フーリエは大いに満足したにちがいない。

フランス革命期の華麗なる生涯

　フーリエの父親は仕立て師で、最初の結婚で子供を3人もうけた。妻が亡くなると再婚し、2度目の結婚では12人もの子供を作った。そのうちの9番目がジョゼフである。ジョゼフ9歳のときに母親が亡くなり、その1年後には父親も世を去った。ジョゼフは、オセールの大聖堂の楽団長が運営する学校に入ってフランス語とラテン語を学び、優れた成績を収めた。そして1780年、12歳のときに町の王立士官学校へ進学した。文学で良い成績を収めたが、13歳のときに真の才能が開花する。数学である。フーリエは上級の教科書を学び、1年足らずでエティエンヌ・ベズー著『数学教程』全6巻を読破してしまった。

　1787年、フーリエは聖職者になるべく、サン・ブノワ＝シュル＝ロワールにあるベネディクト会の大修道院に入ったが、依然として数学に魅せられたままだった。1789年には修道士をあきらめて修道院を去り、代数方程式に関する論文をアカデミーに提出した。その1年後、かつて学んだ学校で教師として働きはじめた。

　しかし厄介なことに、フーリエは1793年に町の革命委員会に加わり、「王や聖職者を排除した自由政府を人民のあいだに樹立するという、崇高な希望を抱く」ことは許されるとする文書を書いて、革命運動に身を投じた。やがてフランス革命初期の恐怖政治に反発を抱いて革命委員会を脱退しようとするが、それは政治的に不可能なことで、否応なく革命に巻き込まれていった。

　革命家たちはみな革命の進め方について相異なる考えを持って

いて、派閥抗争など日常茶飯事だった。フーリエはオルレアンのとある派閥を支持するようになったが、そのために逮捕され、ギロチン刑に処されることになった。しかしちょうどそのとき、最も大きい影響力を持っていた革命家マクシミリアン・ロベスピエールが断頭されて政治の風向きが変わり、フーリエは自由の身になった。

フーリエの数学者人生は、当時の偉大なフランス人数学者たちに見守られながら花開いた。1795年に開校したエコール・ノルマル（師範学校）に、フーリエは第1期生として入学し、ラグランジュやルジャンドルやガスパール・モンジュの講義を受けた。ラグランジュのことはヨーロッパ一の科学者だと感じたが、ルジャンドルにはあまり良い印象を抱かなかった。

その後、公共事業中央学校、のちのエコール・ポリテクニーク（理工科学校）に教職を得た。しかしかつてのおこないが明るみに出て、再び逮捕投獄されたが、まもなく釈放された。釈放された理由は不明だが、おそらく学生や同僚が陰でせっせと働きかけ、また再び政治の流れが変わったおかげだろう。1797年には完全に汚名を晴らし、ラグランジュが退いた解析学と力学の教授職を継いだ。

この頃、ナポレオンがエジプトに侵攻する。フーリエは、モンジュやエティエンヌ＝ルイ・マリュスとともに科学顧問として遠征軍に加わった。はじめのうちは何度か勝利を収めたものの、ナイルの海戦でフランス海軍がホレイショ・ネルソンに撃破され、ナポレオンはエジプトに足止めされた。フーリエはエジプトの行政官となり、教育システムを構築したり考古学に携わったりした。

また、カイロ学士院の数学部門の創設メンバーとなり、この遠征に伴う科学的発見の報告書を編纂した。ジャン=フランソワ・シャンポリオンに提供したロゼッタ・ストーンは、ヒエログリフ解読の鍵となった。

1799年、ナポレオンは軍をエジプトに残してパリへ戻った。フーリエも1801年に帰国して、教授としての仕事を再開した。しかしナポレオンはフーリエの行政官としての手腕を買っていて、イゼール県の知事に就かせようとした。フーリエは気が進まなかったが、拒否することはできないと感じ、グルノーブルへ赴いた。そして、ブルゴワン湿地の干拓事業やグルノーブル―トリノ間の幹線道路の建設の指揮を執り、またナポレオンの大著『エジプト誌』の編集に取り組んだ。この本は1810年に出版される。

1816年にフーリエはイギリスへ渡ったが、すぐに帰国し、フランス・アカデミーの終身書記となった。しかしエジプト滞在中に発症した心臓の異常が帰国後も続き、頻繁に息切れがした。1830年5月には階段から落ちて体調がさらに悪化し、まもなくして息を引き取った。エッフェル塔に刻まれた72人の科学者のなかにフーリエの名前もある。しかし数学に関して言えば、グルノーブルで過ごした年月が最も重要な影響を残したと言える。その地で、熱に関する画期的な研究をおこなったからだ。

熱の流れを表わす熱伝導方程式

フーリエの熱伝導方程式は、金属のような伝導性の棒における熱の流れを概念的に表わしている。棒の一部がほかの部分よりも

熱いと、隣り合った部分に熱が広がっていく。逆に一部が冷たいと、その部分は温まって隣り合った部分が冷えていく。温度差が大きいほど、熱は速く伝わる。また、棒全体がどのくらい速く冷えるかも、熱の流れの速さによって決まる。フーリエの熱伝導方程式は、これらのプロセスが互いにどのように作用し合うかを表わしている。

　はじめに、棒の各部分をそれぞれ違う温度に温めたり冷やしたりして、温度の違い、すなわち熱分布を作る。熱伝導方程式を解くと、棒の長さ方向におけるこの初期状態の熱分布が時間とともにどのように変化していくかがわかる。フーリエは厳密な形の熱伝導方程式を使って、ある特別なケースにおける単純な解を導いた。初期の温度分布がサイン曲線の形で、温度が中央で最も高く、両端に向かって徐々に低くなっているような場合、時間が経つにつれて、温度分布は同じ形を保ったまま平坦な状態へ指数関数的に近づいていく。

　しかしフーリエが本当に知りたかったのは、初期の温度分布が任意の形の場合にはどうなるのかだった。たとえば、はじめに棒の半分を温めて、もう半分をもっとずっと冷やしたとしよう。すると初期の温度分布は矩形波の形になる。サイン曲線ではない。

　フーリエは、この問題を克服して解を得るために、熱伝導方程式のある重要な性質を利用した。それは、線形であるという性質。つまり、2つの解を足し合わせると、それもまた別の解となる。初期の温度分布をサイン曲線の線形結合として表わすことができれば、それに対応する解も、指数関数的に0に近づいていくサイン曲線の線形結合になるはずだ。

フーリエは、まさにそのような形で矩形波を表現できることを発見した。ただしそのためには、無限個のサイン曲線を使って、$\sin x$, $\sin 2x$, $\sin 3x$, $\sin 4x$, ……の形の温度分布を組み合わせなければならない。精確な矩形波を作るためには、このような項が無限個必要となる。それでも、棒の長さが2πだとして、その式は、

$$\sin x + \frac{1}{3}\sin 3x + \frac{1}{5}\sin 5x + \frac{1}{7}\sin 7x + \ldots$$

とかなり美しい形になる。

この計算を踏まえてフーリエは、もしコサインの項も使えば、どんなに複雑な初期温度分布であってもすべて無限三角級数で表現することができ、矩形波のようにたとえ不連続点があってもか

サインとコサインから矩形波を作る方法

左：サイン波成分。右：それらの和と矩形波。フーリエ級数のうち最初のいくつかの項だけを示してある。さらに項を追加すれば、いくらでも矩形波に近づけることができる。

まわないはずだと考えた。そうして、熱伝導方程式の解をそれと同様の形で書き下すことに成功した。それぞれの項は互いに異なる速さで0に近づいていき、うねり具合が大きいサイン曲線またはコサイン曲線ほど、その寄与は速く小さくなっていく。そのため、温度分布は形も大きさも変化していく。フーリエはまた、その無限級数の各項を求めるための一般的な公式を、積分を使って導いた。

アカデミーの委員会は十分に評価してフーリエに賞を与えたものの、矩形波のように不連続点がいくつもあるものを含め、どんな初期分布にもこの方法は通用するというフーリエの主張に、委員たちは疑念を覚えた。フーリエは物理的直感にその正当性を求めたが、数学者というのはつねに、直感のなかに何か気づかない前提が隠れてはいないかと心配するものだ。

この手法も、そこから浮かび上がってくる問題も、実は目新しいものではなかった。以前にも波動方程式との関係で同じ問題が浮上して、それがオイラーとベルヌーイのあいだの激しい論争につながったことがあった。オイラーがフーリエと同じ級数展開の積分公式を、もっと単純でエレガントな証明をつけて発表していたのだ。両者の大きな違いは、フーリエが連続なものも不連続なものも含めあらゆる分布にこの手法は有効だと断定した一方、オイラーはそこまでは踏み込まなかったという点である。

波動の場合のほうがこの問題の深刻さはまだ小さい。というのも、不連続な分布に相当するのは切れたバイオリンの弦ということになってしまい、実際にはけっして振動しないからだ。しかし熱の場合、矩形波のような分布は物理的に意味のある形で解釈で

きるし、モデル化するうえでの理論的仮定にも反しない。とはいうものの、その根底にある数学的難点はどちらの場合にも同じで、しかもいまだ解決されていなかった。

　あとから考えると、この論争ではどちらの側もある程度は正しかった。根本的な問題は、級数の収束性、つまり無限和に意味があるかどうかというところにある。三角級数の場合、それは慎重を要する問題で、しかも「収束」という概念に対する複数の解釈を考慮する必要があった。それを完全な形で解決するには、アンリ・ルベーグが編み出した新たな積分の理論、ゲオルク・カントールが打ち立てた集合論の表現と厳密性、そしてベルンハルト・リーマンが見つけたまったく新たな視点という、3つの要素が必要だった。

　最終的な結論として、フーリエの手法は幅広い種類の初期分布に有効だが、あまねく通用するわけではなかった。通用する初期分布の場合には物理的直感が良い道しるべになるし、意味のある物理系ではそれで十分だ。しかし数学的には、例外があるかぎり主張を広げすぎてはならない。フーリエの考え方そのものは正しかったが、批判する側にも理があったのだ。

地球温暖化の「温室効果」

　1820年代、フーリエは地球温暖化研究の先駆けの一人だった。とはいっても、人為的な地球温暖化による気候変動のことではない。生命を養えるほどに地球が暖かいのはなぜかを理解したかっただけだ。そのためにフーリエは、熱の流れに関する自らの理論

を母なる惑星に当てはめた。当時、熱源として知られていたのは、太陽から地球に降り注ぐ放射だけだった。地球はその熱の一部を宇宙空間に再放射する。これらの放射の差で、観測されている地表の平均温度を説明できるはずだ。しかし辻褄が合わなかった。フーリエの計算では、地球は実際よりもかなり冷たいはずだったのだ。

ほかにも何か要因があるはずだと結論づけたフーリエは、1824年と27年に発表した論文のなかでそのいくつかの候補について考察した。そして最終的に、星間空間からの放射が最も考えられる原因だと結論づけたが、実際にはそれは完全に間違っていた。ただし正しい理由も取り上げてはいた（否定してしまったが）。大気が毛布のように作用して、熱をより多く閉じ込め、出ていく放射を減らしているというのだ。

フーリエがこのように考えるきっかけとなったのは、地質学者で物理学者のオラス＝ベネディクト・ド・ソシュールがおこなった実験である。ド・ソシュールは、太陽光を使って食品の調理ができるかどうかを調べていた。そして、ガラス板を3層並べて隙間に空気の層を作った断熱性の箱が最も効率がよく、暖かい平地でも寒い高山でも温度が110℃に達することを発見した。このことから、箱のなかの空気とガラスの効果が加熱のメカニズムを大きく左右していることがわかった。

そこでフーリエは、地球の大気もド・ソシュールの太陽光調理器と同じように作用するのかもしれないと推測した。「温室効果」という言葉はこのフーリエのアイデアから生まれたのかもしれないが、最初に使われたのは1901年のニルス・エクホルムによる。

結局フーリエは、ド・ソシュールの箱では対流が起こらないが、大気中では対流によって遠くまで熱が運ばれるという理由から、この効果が問題の答えではないだろうと考えた。赤外線を吸収放射して多くの熱をとらえる、二酸化炭素などの「温室効果ガス」の特別な役割を認識していなかったのだ。ただし正確なメカニズムは複雑で、温室のたとえは誤解を招きかねない。なにしろ、温室は閉じた空間に暖かい空気を閉じ込めることで機能するのだから。

フーリエのひらめきは現代にも幅広く応用されている

　フーリエは、いまでは熱演算子(オペレーター)と呼ばれているものを使って、平面領域や空間領域における熱の流れを表わす方程式も導いた。その方程式は、ある位置での温度変化と、その近傍への熱の拡散とを組み合わせた形になっている。のちに、任意の次元の空間においてどんな場合にフーリエ級数で熱伝導方程式を解けるのかが、数学的に解明される。しかしそれ以前にすでに、この手法はもっとずっと幅広く応用できて、熱だけでなく電子工学にも通用することが明らかとなっていた。

　これは、数学の一貫性と包括性を物語る典型的な例と言える。同じ手法が、熱分布だけでなくあらゆる関数に通用するのだ。このため、関数をもっと単純な成分の線形結合によって表現することで、データを処理して、ある範囲の成分から情報を引き出すことができる。たとえば、フーリエ解析に手を加えたある手法が、デジタルカメラの画像圧縮に使われている。画像をコサイン関数

に基づく単純なパターンの組み合わせにコード化して、必要なメモリー容量を減らすのだ。

　200年近く経ち、フーリエのひらめきは数学者や物理学者や工学者にとって欠かせない道具となった。周期的な挙動は至るところに存在していて、そのような場合には必ず、それに対応するフーリエ級数を導いてその振る舞いを見極めることができる。この手法を一般化したフーリエ変換は、周期的でない関数にも通用する。離散的な場合の手法である高速フーリエ変換は、応用数学で最も幅広く使われているアルゴリズムで、信号処理や、計算機代数における高精度演算に応用されている。

　フーリエ級数を使って地震学者は地震の解明に取り組んでいるし、土木技師は耐震性の建物を設計している。海洋学者は深海の地図を作り、石油会社は油田を探索する。生化学者はたんぱく質の構造を明らかにする。株式先物の価格を決めるのに使われているブラック＝ショールズ方程式は、熱伝導方程式の親戚のようなものだ。熱を操る者(オペレーター)の遺産は尽きることがない。

10

見えない足場
カール・フリードリヒ・ガウス

Invisible Scaffolding
Carl Friedrich Gauss

ヨハン・カール・フリードリヒ・ガウス

生:ブラウンシュヴァイク=ヴォルフェンビュッテル公爵領ブラウンシュヴァイク、
1777年4月30日
没:ハノーファー王国ゲッティンゲン、1855年2月23日

時は1796年3月30日。若きカール・フリードリヒ・ガウスは、言語学と数学のどちらを学ぼうか決めようとしていた。エウクレイデス以降2000年以上にわたって見つかっていなかったある幾何学的作図法を、代数学的手法を使って探し出すという、きわめて重要な大発見を成し遂げていた。定規とコンパスという昔ながらの幾何学的道具だけを使って、正一七角形を作図したのだ。17本の辺の長さがすべて等しく、内角がすべて等しい正多角形である。

　近似的に作図するのは簡単だが、ガウスは精確に作図してのけた。2000年間、誰一人思い描きさえしていなかった事柄を発見するチャンスを与えられる人など、そうそういるものではない。ましてや、そのチャンスをつかみ取る人とくればなおさらだ。しかも、その数学は難解でありながら、きわめて独創的で美の極致とも言える。ただし実用面での重要性はないが。

　この舞台を整えたのは、エウクレイデスの『原論』である。『原論』には、正三角形、正方形、正五角形、正六角形の作図法が示されている。それぞれ、辺が3本、4本、5本、6本の正多角形だ。では正七角形は？　その作図法はない。正八角形はもちろん簡単。円に内接する正方形を描き、各辺の中点を通る半径を延長すれば、円周と交わった点が4つの新たな頂点となる。ある正多角形を作図できれば、これと同じ方法でその2倍の本数の辺を持つ正多角形を作図できる。

　では正九角形は？　エウクレイデスはそれについては一言も残していない。正一〇角形は再び簡単で、正五角形の辺を2倍に増やせばいい。正一一角形は作図できない。正一二角形は6の2倍

で簡単。正一三角形と正一四角形は？　作図できない。正一五角形は、正三角形と正五角形の作図法を組み合わせれば作れる。正一六角形は正八角形の辺を2倍に増やせばいい。

　エウクレイデスの言うかぎりでは、作図できるのはこれだけ。3, 4, 5, 15および、それらに2の累乗を掛けたものだけだ。では17は？　まさか無理だろう。なにしろガウスの論証によって、7本、9本、11本、13本、14本の辺を持つ正多角形は定規とコンパスでは作図できないことがはっきりしているのだから。ところが驚くなかれ、正一七角形は作図できるのだ。しかもそれには単純な理由まである（なぜそれが理由になるのかはけっして単純ではないが）。17は素数で、しかも1を引くと2の累乗である16になるからだ。

　この2つの性質の組み合わせが、定規とコンパスを使った正多角形の作図法の鍵を握っていることに、ガウスは気づいた。そして小さなノートに、「円を（すべて等しい）17個の部分に分割することができる」と書き込んだ。このノートに記された最初の言葉だ。その後、145もの発見が、ときに暗号を使って手短に書き込まれていった。

　言語学か？　数学か？

　比べるまでもなかった。

教師を驚嘆させた神童

　ガウスは貧しい家庭に生まれた。父親のゲルハルトは、ブルンスヴィック（ブラウンシュヴァイク）で庭師の仕事に就いたのち、運河の番人やレンガ職人として働いた。母親のドロテア（旧姓ベ

ンゼ）は文字の読み書きができず、息子の誕生日さえ書き残せなかった。しかしけっして頭が悪かったわけではなく、息子が昇天祭の8日前の水曜日に生を受けたことは覚えていた。ガウスはのちに、この限られた情報から自分の正確な誕生日を割り出した。いかにも彼らしい。

　ガウスの高い知性は小さいうちから発揮された。ガウス3歳のあるとき、父親が人夫の給料を計算していた。すると幼いガウスが突然、「違うよお父さん。そうじゃなくてこうだよ」という旨の言葉を叫んだ。計算しなおしてみると確かに言うとおりだった。息子の潜在能力に気づいた両親は、かなりの手を尽くしてその能力を伸ばしてやった。

　ガウスが8歳のとき、学校の教師ビュットナーがクラスの全員にある計算問題を出した。よく語られている話によると、1から100までの数を足せという問題だったそうだが、きっとそれは単純化された作り話だろう。実際の問題はおそらくもっと複雑だったが、方向性としては同じで、均等に並んだたくさんの数を足し合わせるという問題だったと思われる。教師にとってはそのような問題が都合がよかった。巧妙な便法があるからだ。それを明かさなければ、純粋な生徒たちは膨大な計算に何時間もしばられるし、ほぼ必ず計算間違いをする。

　ところが例の8歳の少年は、一瞬だけ机に向かって、黒板に1つだけ数を書いて先生のところへ向かい、裏返しにした黒板をぴしゃりと置いていった。「できました」。答えを提出するふつうのやり方で、無礼な意味合いなどはなかった。ほかの生徒たちがせっせと計算して、黒板が徐々に積み重なっていくなか、ビュット

ナーは、机に座って静かに待つガウスを見つめていた。答えをチェックすると、正解はガウスただ一人だった。

　仮にその問題が本当に1 + 2 + 3 + …… + 99 + 100だったとしよう。どんな便法があるだろうか？　まずは想像力を働かせて、便法が確かにあると信じなければならない。そうすれば必ず見つかるはずだ。同様のもっと複雑な計算でも、それと同じ手法が使える。広く語られているところによると、ガウスは頭のなかで最初の数と最後の数どうしをペアにしていったという。すると、

　　　1 + 100 = 101
　　　2 + 99 = 101
　　　3 + 98 = 101

と同じパターンが続いていき（最初の数が1増えるごとに2番目の数が1減っていくから）、最後は

　　　50 + 51 = 101

となる。このようなペアが50組あって、それぞれのペアの和が101なので、合計は50 × 101 = 5050となる。
「リゲット・セイ」

2つの興味、数学と言語学

　クラスに神童がいることに気づいたビュットナーは、入手できるかぎりなるべく優れた算数の教科書をガウスに与えた。少年はそれを小説のように読みこなし、あっという間に習得してしまう。「私の手には負えない。これ以上何も教えられない」とビュットナーはこぼした。それでもこの神童を手助けすることならできた。

1788年にガウスは、ビュットナーとその助手マルティン・バルテルズの力添えでギムナジウムに入学する。そして言語学に興味を持つようになり、高地ドイツ語とラテン語を学んだ。

バルテルズは、ブルンスヴィックの有力者である何人かの知人に、ガウスの才能について話して聞かせた。その噂がブルンスヴィック＝ヴォルフェンビュッテル公カール・ヴィルヘルム・フェルディナントの耳に届き、1791年、14歳のガウスは公爵への謁見を許された。ガウスは恥ずかしがり屋で引っ込み思案だったが、驚くほど聡明だった。公爵もやはり感心して心奪われ、この少年の教育資金を出す約束をした。

1792年、ガウスは公爵の後ろ盾でコレギウム・カロリヌム（現在のブラウンシュヴァイク工科大学）に入学した。そして言語学、とりわけ古典語への興味を深めた。父ゲルハルトは、そんな役に立たない学問は時間の無駄だと斬って捨てたが、母ドロテアは一歩も譲らなかった。そうして息子は当時最高の教育を受けることになり、そこにはギリシャ語とラテン語も含まれていた。問題はすべて解決した。

ガウスはしばらくのあいだ、数学と言語学という2つの興味を追いかけていた。そして5つか6つの数学定理を独自に再発見した（証明はしなかった）。そのなかには、のちほど説明する、数論における平方剰余の相互法則も含まれていた。また、x 未満の素数の個数は近似的に $\frac{x}{\log x}$ であるという、いわゆる素数定理も予想した。この素数定理は、のちの1896年にシャルル・アダマールとシャルル・ド・ラ・ヴァレ＝プーサンがそれぞれ独立に証明する。

話を戻して、1795年にガウスはブルンスヴィックを離れ、ゲッティンゲン大学に入学した。担当教授のアブラハム・ケスナーは、教科書や百科事典の執筆がおもな仕事で、独自の研究はしていなかった。幻滅したガウスは、自分の見解を包み隠さず伝えた。そして言語学の道に進むつもりでいたが、そのとき数学の神々が舞い降りて、正一七角形という目を見張る形で手を差し伸べたのだった。

エウクレイデスの正多面体

　ガウスのこの発見がいかに画期的だったかを理解するには、2000年以上前の古代ギリシャにまでさかのぼらなければならない。エウクレイデスは『原論』のなかで、偉大なギリシャ人幾何学者たちの導いた数々の定理を体系的に整理した。そして論理に厳格なエウクレイデスは、すべての事柄を証明すべきだと考えた。もとい、ほぼすべてを、である。証明されていないいくつかの前提から出発するしかなかったのだ。エウクレイデスはそれらの前提を、定義、共通概念、仮定の3種類に分類した。いまでは後の2つを公理と呼んでいる。

　これらの前提を踏まえて、エウクレイデスはギリシャの幾何学の大部分を一つ一つ導いていった。確かに現代の目から見ると、いくつか前提が欠けている。また、「円の内部にある1点を通る直線を十分に延長させれば、必ずその円と交わる」といった、複雑な前提も含まれている。しかし細かい点に目をつぶれば、単純な原理から広範にわたる結果を導くという見事な仕事を、エウクレ

イデスはやってのけたと言える。

『原論』の山場といえるのが、正多面体はちょうど5種類存在することの証明である。正多面体とは、正多角形の面がすべての頂点で同じように接している立体のことで、正三角形の面4枚からなる正四面体、正方形の面6枚からなる立方体、正三角形の面8枚からなる正八面体、正五角形の面12枚からなる正一二面体、正三角形の面20枚からなる正二〇面体がある。

エウクレイデスのつもりになって論理的証明にこだわるとするなら、正一二面体の3次元幾何を論じるためには、その前に正五角形の2次元幾何に決着をつけなければならない。なにしろ、正一二面体は12枚の正五角形からできているのだから。正多面体という本丸にたどり着くには、正五角形やそのほかいろいろな事柄を片付けるしかないのだ。

エウクレイデスの設けた基本的な前提の一つに、幾何学図形の作図の仕方に関する暗黙の制約条件がある。それは、直線と円だけを使ってすべてを進めるという条件だ。要するに、定規とコンパスしか使うことができない。このためエウクレイデスの方法は、「定規とコンパスによる作図法」と呼ばれる。エウクレイデスの幾何学は数学的に理想化したものであって、直線は無限に細くて完璧にまっすぐ、円も円周が無限に細くて完璧に丸い。そのためエウクレイデスの作図法は、役所仕事にとって十分であるどころか、完全に精確であり、無限に倍率の高い顕微鏡を使う無限に理屈っぽい超人にとっても十分である。

19歳の若者が発見した正一七角形の方程式

　ガウスが正多角形に挑むための土台となったのが、デカルトによる、幾何学と代数学はコインの表と裏のようなもので、平面座標によって結びつけられているという発見である。直線は1つの方程式で表現でき、その直線上のすべての点がその方程式を満たしていなければならない。円でも同じだが、方程式はもっと複雑になる。2本の直線または円が交わると、その交点は両方の方程式を満たす。直線どうしが交わる場合、その2つの方程式を解いて交点を見つけるのはかなり簡単だ。しかし直線と円、あるいは円と円が交わる場合には、二次方程式を解かなければならない。そのための公式があって、その鍵となるのが平方根を取るところである。残りは単純な加減乗除だ。

　このように代数学の目を通して見ると、定規とコンパスによる作図法は、結局のところ一連の平方根を取ることへ行き着く。ちょっとした技巧を使えば、それは、「次数」(未知数の最大の指数)が2, 4, 8, 16、すなわち2の累乗である方程式を解くことと同じである。そのような方程式がすべて一連の二次方程式に還元できるわけではないが、2の累乗というのが一つの手掛かりにはなる。そして、2の何乗なのかを見れば、二次方程式がいくつ必要になるかまでわかる。

　複素数、つまり−1が平方根を持つような数を使うと、正多角形をきわめて単純な方程式に変換することができる。たとえば正五角形の頂点を表わす方程式は、

$$x^5 - 1 = 0$$

と、きわめて単純で美しい。すぐに気がつく実数解 $x = 1$ を除くと、残りの解は、

$$x^4 + x^3 + x^2 + x + 1 = 0$$

を満たす。これでもまだかなり美しい方程式だし、しかも重要な点として、次数が4、つまり2の累乗である。正一七角形でも同様だが、その場合の方程式は x の16乗までの累乗をすべて足し合わせたものになっていて、16はやはり2の累乗である。

一方、正七角形の場合の方程式は次数が6で、2の累乗ではない。そのため、定規とコンパスを使って正七角形を作図することはけっしてできない。エウクレイデスは正五角形は作図しているので、その方程式は一連の二次方程式に還元できるはずだ。ちょっとした代数学的手法を使えば、その二次方程式を見つけるのは難しくない。

これらの事柄を踏まえてガウスは、正一七角形の方程式も同じく一連の二次方程式に還元できることを発見した。まず16は 2^4、すなわち2の累乗で、これは一連の平方根で解ける必要条件ではあるが、十分条件ではない。しかしさらに17は素数であり、そのおかげでガウスは一連の平方根を見つけることができた。

ある程度の数学者であれば、ガウスの示した論証は理解できたにちがいない。しかしそれまで誰一人として、かのエウクレイデスが作図可能な正多角形を漏れなく列挙できていなかったなんて、疑ってさえもいなかった。

19歳の若者にしてはなかなかの偉業だ。

足場を見せない簡潔明瞭な文体

　ガウスは公爵の支援のもと、とくに数論の分野で大きく前進を続けた。子供の頃から計算が速く、複雑な計算でも暗算ですぐに解くことができた。コンピュータ登場以前の時代、この能力はとても役に立った。そのおかげでガウスは数論の分野で急速に頭角を現わし、さらに数学史上最も有名な研究書の一つ『算術研究』を書いたことでその名声は大幅に高まった。2000年前にエウクレイデスが幾何学に対しておこなったことを、この本は数論に対しておこなったと言える。変わらず支援を続けた公爵の寄付金のおかげで1801年に出版されたこの本には、公爵に対するありあまるほどの献辞が添えられている。

　一貫性のない複雑な結果から単純な概念を導くというガウスの能力が、この本に用いられている基本的な手法の一つによく表われている。今日ではその手法はモジュラ算術（合同算術）と呼ばれる。数論に関する重要な結論の多くは、次のような2つの単純な疑問の答えを踏まえたものとなっている。

　ある数が別の数で割りきれるのはどのような場合か？
　割り切れないのであれば、その2つの数はどのような関係にあるのか？

　フェルマーが素数を$4k+1$と$4k+3$のタイプに分類したのもその一例で、これは、ある数を4で割ったときにどうなるかに相当

する。このほかに、4で割りきれる数もある。

  0, 4, 8, 12, 16, 20……

は4の倍数だ。それ以外の偶数、

  2, 6, 10, 14, 18……

は4の倍数ではない。いずれも4で割ると2余る。つまりこれらの数は、4の倍数足す「余り2」である。同じように奇数は、4で割ると1余る数、

  1, 5, 9, 13, 17, 21……

と、同じく3余る数、

  3, 7, 11, 15, 19, 23……

に分けられる。ガウス以前のふつうの言い回しでは、それぞれのリストは、$4k, 4k+1, 4k+2, 4k+3$という形の数からなっていて、余りの小さい順にリストが並んでいると表現していた。それをガウスは違うふうに表現した。4を法（モジュロ）として0, 1, 2, 3に合同なすべての数を並べたリスト、という言い回しである。

 これだけだと単なる言葉遣いの違いだが、重要なのは構造である。2つの数を足したり掛けたりして、その答えが0, 1, 2, 3のどれと合同であるかを考える。するとそれは、もとの2つの数がどれと合同であるかによって完全に決まるのだ。たとえば、

 2と合同な数と、3と合同な数を足すと、その答えは必ず1と合同である。

 2と合同な数と、3と合同な数を掛けると、その答えは必ず2と合同である。

一つ例をやってみよう。14は2と合同で、23は3と合同。したがって、これらの和37は1と合同なはずだ。確かに37＝4×9＋1となっている。ちなみに積も322＝4×80＋2となっている。

　どうでもいい話に思えるかもしれないが、この概念を踏まえると、4の整除性に関する問題にこの4つの「合同類」だけを使って答えることができる。2つの平方数の和に等しい素数にこの考え方を当てはめてみよう。

　すべての自然数は、法を4として0, 1, 2, 3のいずれかと合同である。したがってすべての平方数は、この4つの数の2乗、すなわち0, 1, 4, 9と合同だ。さらにこれらはそれぞれ、0, 1, 0, 1と合同である。このようにすれば、すべての平方数が、かつての言い回しで$4k$または$4k+1$という形であることを、素早く簡単に証明できる。

　しかしそれだけではない。このことからさらに、2つの平方数の和は、0＋0、0＋1、1＋1、つまり0, 1, 2のいずれかと合同であることがわかる。3が抜けているのは明白だ。こうして、2つの平方数の和が、4を法として3と合同にはなりえないことが証明できた。とても手が込んでいるように見えていた証明が、モジュラ算術では自明のことになってしまうのだ。

　法を4だけに限っていたらたいして役に立たないが、4の代わりにどんな数でも使うことができる。たとえば7を選べば、すべての数は0, 1, 2, 3, 4, 5, 6のうちの一つだけと合同である。そしてやはり、和や積の合同類をもとの数から予想することができる。このように、数の代わりに合同類を使っても算術（さらには代数学）を進めることができるのだ。

ガウスの手によってこのアイデアは、数に関するいくつもの幅広い定理の基礎となった。とくにガウス18歳のときには、最も目を惹く発見につながった。すでにフェルマーやオイラーやラグランジュがそのパターンに気づいていたが、証明はできていなかった。その証明の一つをガウスは導いて、1796年、19歳のときに発表したのだ。最終的には6通りもの証明を見つけた。ガウスはその定理をひそかに「黄金定理」と呼んでいた。正式な名称はもっとずっと長ったらしくてマスコミ受けしそうにない、「平方剰余の相互法則」というものである。

　この法則は、ある法のもとで平方数がどのような形を取るかという、基本的な疑問に答えるための道具となる。たとえば先ほど見たように、すべての平方数は4を法として0または1である。これらを、法を4とする平方剰余と呼ぶ。それ以外の合同類2と3は、平方非剰余という。代わりに法を7とすると、平方剰余は、

　　　0, 1, 2, 4（それぞれ0, 1, 3, 2の2乗）

平方非剰余は、

　　　3, 5, 6

となる。

　一般的に、法が奇素数 p の場合、合同類のうちの半数強が平方剰余で、半数弱が平方非剰余である。しかし、どの数がどちらに含まれるか、はっきりしたパターンはない。

　p と q を奇素数としよう。そして、

　　　p は q を法とする平方剰余か？
　　　q は p を法とする平方剰余か？

という2つの疑問を考える。これらの疑問のあいだに何か関連性があるかどうかはすぐにはわからないが、ガウスの黄金定理によると、どちらの疑問も答えは同じである。ただし、pとqがどちらも$4k+3$という形の場合は例外で、その場合には、一方はイエスでもう一方はノーと、答えが互いに逆になる。黄金定理では答えがイエスとノーのどちらであるかまではわからず、こういう関係があることしかわからない。

それでもさらに少し工夫すれば、ある与えられた数が別の与えられた数を法として平方剰余であるかどうかを効率的に判断する方法を導くことができる。しかし平方剰余だった場合、この方法では、その平方剰余がどの平方数から導かれたのかはわからない。このような基本的な問題にもいまだに深い謎が残されているのだ。『算術研究』の中心テーマは、二次形式（いわば「2つの平方数の和」の一種）が持つ算術的性質に関する洗練された理論である。この理論はのちに広大で複雑ないくつもの理論に発展し、数学のほかの多くの分野と結びつく。とんでもなく専門的な理論に思えるかもしれないが、平方剰余は実は、音響特性に優れたコンサートホールの設計でも重要な役割を果たしている。壁にどのような形の音響反射材や吸音材を作ればよいかがわかるのだ。さらに二次形式は、今日の純粋数学と応用数学両方の中心に位置している。

ガウスの文体は、簡潔明瞭で洗練されている。「美しい建物を建て終えたときに、まだ足場が見えていてはならない」とガウスは書いている。建物を賞でてほしいのならそれでもかまわないが、建築家や施工者を育成するとしたら、足場を詳しく吟味することは欠かせない。次世代の数学者を育成する場合も同じだ。カール・

ヤコービは、「ガウスはキツネのように、砂の上に残した自分の足跡を尻尾で消していく」と不満を垂れた。

そういう癖はガウスだけのものではない。前に述べたように、アルキメデスは著作『球と円筒について』のなかでいくつかの証明をおこなうために、球の表面積と体積を知る必要があったが、本のなかではそれを懐に隠してしまった。ただし、そのおおもととなった発想を『機械的定理の方法』のなかで明かしていることは付け加えておこう。ニュートンも、『プリンキピア』に収めた結果の多くは微積分を使って発見していながら、本のなかでは幾何学に見せかけて説明した。

いまでも、論文で発表される数学の大部分は、紙幅の都合や旧来からの習慣のために必要以上に隠されている。けっして同業者のためにならない姿勢だと思うが、改めるのはとても難しいし、一部には賛成意見も聞かれる。しかし何よりも、間違った道へ進んでしまったら苦労するし、行き止まりになったら後戻りするしかない。

妻と息子の死を乗り越えて

学者のあいだでガウスの名声が天を突くほどに高まって、公爵からの支援が近いうちに途切れる恐れはなくなったが、有給の終身職に就ければもっと将来が確実になる。そのためには、一般大衆からも評判が得られればいい。

そのチャンスは1801年に訪れた。その年の元日、天文学者のジュゼッペ・ピアッツィが「新惑星」を発見してセンセーション

を巻き起こした。いまではそれは準惑星とみなされているが、最近まではずっと小惑星に分類されていた。いずれにせよ、その天体の名はケレスという。小惑星とは、おもに火星と木星のあいだを公転している比較的小さな天体のこと。以前から、惑星の軌道半径の経験的パターンであるティティウス＝ボーデ則に基づいて、その位置に惑星が存在するはずだと予測されていた。当時知られていたすべての惑星がティティウス＝ボーデ則に当てはまっていたが、1カ所だけ火星と木星のあいだが抜けていて、そこに未知の惑星が潜んでいると考えられていたのだ。

　その年の6月にかけて、ガウスの知人であるハンガリー人天文学者のフランツ・クサヴェール・フォン・ツァッハ男爵が、ケレスの観測結果を何度かにわたり発表した。しかしピアッツィは、その新天体を軌道上の短い区間にわたってしか観測できていなかった。そのため、ケレスが太陽の輝きに隠されると、天文学者のあいだでは二度とケレスを見つけられないのではないかという懸念が広がった。

　そこでガウスは、少数の観測結果から精確な軌道を割り出す新たな手法を考え出した。ツァッハは、それに基づくガウスの予測値を、ほかのいくつかの予測値と並べて発表した。予測値はすべて互いに食い違っていた。12月、ツァッハがケレスを再発見すると、その位置はガウスが予測したのとほぼ一致していた。この偉業によって数学の巨匠としてのガウスの名声は不動のものとなり、その功績でガウスは1807年にゲッティンゲン天文台の台長に就任した。

　それ以前にガウスはヨハンナ・オスホトフと結婚していたが、

1809年に2人目の息子を出産した後に妻は命を落とし、続いてその息子も亡くなった。ガウスはこの悲劇に打ちひしがれたが、数学の研究は続けた。気をまぎらわせることで乗り切ったのかもしれない。ガウスはケレスの研究を拡張して、恒星や惑星や衛星の運動を扱う天体力学の一般的理論を打ち立てた。そして1809年に『円錐曲線に従う天体の公転運動の理論』を出版した。また、ヨハンナの死から1年もせずに、親友のフリーデリカ・ヴァルデック（通称ミンナ）と再婚した。

幅広い分野におよぶ研究

　この頃にはガウスは、ドイツの、さらには世界の数学界の第一人者に祭り上げられていた。ガウスの意見は高く尊重され、その口から発せられる称賛や批判の一言一言は幅広い人々のキャリアに影響を与えたことだろう。自らの影響力を振りかざすことはほとんどなく、年下の数学者のことは大いに励ましたが、研究に対する姿勢はとても保守的だった。異論を招きそうな事柄は意識的に避け、自分の満足のために取り組んだとしても発表は差し控えた。それがときに不当な扱いにもつながった。その最も目にあまる例が非ユークリッド幾何学をめぐって起こったが、その話は次の章までお預けにしよう。

　ガウスの研究は幅広い分野におよんだ。まず、すべての多項方程式が複素数の解を持つという、いわゆる代数学の基本定理に対する厳密な証明を初めて与えた。また複素数を、特定の演算に従う実数のペアとして厳密に定義した。さらに、のちに「コーシー

の定理」と呼ばれるようになる複素解析の基本的な定理も証明した。このように呼ばれているのは、オーギュスタン＝ルイ・コーシーが独立して導き、し・か・も実際に発表したためだ。

　実解析では、関数をある区間にわたって積分すると、その関数に対応する曲線の下側の面積が得られる。それに対して複素解析では、複素平面上の曲線経路に沿って関数を積分することができる。ガウスとコーシーは、端点が同じである2本の経路があったとして、その2本の経路をつないでできる閉じた曲線の内側のどの点でも無限大にはならないような関数の積分値は、その端点のみで決まることを証明した。この単純な結論は、複素関数とその特異点、すなわち値が無限大になる点との関係性にとって深い意味合いを持っている。

　ガウスは絡み数というものを導入して、トポロジーに向けた一歩も踏み出した。絡み数とはトポロジー的性質の一つで、互いに絡み合った2本の曲線を連続的な変形によってほどくことはできないのを証明するためによく使われる。この概念はポアンカレによってさらに高次元に拡張された（第18章）。また、ガウス本人も思い描いていた結び目のトポロジー理論への第一歩となり、今日では場の量子論やDNA分子の構造の理解にも応用されている。

物理学者ヴェーバーとの共同研究

　ゲッティンゲン天文台台長となったガウスは、多くの時間を新たな観測施設の建設に費やし、その施設は1816年に完成した。数学の研究も精力的に続け、無限級数や超幾何関数に関する研究

成果、数値解析に関する論文、統計学に関するいくつかのアイデア、そして、惑星の形状を球よりもよく近似する、楕円体のおよぼす重力に関する著作『均質な楕円体の引力の理論』を発表した。

　また、1818年のハノーファーの測地調査にも携わり、測量技術を向上させた。1820年代には、地球の形を測定することに強い関心を持ちはじめた。それに先立って、自ら「驚異の定理」と呼ぶ結論を証明していた。この定理は、曲面の形をその周囲の空間とは関係なしに特徴づけるというもので、それと測地調査の結果を組み合わせた論文が1822年のコペンハーゲン賞を受賞した。

　その頃からガウスは、家族生活の難局に突入する。1817年、病を患った母親を自宅に引き取った。またベルリン大学から招聘され、妻は赴任することを望んだが、ガウスはゲッティンゲンを離れたくはなかった。ところが1831年にその妻が亡くなる。

　悲しみを救ったのは、訪ねてきてくれた物理学者のヴィルヘルム・ヴェーバーだった。数年来の知り合いだった2人は、共同で地磁気の研究に取り組んだ。ガウスはこのテーマで3編の主要な論文を書き、磁気の物理に関するいくつかの基本的な結果を導いて、その理論をもとに磁南極の位置を割り出した。またヴェーバーとともに、電流に関する、いまでは「キルヒホッフの法則」と呼ばれているものを発見した。さらに、1キロメートル以上離れた場所にメッセージを送れる初の実用的な電信機も開発した。

　ヴェーバーがゲッティンゲンを去ると、数学に関するガウスの生産性もついに陰りを見せはじめる。ガウスは、ゲッティンゲン大学の寡婦基金を管理する財務部門に転属した。そしてその経験を生かし、企業債券に投資して一財産を築いた。しかしそれでも、

モリッツ・カントールとリヒャルト・デデキントという2人の大学院生の指導は続けた。デデキントが書き記しているところによると、ガウスは研究のことを冷静かつ明快に議論し、基本的な原理を練り上げては、小さな黒板に美しい字体でそれを展開させたという。1855年、ガウスは眠りながら穏やかに息を引き取った。

11

ルールを曲げる
ニコライ・イワノヴィッチ・ロバチェフスキー

Bending the Rules
Nikolai Ivanovich Lobachevsky

ニコライ・イワノヴィッチ・ロバチェフスキー

生:ロシア・ニジニー=ノブゴロト、1792年12月1日

没:ロシア・カザン、1856年2月24日

2000年以上にわたって、エウクレイデスの『原論』は論理展開のお手本とみなされていた。明示されたいくつかの単純な前提からスタートして、幾何学のからくり全体が一歩一歩導かれている。はじめに平面上の幾何を取り上げ、次に立体の幾何へと進めている。エウクレイデスの論理にあまりにも説得力があったため、ユークリッド幾何学は、物理的空間の見た目の構造を数学的表現で都合良く理想化したものというだけでなく、物理的空間を真に描写しているものと受け止められていた。

　航海術に広く用いられていた、地球の形をよく近似する球面の幾何、いわゆる球面幾何学は別として、数学者を含め学者たちのあいだでは、考えうる幾何学はユークリッド幾何学だけなのだから、それが物理的空間の構造を決めているはずだという見方が当たり前だった。球面幾何学も別の種類の幾何学ではなく、ユークリッド空間に埋め込まれた球面上に限定されているだけで、ユークリッド幾何学と何ら変わらない。平面幾何学がユークリッド空間内の平面上に限定されているのと同じである。

　幾何学はすべてユークリッド幾何学だ。

　それはおかしいのではないかと初めて疑った一人がガウスだが、公表は差し控えた。そんな発表をしたら厄介なことになると考えてのことだった。おそらく唖然とした顔をされ、無知や狂気などとさまざまな非難を浴びることになる。慎重な開拓者であれば、ジャングルのなかでも、樹上から悪態を浴びせられないような一帯を選ぶものだ。

　ニコライ・イワノヴィッチ・ロバチェフスキーは、ガウスよりも度胸があったか、無鉄砲だったか、あるいは世間知らずだった。

おそらくはその3つともだろう。ユークリッド幾何学に代わるものとして、その輝かしい先達と同じくらい論理的で、目を見張る独自の内面的美しさを備えた幾何学を発見し、その重要性を認識して、自身の考えをまとめて1823年に著作『幾何学』を書き上げた。そして1826年、カザン大学物理数理科学科でそのテーマの論文を発表させてもらえるよう頭を下げ、ようやく『カザン・メッセンジャー』という無名の雑誌に掲載された。

また、同じ論文を権威あるサンクトペテルブルク科学アカデミーにも提出したが、応用数学の権威ミハイル・オストログラツキーに却下されてしまう。1855年、視力を失っていたロバチェフスキーは、非ユークリッド幾何学に関する新たな著作『汎幾何学』を口述筆記した。『幾何学』がオリジナルのまま出版されたのは、ロバチェフスキーの死からかなりのちの1909年のことだった。

ロバチェフスキーの驚くべき発見と、それに輪をかけて不当に無視された数学者ボーヤイ・ヤーノシュによる発見は、いまでは幾何学と物理空間の本質に対する人類の考え方を変える大革命の始まりだったとみなされている。しかし、曲解されて誤解を受けるのはつねに先駆者の定めだ。独創性を評価されるべきアイデアは、決まって無意味だと非難され、その発案者はほとんど認められることがない。むしろ反感を買うことのほうが多い。

進化論や気候変動を考えてみてほしい。人類は偉大な思索家から恩恵を受ける資格がないのではないかと感じることさえある。せっかく頭上の星々を見せられても、偏見と想像力の欠如ゆえ、みな再び泥沼のなかに身を沈めてしまうのだ。

平行線公理との矛盾

　話を戻すと、人類は揃いも揃って、幾何学はユークリッド幾何学しかありえないと信じていた。イマニュエル・カントなどの哲学者は、なぜそうでなければならないかをあれこれ理屈をこねて講釈した。このような信念は長い伝統に根ざしていたし、しかも、エウクレイデスの難解な論証は習得にかなりの努力が必要で、何世代もの学生たちをいわば膨大な記憶力テストとして苦しめてきた。大変な努力をして身につけた知識を、人は自然と重んじるものだ。もしユークリッド幾何学が現実の空間に当てはまらなかったとしたら、つらい勉強がすべて無駄になってしまうという思いだ。

　もう一つの理由として、せっかく魅力的なアイデアを思いついても、一人ユークリッド幾何学を信じていないだけだと決めつけられるのが落ちだった。幾何学と言えば当然ユークリッド幾何学しかなかった。それ以外の幾何学なんてありうるだろうか？

　大げさな疑問からはときに大げさな答えが出てくるもので、数学者はこの疑問を真剣に受け止めて深い泥沼にはまってしまった。最初のきっかけは、エウクレイデスの『原論』に欠陥と思われる点が一つあることだった。間違いというわけではなく、単に美しくなくて余計ではないかと思える点だ。エウクレイデスは幾何学を論理的に展開するうえで、明示的に示すだけで証明はしないいくつかの単純な前提からスタートしている。それ以外のすべての事柄は、これらの前提から段階を追って導かれている。前提のほ

とんどは単純で理にかなっている。たとえば「直角はすべて等しい」といったものだ。ところが一つだけ、とても複雑で悪目立ちしている前提があった。

> 1本の線分が2本の直線と交わって、互いに同じ側にできる2つの内角の和が2直角より小さければ、その2本の直線を限りなく延長すると、内角の和が2直角より小さい側で互いに交わる。

これは実は平行線に関して述べているもので、平行線公理（または公準）と呼ばれている。互いに平行な2本の直線はけっして交わらない。平行線公理によると、その場合、問題の内角の和は精確に2直角、180°となる。逆に内角の和が180°であれば、2本の直線は互いに平行である。

平行線なんてわかりきった基本的な概念だ。罫線入りの紙を見ればいい。平行線が存在するなんて当たり前だろう。平行線どうしはどこでも互いに同じ距離だけ離れているのだから、その距離が0になることはありえない。エウクレイデスは当たり前のことをもったいぶって大げさに表現しただけなのでは？

こうして人々のあいだに、この平行線公理はユークリッド幾何学のそれ以外の前提から証明できるにちがいないという思いが芽生えてきた。実際に証明に成功したと名乗り出る人も何人かいたが、別の数学者が調べてみると、そのいずれにも間違いがあったり、気づかずに何か前提が置かれてしまったりしていた。

11世紀、この問題をいち早く解決しようとした一人が、ウマル・ハイヤームである。ハイヤームについては三次方程式の業績を紹

介したが（57ページ参照）、数学に対する取り組みはそれだけではなかった。ハイヤームの著作『エウクレイデスの原論における諸公理の難点の解説』は、それ以前にハサン・イブン・アル＝ハイサム（アルハーゼン）が平行線公理の証明に挑んだことを踏まえて書かれている。ハイヤームは、アル＝ハイサムやほかに何人かの人の「証明」を論理的理由から否定し、代わりに平行線公理をもっと直感的な命題へ単純化した。

ハイヤームが描いた重要な図の一つが、この問題の核心を突いている。その図は長方形を作図しようとしている場面ととらえることができる。そんなの簡単だと思われるかもしれない。直線を1本描き、それと直角に長さの等しい2本の線分を描く。最後にそれらの線分の端どうしをつなげば、それが長方形の4本目の辺

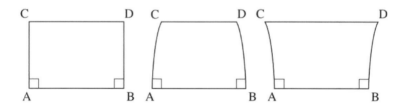

AC ＝ BD、および角 A と B は直角。DC を描くと長方形になるか？

になる。完成だ！

　はたしてそうだろうか？　できたのが長方形だとどうしてわかるのだろう？　長方形は、4つの角がすべて直角で、対辺どうしの長さが等しい。ハイヤームの図では、2つの角が直角で1組の辺が等しいことはわかる。ではそれ以外については？

　確かに長方形が描けたようには見えるが、それは頭のなかで暗黙のうちにユークリッド幾何学を使っているからだ。確かにユークリッド幾何学では、CD＝ABで角CとDが直角であることを証明できる。しかしそのためには、例の平行線公理が必要となる。それはさほど驚くことではない。何しろCDがABと平行であることを証明したいのだから。

　しかし、平行線公理をユークリッド幾何学のほかの公理から証明したいのであれば、ハイヤームの描いた図形が長方形であることを、平行線公理に頼らずに証明するしかない。ハイヤームも気づいたとおり、逆にそのような証明を見つけられればすべて片がつく。肝心の平行線公理もそこからすぐに導かれる。

　ハイヤームは、平行線公理を証明しようとして泥沼にはまるのを避けるために、それを次のようなもっと単純な前提に置き換えた。「互いに近づいていく2本の直線は交わり、互いに近づいていく側でそれらが互いに離れていくことはありえない」。そしてハイヤームは、これが一つの前提にすぎないことにも完全に気づいていた。

　ジョヴァンニ・サッケーリは、おそらく独自にこれと同じ図からさらに考察を進めたが、途中で一歩立ち戻り、その図を使って平行線公理を証明しようとした。そして1733年に著作『いっさ

いの欠陥から解放されたユークリッド幾何学』を発表した。

　サッケーリはその証明を、前出の図において角Cが直角の場合、鋭角（直角より小さい）の場合、鈍角（直角より大きい）の場合という3通りに場合分けした。そして、どれか1つの図で角Cが直角（または鋭角、または鈍角）であれば、ほかの2つの図でも直角（または鋭角、または鈍角）になることを証明した。つまり、すべての角が直角であるか、またはすべての角が鋭角であるか、またはすべての角が鈍角であるということだ。したがって、それぞれの図において3通りずつの場合が存在するのではなく、全体で3通りの場合しか存在しないことになる。これが大きな一歩となった。

　サッケーリは証明を進める戦法として、まず鋭角と鈍角の場合を仮定し、そこから矛盾を導いてその仮定を否定するという狙いだった。はじめに、問題の角を鈍角と仮定した。するとそこから、ユークリッド幾何学のほかの公理と相容れないとみなされる結論が導かれ、このケースは否定された。鋭角のケースを否定するにはもっとずっと長い論証が必要だったが、最終的にはほかの公理と矛盾すると思われる定理が導かれた。

　しかし実際には、ほかの公理と矛盾していたわけではなかった。それらの定理と矛盾していたのは、ユークリッド幾何学、すなわち平行線公理のほうだったのだ。サッケーリは、平行線公理を証明できたと考えてあのような大々的なタイトルをつけたわけだが、いまではその成果は、論理的に一貫した非ユークリッド幾何学へ向けた大きな一歩だったととらえられている。

非ユークリッド幾何学を発見したが
注目されることなく世を去った

　ニコライ・ロバチェフスキーの父イワンは、土地測量に携わる官吏だった。母プラスコヴィアは、夫と同じくポーランドからの移民。ニコライ7歳のときに父親が亡くなり、一家は西シベリアのカザンへ移り住んだ。その地で学校を卒業したニコライは、1807年にカザン大学へ入学した。そして医学を学びはじめたが、すぐに数学と物理学へ転向した。教えを受けた教授のなかに、ガウスの友人で、かつて学校でガウスを教えたバルテルズもいた。

　1811年、ロバチェフスキーは数学と物理学の修士号を取得して講師（員外教授）の職に就き、さらに1822年には正教授となった。当時、大学上層部は考え方が後ろ向きで、とりわけ科学や哲学にかけては革新的な事柄に対して慎重だった。そのようなものはフランス革命のいわば危険な副産物で、当時の正統的な信仰にとって有害であるとみなしたのだ。このために研究活動が堕落し、バルテルズ含め優れた教員たちは去り、ほかにも教員たちが解雇されて、教育水準が下がっていった。

　何千年にもおよぶ平凡な幾何学の伝統を覆すのにふさわしい場所とは言えず、ロバチェフスキーも、独立の精神で声を上げたところでけっして研究生活が楽になるわけでもなかった。それでも数学の研究を続け、お手本のようなわかりやすい講義をおこなった。

　大学の建築委員会に加わったのを皮切りに、ロバチェフスキーは管理職としての経歴を歩みだした。物理学研究室には新たな装

置を、図書館には新たな本を購入した。また天文台の指揮を執り、1820年から25年までは数学・物理学部長を、25年から35年までは図書館長を務めた。

政治や行政に無頓着なニコライ1世が皇帝に就くと、ロバチェフスキーはますます権力に楯突くようになった。学長のミハイル・マグニツキーを追い出して、後任に就けたミハイル・ムーシン＝プーシュキンを自分の忠実な仲間にし、1827年には自らが学長に就任した。その19年間の在任中には、図書館、天文学部、医学部、理学部の新たな建物を建設するなど、大きな業績を残した。人文科学の研究も奨励して、学生数を増やした。1830年にコレラの流行、1842年に火災があったが、素早い的確な対応で被害を最小限に抑え、皇帝から感謝の手紙を贈られた。その間も、微積分や物理学の講義、および一般向けの講義を続けた。

1832年、40歳のロバチェフスキーは、自分よりずっと年下で裕福な女性、ヴァルヴェレ・モイシーワと結婚した。そしてその頃に、非ユークリッド幾何学に関する2編の著作を出版する。1837年の論文『架空の幾何学』と、1840年に出版されてガウスを大いに感心させたそのドイツ語の要約である。

ロバチェフスキー夫妻は18人の子供をもうけ、そのうち7人が成人した。一家は豪華な邸宅に住み、手広い社会生活を送った。しかしそのせいで引退後の蓄えにほとんど回らず、夫婦は困窮していった。また健康を損ない、1846年には大学を解雇された。「引退」という名目だった。それからまもなくして長男を亡くし、また視力が衰えはじめて、やがて失明して歩けなくなった。そして1856年、貧しいなかで世を去った。自分の発見した非ユークリ

ッド幾何学がのちに誰かに注目されることも知らないまま。

ボーヤイとロバチェフスキーの幾何学

　この大きなブレークスルーに同じく関わった2人目の数学者が、ボーヤイ・ヤーノシュである。ボーヤイのアイデアが印刷物として世に出たのは、1832年、父ファルカシュ（ヴォルフガング）著『勉強熱心な若者のための数学の初歩に関するエッセー』のなかの一編、「空間の絶対的科学を説明する補遺：エウクレイデスの第11公理の真偽（いまだけっして確定していない）とは独立して」においてだった。非ユークリッド幾何学を重要な数学分野に変えた功績の大部分は一般的にボーヤイとロバチェフスキーに与えられているが、この分野ではそれ以前にも4人の人物が、自らのアイデアを発表し損ねたり、発表しても無視されたりしている。

　フェルディナント・シュヴァイカートは、サッケーリの示した鋭角のケースを発展させた「星状幾何学」を探究した。そしてガウスに論文の原稿を送ったが、出版されることはなかった。シュヴァイカートから研究を引き継いだ甥のフランツ・タウリヌスは、1825年に『平行線の理論』を出版した。さらに1826年出版の『幾何学の第一原理』では、鈍角のケースからも有効な非ユークリッド幾何学である「対数球面幾何学」が導かれることを示した。しかし注目を集めることはなく、げんなりしたタウリヌスは余った本を燃やしてしまった。ガウスに学んだフリードリヒ・ヴァヒターも平行線公理に関する論文を書いたが、やはり無視された。

　さらに話をややこしくするかのように、ガウスも1800年には

すでにほかの人々に先駆けて、平行線公理の問題はユークリッド幾何学の内部論理をめぐる事柄であって、実際の空間とは無関係だと認識していた。紙の上に罫線を引いても答えは定まらない。ものすごく大きな紙を使えば、もしかしたら100万キロ先で交わるかもしれない。1本の直線から等距離の位置にたくさん点を打ったら、それからできあがる線は まっすぐではない かもしれない。このような可能性を追究したガウスは、最初こそサッケーリと同じように矛盾が導かれることを期待していたのかもしれない。しかし進めるにつれて、互いに矛盾のないエレガントで説得力のある定理を次々と導き、1817年には、ユークリッド幾何学と異なる、論理的に一貫した幾何学が存在しうると確信するようになった。

だがこのテーマについて何一つ発表はせず、1829年の手紙のなかで、「この問題に関する私の研究を公にするまでには、とても長い時間がかかるかもしれません。むしろ、『無理解な人の騒ぎ声(ボイオティア)』を恐れて、私が生きているうちには公にしないかもしれません」と書いている。*6

ガウスの旧友だったボーヤイ・ファルカシュは、息子の画期的な研究について意見を求める手紙をガウスに送った(好意的な意見を期待していた)。しかしガウスの返事はその期待をくじくものだった。

> (ヤーノシュの研究を)讃えることは、私自身を讃えることになります。あなたのご子息がたどった道筋と、導いた結果を含め、その研究の内容全体は、30年か35年前から私の頭のなかを占めている考えとほぼ完全に一致しています。それゆえあっけにとられま

> した。私自身の研究に関して言えば、いまのところほとんど書き
> 留めていませんし、生きているうちに発表に回すつもりもありま
> せん。……だから、私がこの心配事から解放されるのは嬉しい驚
> きですし、わが旧友のご子息がこのように見事な形で自分の先を
> 進んでくれるのは大きな喜びです。

確かにそのとおりだろうが、ガウスは何一つ発表していないのだから明らかにフェアでない。もちろん、ヤーノシュの型破りなアイデアを讃えれば、やはり無理解な人を騒がせる恐れが出てくる。でも内々で褒めておくだけなら言い逃れができるし、ファルカシュもガウスもそんなことは百も承知だった。

ロバチェフスキーは、ガウスとボーヤイが自分と同じ問題に取り組んでいたことなど知らなかった。平行線公理からは、与えられた直線と平行で、ある一点を通る直線がただ1本だけ存在するという結論が導かれる。そこでロバチェフスキーは手始めに、この結論が偽である可能性を考えた。「平行」という言葉を「どんなに延長しても交わらない」と解釈し、このような直線がたくさん存在するとしたのだ。そして、この前提から導かれる帰結をかなり詳細に考察した。この幾何体系が論理的に無矛盾であることは証明できなかったものの、そこから一つも矛盾が導かれることはなく、矛盾などいっさいないはずだと確信するようになった。

いまではこの体系は双曲幾何学と呼ばれている。サッケーリの考察では鋭角のケースに相当する。鈍角のケースからは、球面幾何学にきわめて近い楕円幾何学が導かれる。ボーヤイはこの両方のケースを研究したが、ロバチェフスキーの研究は双曲幾何学に

限られていた。

非ユークリッド幾何学の評価と発展

　非ユークリッド幾何学の有効性が理解されてその重要性が認識されるまでには、ある程度の歳月がかかった。ロバチェフスキーの著作が、死から10年後の1866年にジュール・オウエルによってフランス語に翻訳されたことで、ようやく事態が動きはじめたのだ。

　当初は、ある重要な点が欠けていることが問題視されていた。平行線公理を否定してもけっして矛盾が導かれないことの証明である。その証明はしばらく経ってから導かれ、ユークリッド幾何学のそれ以外の公理をすべて満たす無矛盾な幾何学が実際に3種類あることが明らかとなった。その3種類とは、ユークリッド幾何学そのもの、平行線が存在しない楕円幾何学、そして平行線が複数存在する双曲幾何学である。

　無矛盾であることの証明は、実は思ったより簡単だった。非ユークリッド幾何学は、曲率一定の曲面上における自然な幾何学として理解することができる。曲率が正であれば楕円幾何学、負であれば双曲幾何学、ユークリッド幾何学はその中間、曲率が0の場合である。ここで「直線」を、2点を結ぶ最短経路、いわゆる「測地線」と解釈する。そうすると、平行線公理を除くすべての公理を、ユークリッド幾何学を使って証明することができる。もしも楕円幾何学または双曲幾何学に論理的矛盾があったとしたら、曲面上でのユークリッド幾何学にもそれに対応する論理的矛盾が存

在することになってしまう。ユークリッド幾何学が無矛盾であれば、楕円幾何学と双曲幾何学も同じく無矛盾なのだ。

1868年にエウジェニオ・ベルトラミが、双曲幾何学の具体的なモデルを導いた。擬球と呼ばれる、負の一定の曲率を持つ曲面上の測地線である。この結果をベルトラミは、双曲幾何学は実は新しいものではなく、ある適切な曲面上に限定したユークリッド幾何学にすぎないと解釈した。しかしそうすることで、もっと深い論理的意義を見過ごしてしまう。このモデルは、双曲幾何学が無矛盾であること、そして、平行線公理をユークリッド幾何学のそれ以外の公理から導くのは不可能であることを証明していたのだ。オウエルは1870年、ベルトラミの論文をフランス語に翻訳したときにそれに気づいた。

楕円幾何学のモデルはもっと簡単に見つかった。そのモデルとは、球面上の大円にひとひねり加えたものである。大円どうしは、互いに正反対の側にある2つの点で交わってしまうため、ユークリッド幾何学の平行線公理以外の公理も満たさない。そこでこの問題を解消するために、「点」という言葉を「互いに正反対の側にある2つの点」と定義しなおし、大円も、互いに正反対の側にある2つの半円のペアと考える。厳密に言うとこの空間は、互いに正反対の側にある2点を同一視した球面であり、もとの球面と同じく正の一定の曲率を持つ。

この間に非ユークリッド幾何学は数学のほかの分野にも取り入れられはじめ、とくに複素解析では、円（および直線）を円（および直線）に写像するメビウス変換と結びつけられた。1870年には、ヴァイエルシュトラスがこのテーマに関する講演をおこなう。そ

れを聴いて趣意を理解したクラインは、このアイデアをソフス・リーと議論した。そして1872年、変換群の不変量に関する学問として幾何学を定義する、エルランゲン・プログラムと呼ばれる重要な文書を書いた。これによって、それまで関係性が定かでなかった互いに別個の幾何学がほぼすべて統一された。ただし重要な例外として、曲率が一定でない曲面におけるリーマン幾何学に対しては、適切な変換群が存在しない。

　この分野をさらに前進させたのは、双曲幾何学に対する独自のモデルを導くなどしたポアンカレである。そのモデル空間は円の内部であり、その円の境界と直交する円弧が「直線」となる。

　その後、双曲幾何学を一つのヒントにして、リーマンが任意の次元の湾曲した空間（多様体）の理論を構築し、それがアインシ

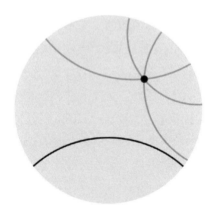

ポアンカレによる双曲幾何学の円盤モデルでは、1本の直線（黒い線）と平行で、与えられた1点を通る直線が無数に存在する（そのうちの3本を灰色の線で示した）。円の境界はこの空間の一部とはみなさない。

ュタインの重力理論の基礎となる（第15章）。その現代数学への応用としては、複素解析、特殊相対論、組み合わせ群論、そして、3次元多様体のトポロジーにおけるサーストンの幾何化予想（いまでは定理となった）がある（第25章）。

12

根と革命家
エヴァリスト・ガロア

Radicals and Revolutionaries
Évariste Galois

エヴァリスト・ガロア

生:フランス・ブール=ラ=レーヌ、1811年10月25日
没:フランス・パリ、1832年5月31日

1832年6月4日、フランスの新聞『ル・プレキュルスール』が、人騒がせだがけっして珍しくはないある出来事を報じた。

> 　パリ、6月1日。昨日の悲しむべき決闘が、一人の若者から精密科学を奪った。その若者は誰よりも期待されていたが、その名高い早熟ぶりは政治活動によってここのところ影が薄くなっていた。その若者エヴァリスト・ガロアは、……同じく政治裁判に出廷したことで知られる旧友の一人と戦おうとした。恋愛沙汰が原因だったという。決闘の武器にはピストルが選ばれたが、古くからの友人どうしだったため、互いの姿を見るのに耐えられず、目隠しをして運に身を任せた。至近距離で互いにピストルを構え、引き金を引いた。弾が込められていたのは1丁だけだった。相手の発射した弾に身体を貫かれたガロアは、コシャン病院に運ばれ、およそ2時間後に亡くなった。享年22。相手のL・Dは少し年下だった。

　決闘前夜、ガロアは自らの数学研究の成果を文書にまとめていた。その中核をなしていたのが、置換の特別な集合（ガロアは「群」と名付けた）を使って、代数方程式の解の公式が存在するかどうかを判定する方法である。また、このアイデアと、楕円積分という特別な関数との関係性についても書き記した。ガロアの結果からは、一般的な五次方程式の解を与える代数学的な公式は存在しないという結論を、容易に導くことができる。それまで何百年ものあいだ、数学者はこの問題に悩まされていた。ガブリエル・ルッフィーニがそのほぼ完全な証明を発表したが、その証明はとて

つもなく長く、ニールス・ヘンリク・アーベルがもっと単純な証明を考え出していた。

　ガロアをめぐっては、歴史家の尽力によって実際の顛末がつまびらかになってはいるものの、いまだにさまざまな謎が残されている。記録は不完全だし、辻褄が合わないものもある。たとえば、決闘の相手は誰だったのか？　前記の新聞記事は、そもそもガロアの年齢が間違っているので信用できないし、曖昧な部分も多い。

　しかし、ガロアの導いた数学が重要であることに疑問の余地はない。その置換群の概念は、群論に向けた最初の重要な一歩となった。それは深遠な対称性の数学の鍵であり、今日でも大きな研究分野である。いまでは群は、多くの数学分野で中心的な役割を果たしているし、数理物理学にも欠かせない。物理科学や生物科学の多くの分野でも、パターン形成の理論に重要な形で応用されている。

一人の女性をめぐる決闘で命を落とす

　エヴァリストの父ニコラ＝ガブリエルは共和主義者だったが、1814年にルイ18世によって王政が復活したのちにブール＝ラ＝レーヌの市長を務めた。母アドレード＝マリ（旧姓ドゥマント）は、弁護士の娘で十分な教育を受けていた。神学と古典語を学び、エヴァリストを12歳まで自宅で教育した。1823年、エヴァリストはルイ＝ル＝グラン中等学校に入学する。ラテン語で首位の成績を収めたがやがて飽きてしまい、数学に癒やしを求めた。そして、ルジャンドルの『幾何学原論』や、根による多項方程式の解に関

するアーベルやラグランジュの原論文など、レベルの高い文献を読んだ。根による多項方程式の解とは、基本的な四則演算と、平方根、立方根、さらにそれ以上の次数の根を使って、係数に基づいて解を表現した、代数学的公式という意味である。

二次方程式はバビロニア人が、三次方程式と四次方程式はルネサンス期の代数学者が、すでに根を使って解いていた。そしてこの頃になると、そのような方法はそれ以上は通用しないことが明らかになりつつあった。1824年にアーベルが、一般的な五次方程式を根によって解くことは不可能であると証明し、それを拡張した証明を1826年に発表したのだった。

ガロアは数学教師の忠告を無視して、名高いエコール・ポリテクニーク（理工科学校）の入学試験を1年早く、しかもあえて準備もせずに受けた。当然、不合格だった。1829年には、方程式の理論に関する論文をパリ・アカデミーに送ったが、原稿が行方不明になってしまう。ガロアは自分の才能が意図的に覆い隠されたと解釈したが、実際には単なる不手際だったのかもしれない。

その年は何から何までついていなかった。村の司祭が悪意のこもった文書にガロアの父ニコラの署名を偽造して書き込み、その司祭との政治的ないさかいの最中にニコラは自殺してしまった。それからまもなくガロアは、最後のチャンスである2度目のポリテクニーク入学試験を受けたが、再び不合格となる。そこで代わりに、格下のエコール・プレパラトワール（予備学校）、のちのエコール・ノルマル（高等師範学校）を受験した。文学は出来が悪かったが物理学と数学では良い成績を収め、1829年末に理科と文科両方でバカロレア（中等学校卒業資格）を取得した。

それから数カ月後、方程式に関する新たな論文をアカデミーの大賞に応募した。書記のフーリエはその原稿を自宅に持ち帰ったが、報告書を書く前に亡くなってしまう。またもや原稿が失われて、ガロアは再び、自分の才能にふさわしい報賞を与えないための意図的な企みだととらえた。その解釈が自らの共和主義的な政治観とぴたりと合い、ガロアは革命を推し進めようという決意を強めた。

チャンスが訪れたのに、ガロアはそれをつかみ損ねた。1824年にルイ18世の後を継いだシャルル10世が、1830年に退位を迫られ、王位に留まろうと報道検閲を導入する。すると人々は抗議の反乱を起こした。3日間にわたる混乱ののち、合意のもと調整役の候補が選ばれ、オルレアン公ルイ=フィリップが王に即位した。

しかしエコール・ノルマルの学長は、学生たちを学外に出そうとしなかった。革命家を目指す学生ガロアは反発し、学長を痛烈に個人攻撃する手紙を『ガゼット・デゼコール』紙に送った。その手紙にはガロアの署名があったが、新聞には署名は掲載されなかった。すると学長はそれを口実に、ガロアを匿名の手紙を書いたかどで退学させる。そこでガロアは、共和主義者が集まる民兵組織、国民軍砲兵隊に加わった。しかしそれからまもなくして、国民軍砲兵隊は治安を脅かすとして王によって解散させられた。

1831年1月、ガロアは方程式の理論に関する3度目の原稿をアカデミーに送った。しかし2カ月経っても何の音沙汰もなかったため、滞っている理由を質す手紙をアカデミーの会長に送るも、やはり返事は来なかった。ガロアはしだいに苛立ちを募らせ、偏

執症の一歩手前にまでなった。優れた女性数学者のソフィー・ジェルマンは、ギヨーム・リブリに宛てた手紙のなかでガロアについて、「彼は完全に気が狂ってしまうだろうという噂です。本当ではないか心配です」と書いている。

同年4月、解散させられた国民軍砲兵隊の19人のメンバーが政府転覆を企んだかどで裁判に掛けられるも、陪審によって無罪を言い渡された。その無罪放免を祝しておよそ200人の共和主義者が騒々しい宴会を開いている最中に、ガロアはグラスと短剣を頭上に突き上げた。すると翌日、王を脅したとして逮捕される。行為そのものは認めたものの、「ルイ゠フィリップへ、もしも我々を裏切ったとしたら」と祝杯の声を上げたのだと証言した。同情した陪審はガロアを放免した。

7月、アカデミーはガロアの論文に対する所見を発表した。「我々はあらゆる努力を重ねてガロアの証明を理解しようとした。しかしその論証は十分に明快で詳述されているとは言えず、我々はその正否を判断できなかった」。合わせて査読者たちは、数学的内容に関する完全に理にかなった批判も示した。彼らが期待していたのは、方程式の係数に関する何らかの条件が示され、それに基づいて、その方程式が根を使って解けるかどうかを判断できるようになることだった。

ガロアはある簡潔な条件を証明したものの、その条件には解そのものが含まれていた。つまり、それぞれの解を、ほかの2つの解の有理関数として表現していたのだ。係数に基づく単純な判断基準が存在しないことはいまでは明らかだが、当時はそんなことは誰も知らなかったのだった。

ガロアは怒り狂った。そしてバスティーユ監獄襲撃の日、友人のエルネスト・デュシャトレとともに共和主義者のデモ隊の先頭にいた。砲兵隊の制服を着て、重武装していた。どちらも法律に背いていた。革命の2人の同志は逮捕され、サン＝ペラジーの拘置所に投獄されて裁判を待った。4カ月後、ガロアは有罪の評決を受けて禁固6カ月の刑を言い渡された。監獄では数学をして時を過ごした。1832年にコレラが流行すると病院に移され、のちに恩赦を受けて釈放された。

　自由の身になったガロアは、ある若い女性の虜になった。その女性の名前は「ステファニー・D」までしかわかっておらず、そこから先はペンでかき消されている。ガロアは友人のオーギュスト・シュヴァリエに、「男にとって最高の幸せの源がひと月で潰えてしまったら、どうやって気を晴らしたらいいんだろう」と愚痴をこぼした。その女性からの手紙の端々がノートに書き写されている。たとえばこんな一節がある。

「あれ以上のことにはならなかったとわかってください。あなたは勘違いなさっているし、後悔なさる理由なんてありません」

　かつて言われていた説によると、ステファニーはいわば妖婦のような存在で、ガロアの政敵たちが「名誉を傷つけられた」と偽って決闘を吹っかけるための口実だったという。しかし1968年、原文書を詳しく調査したカルロス・インファントッツィが、その女性はガロアの下宿の大家だった医者の娘、ステファニー＝フェリシ・ポトラン・デュ・モテルであると報告した。異論も多少聞かれるものの、信頼できそうな説である。

　この決闘に関する警察の報告書には、ガロアと別の革命家との、

若い女性をめぐる個人的ないさかいだったと記されている。決闘前夜、ガロアは次のように書き残している。

> 志士や友人たちへのお願いだ。僕が祖国以外のために死んだなどと責めないでほしい。僕は忌まわしい浮気女の餌食になって死ぬ。惨めな喧嘩で僕の命は消えようとしている。くそ！ どうしてこんなにつまらないことで、こんなに浅ましいことで死ぬんだよ！ ……僕を殺した連中を許してやってほしい。悪意はないんだから。

この女性に対してガロアは当然ゆがんだ見方をしていたと思うが、もしすべてが敵の策略だったのだとしたら、彼らを許してやってくれなんて頼むとはちょっと考えにくい。

決闘の相手は誰だったのだろうか？ 記録は乏しいし一貫していない。アレクサンドル・デュマは『回想』のなかで、その相手は共和主義者の同志ペシュー・デルバンヴィルだったと述べている。思い返してみると、『ル・プレキュルスール』紙の記事には、その謎の殺人者は「L・D」とあった。「D」はデルバンヴィルの頭文字かもしれないが、もしそうだとしたら、「L」はただでさえ不正確な記事のさらなる間違いだったことになる。一方でトニー・ロスマンは、「D」はデュシャトレを表わしているが「L」は間違いだろうと説明している。[*7] 一人の女性をめぐってよくもこれだけの友人関係が壊されたものだ。

決闘にはピストルが使われ、検死報告によると25歩離れて撃ち合ったというが、『ル・プレキュルスール』の記事を信じるな

らば、どちらかというとロシアン・ルーレットのようなものだったらしい。状況証拠からいうと後者のほうがもっともらしい。ガロアは腹を撃たれている。25歩の距離だったら不運としか言いようがないが、至近距離なら確実に狙えたはずだ。ガロアは司祭の祈りの申し出を断わって、翌日に腹膜炎で息を引き取り、モンパルナスの共同墓地に埋葬された。

遺された手紙がのちの数学に多大な影響を与える

　決闘の前日、ガロアは自らの数々の発見を手紙にまとめてシュヴァリエに送った。その手紙には、多項方程式が根を使って解けるのはどんな場合であるかを、群を使って判断する方法の概略が記されている。またそれ以外に、楕円関数、および代数関数の積分にも触れられていて、さらに、意味は推測するしかない謎めいた思わせぶりな言葉も添えられている。そして次のような言葉で締めくくられている。

> 　ヤコービかガウスに、これらの定理の真偽でなく重要性について見解を示してくれるよう公に頼んでほしい。のちに誰かが、この取り散らかった文章を残らず解読する意義に気づいてくれることを願っている。

　数学にとっては幸いなことに、実際にそのような人物が複数現われる。ガロアの成果を正しく評価した最初の人物が、ジョゼフ・リウヴィル。1843年にリウヴィルは、ガロアの3編の論文をなく

したり却下したりしたまさにその団体に向けて、次のように語りかけた。

「アカデミーには関心を持っていただきたい。私はエヴァリスト・ガロアの論文のなかに、根による（方程式の）解は存在するかという、この美しい問題の正確かつ深遠な答えを発見した」

　ヤコービもいち早くガロアの論文を読み、ガロアが願っていたとおりその重要性を理解した。1856年、ガロアの理論はフランスとドイツの大学院レベルで教えられるようになっていた。そして1909年、エコール・ノルマルの学長ジュール・タヌリが、ブール＝ラ＝レーヌでガロアの記念碑を除幕し、市長に次のような言葉を述べた。

「当学校の名において天才ガロアに謝罪することを許していただき感謝します。ガロアは当学校に不本意ながら入学し、誤解を受け、退学させられましたが、振り返ってみると、当学校にとってガロアは最も輝かしい人物の一人でした」

　では、数学に対してはガロアはどんなことをしたのだろうか？
　短く答えるならば、ガロアは対称性の基本的な数学を解明した。それが群の概念である。その後、対称性は数学と数理物理学の中心テーマの一つとなり、動物の身体の模様から分子の振動まで、カタツムリの殻の形から素粒子の量子力学まで、あらゆる現象を理解するための基礎となった。

　もっと長く答えるとしたら、さらに微妙な話になってくる。
　ガロアのアイデアも、まったく先例がなかったというわけではない。数学の世界では、まったく先例のない進歩などめったにない。数学者はほとんどの場合、先人たちの手掛かりやヒントや発

想をもとに物事を考えていく。その取っかかりとしてふさわしい文献の一つが、三次と四次の代数方程式の解を示したカルダーノの『アルス・マグナ』である。今日ではそれらの解は、係数を使った解の公式として表わされている。

　それらの公式の重要な特徴は、加減乗除という代数学の基本演算と、平方根および立方根を使って解が示されている点である。そこで自然な発想として、五次方程式の解についても同様の公式を与えることができて、おそらくその公式には5乗根が必要だろうと考えられる（4乗根は平方根の平方根なので取り立てる必要はない）。その捕まえどころのない公式を、アマチュアを含め大勢の数学者が探した。次数が上がるほど解の公式は複雑になっているので、五次方程式の解の公式はかなり入り組んでいるだろうと予想されていた。

　しかし誰一人見つけることはできなかった。その理由は徐々に浮かび上がってきた。その公式を探すのは、馬の巣や赤いニシン——どちらでもお好きなたとえを——つまり存在しないものを探す行為だったのだ。

　だからといって解そのものが存在しないわけではない。五次方程式には必ず実数解が1つ以上存在するし、複素数の利用も認めて「多重解」を正しく数えれば、解は必ず5つ存在する。しかしそれらの解を、根よりも難解な概念を使わない代数学的公式にまとめることは不可能なのだ。

　そうであることをうかがわせる最初の重要な証拠は、1770年代にラグランジュが代数方程式に関する長大な論文を著したことで浮かび上がってきた。ラグランジュは、それまでに得られてい

た解の公式が正しいことを単に認めるだけでなく、そもそもそのような公式が存在するのはなぜだろうかと考えた。根を使って解ける方程式は、どんな特徴を持っているのだろうか？　ラグランジュは二次、三次、四次における従来の解の公式をまとめて扱い、解どうしを入れ替えた（置換した）ときに興味深い振る舞いを示す特別な式に関連づけた。簡単な例として、すべての解の和は、解をどういう順番で書いたとしても変わらない。積もそうだ。そのような完全に対称的な式はすべて、根をいっさい使わずに方程式の係数で表現できることが、かつての代数学者によって証明されていた。

もっと興味深い例として、a_1, a_2, a_3という解を持つ三次方程式における、

$$(a_1 - a_2)(a_2 - a_3)(a_3 - a_1)$$

という式を考えてみよう。これらの解を循環的に、つまり$a_1 \to a_2$, $a_2 \to a_3$, $a_3 \to a_1$と置換しても、この式の値は変わらない。しかし解のうちの2つを置換して、$a_1 \to a_2$, $a_2 \to a_1$, $a_3 \to a_3$とすると、この式は符号が変わる。つまり−1が掛け合わされるが、それ以外は変わらない。したがってこの式の2乗は完全に対称的で、係数を使った何らかの式で表わせるはずだ。そのためこの式自体は、係数を使った何らかの式の平方根ということになる。

カルダーノの三次方程式の公式に平方根が含まれている理由は、これで説明できる。部分的に対称な別の式を使うと、立方根が含まれている理由も説明できる。

このような考え方を推し進めていったラグランジュは、解に含まれる特定の式の置換的性質を利用して、二次、三次、四次方程

式を解く統一的な方法を発見した。また、五次方程式にその方法を試してもうまくいかないことを明らかにした。方程式が単純になってくれず、逆に複雑な方程式が導かれて問題がますます難しくなってしまうのだ。ほかにうまくいく方法がないとはかぎらないが、これがトラブルの原因を解明する大きなヒントとなる。

1799年にパオロ・ルフィニがそのヒントを取り上げて、全2巻の著作『方程式の一般理論』を出版した。そのなかでルフィニは、「四次より高い次数の一般的な方程式を代数的に解くことは絶対に不可能である。私が正しいと信じている（もし私が間違っていなければ）あるきわめて重要な定理に注目してほしい」と書いている。そのうえで、ラグランジュの研究からヒントを得たと認めている。

だがルフィニにとっては残念なことに、複雑な代数学的記述がびっしりと並んだ全500ページの大冊を、否定的な結論を得るためだけにせっせと読み通そうなどとは誰一人思わず、この成果はほとんど無視されてしまった。一流の代数学者は五次方程式の解法が存在しなそうだということを受け入れはじめたが、それでもルフィニの後押しにはならなかったらしい。しかもこの本には間違いがあるという噂が流れ、ますます関心が削がれていった。

そこでルフィニは、もっと簡単に理解してもらえるよう、証明の改良を試みた。コーシーは1821年にルフィニに宛てて、「あなたの本は数学者が関心を示すに値するし、私の見立てでは、四次より高い次数の代数方程式を解くのは不可能であることを完全な形で証明していると、常々思っています」と書き送っている。

コーシーに称賛されてルフィニの評判が上がってもおかしくは

なかったはずだが、それから1年もせずにコーシーは亡くなってしまう。コーシーの死後、五次方程式を根によって解くことは不可能だということで人々の意見はおおむねまとまったが、ルフィニの証明の正否ははっきりしないままだった。それどころか、何年も経ってからちょっとした欠陥が見つかった。その欠陥が繕われてルフィニの本はますます分厚くなったが、その前にアーベルがもっとずっと短くて単純な証明を発表していた。実はルフィニの証明を完成させるには、アーベルの導いたある結論が必要だったのだ。アーベルは若くして世を去った。死因は結核と思われる。五次方程式はいわば毒入りの聖杯だったのかもしれない。

　ルフィニもアーベルも、根のある置換のもとで不変である式はどのようなものであるかが重要だという、ラグランジュのアイデアを拝借した。ガロアの大きな貢献は、根の置換に基づいて、あらゆる多項方程式に通用する包括的な理論を導いたことにある。ある特定の方程式を根によって解くのが不可能であることを証明しただけでなく、どのような方程式が解けるのか、まさにそれを問うたのだ。

　それに対してガロアが出した答えは、その方程式の解のあいだのあらゆる代数学的関係を保つ置換の集合（ガロアがその方程式の群と呼んだもの）が、かなり専門的だが正確に定義できるある特定の構造を持っていなければならないというものだった。根による解が存在する場合、その構造を詳しく見れば、どの種類の根が使われるかがわかる。そのような構造がなければ、根による解は存在しないことになる。

　その構造は確かに複雑だが、群の観点から見れば自然なもので

ある。ある方程式を根によって解くことができるのは、その方程式のガロア群が一連の特別な部分群（「正規群」という）を持っていて、その最終的な部分群が置換を一つだけ含み、しかもそれぞれの段階の部分群に含まれる置換の個数が、その一つ前の部分群に含まれる置換の個数を素数で割った数である場合に限られる。その証明の発想としては、たとえば6乗根は立方（3乗）根の平方（2乗）根で、2も3も素数であるというように、必要な根は素数乗の根だけであり、そのそれぞれの根によって、それに対応する群の大きさがその素数分の1に小さくなる。

たとえば一般的な四次方程式のガロア群は、解の24通りの置換からなっている。この群には、どんどんと小さくなっていく一連の正規部分群があって、それらの大きさはそれぞれ、

　　24, 12, 4, 2, 1

であり、

$$\frac{24}{12} = 2 (素数)$$

$$\frac{12}{4} = 3 (素数)$$

$$\frac{4}{2} = 2 (素数)$$

$$\frac{2}{1} = 2 (素数)$$

となっている。したがって四次方程式は解くことができ、平方根（2に由来する）と立方根（3に由来する）だけが使われると予想できる。

二次方程式と三次方程式のガロア群はもっと小さく、やはりどんどんと小さくなっていく一連の正規部分群があって、それらの

大きさは互いに素数分の1の関係にある。では五次方程式はどうだろうか？　五次方程式には解が5つあって、置換は120通り。その一連の正規部分群の大きさは、

　　　120, 60, 1

となる。ところが $\frac{60}{1}=60$ は素数でないので、五次方程式を根によって解くことはできない。

　ガロアは、五次方程式が解けないことの証明を実際に書き下してはいない。すでにアーベルが証明していたし、ガロアもそのことを知っていた。そこでガロアは、根によって解くことのできる素数次のすべての方程式を特徴づける、包括的な定理を導いた。それらの方程式のなかに一般的な五次方程式が含まれないことを示すのはあまりに簡単で、わざわざ言及するまでもなかったのだ。

群は「数学全体」をその真髄まで削ぎ落としたもの

　ガロアが偉人である理由は、その定理よりも方法論にある。いまではガロア群と呼ばれている置換の群は、解どうしの代数学的関係を保つような、解どうしのすべての置換からなる。もっと一般的に言うと、ある数学的存在が与えられたら、その構造を保つようなすべての変換（置換の場合もあれば、剛体運動のようにもっと幾何学的な変換の場合もある）を思い浮かべることができる。それをその数学的存在の対称群という。ここでいう「群」というのは、ガロアの考えた置換の群が持ついくつかの特徴のなかでも、とくにある一つの特徴に注目したものである。ガロアもその特徴を重視したが、もっと包括的な概念に発展させることはなかった。

その特徴とは、ある対称変換をおこなったのちに別の対称変換をおこなうと、必ずある対称変換になるというものである。

　幾何学における単純な例として、平面上の正方形を剛体運動によって変換させる場合を考えよう。正方形は、横に滑らせたりぐるぐる回したりひっくり返したりできる。そのなかで、正方形の見た目が変わらないのはどのような運動だろうか？　横に滑らせるのはだめだ。中心が別の場所に移動してしまう。回転させるのはいいが、ただし90°が1回または何回かに限られる。それ以外の角度だと、最初の状態と違って傾いてしまう。最後に、ひっくり返す場合としては、2本の対角線と、互いの対辺の中点どうしを結んだ直線という、4本の軸を中心にしてひっくり返すのはかまわない。さらに、「何もしない」という当たり前の変換を忘れなければ、合計でちょうど8通りの対称変換がある。

　正五角形でも同じことをやると、10通りの対称変換が見つかる。正六角形では12通り。円には無限通りの対称変換がある。どんな角度回転させてもかまわないし、どの直径を中心としてひっくり返してもかまわないからだ。図形ごとに対称変換の個数はそれぞれ異なる。さらに、対称変換の単なる個数よりももっと複雑な性質も重要になってくる。何通りあるかだけでなく、対称変換どうしがどのように組み合わさるかということだ。

　対称性は、代数学から確率論まで数学のあらゆる分野に浸透していて、数学や数理物理学のまさに中核をなしている。何か数学的存在を与えられたら、「その対称性は？」という疑問がすぐに頭に浮かんでくるし、その答えからはさまざまな情報を得られることが多い。

物理学でいうと、アインシュタインの特殊相対論は、物理法則のある特定の対称群（ローレンツ群という）のもとで物理量がどのような振る舞いを見せるか、それにほぼ尽きる。そして、誰がいつ観測するかによって自然法則が変化するはずはないという哲学的主張に基づいている。さらに今日、量子力学におけるすべての素粒子(電子、ニュートリノ、ボソン、グルーオン、クォークなど)は、たった一つの対称群に基づいて分類され説明されている。

　ガロアが踏み出した重要な一歩は、対称性を変換群のもとでの不変性として形式化することにつながった。そして、現代の代数学の重要な特徴である、群の抽象的な定義へと至った。アンリ・ポアンカレはあるとき、群は「数学全体」をその真髄まで削ぎ落としたものであるとまで語った。大げさな言葉だが、気持ちはわかる。

13

数の魔女
オーガスタ・エイダ・キング

Enchantress of Number
Augusta Ada King

オーガスタ・エイダ・キング=ノエル、
ラヴレス伯爵夫人（旧姓バイロン）

生：イングランド・ピカデリー（現在はロンドンの一部）、1815年12月10日

没：ロンドン・メリルボン、1852年11月27日

幸せな家庭ではなかった。

詩人ジョージ・ゴードン・バイロン卿は、自分は「輝かしい男の子」の誇らしい父親になるはずだと信じていたが、妻のアン・イザベラ（旧姓ミルバンク、「アナベラ」と呼ばれていた）に娘を見せられて、ひどくがっかりした。その子は、バイロンの異母姉オーガスタ・リーにあやかってオーガスタ・エイダと名付けられた。バイロンはいつもエイダと呼んだ。

1カ月後に夫婦は離婚し、その4カ月後にバイロンはイングランドの地を離れて二度と戻ってくることはなかった。娘の親権を獲得したアナベラは、バイロンと二度と接触しようとはしなかったが、エイダのほうはもっと含みのある考えでバイロンの活動や所在に関心を持った。バイロンはヨーロッパ中を渡り歩き、イタリアで7年間過ごしたのちに、エイダ8歳のとき、ギリシャ独立戦争でオスマン帝国との戦いの最中に病死した。ずっとのちにエイダは、自分が死んだら父の隣に葬ってほしいと望み、結局その願いは叶えられた。

アナベラはバイロンのことを気が違っていると見ていた。その突飛な行動を思えば無理もない。しかし、それが間接的にエイダの数学への関心を育むことになる。アナベラは数学の才能があり、数学に強い関心を抱いていた。一方、バイロンの才能はそれとはまったくかけ離れたところにあった。1812年に妻に宛てた手紙には次のように書かれている。

> 君の数学にも感心するよ。計り知れないほど遠くから見とれるだけで満足するしかない。いつも僕の失望の目録に付け足されて

> いく。2と2で4になるのは僕も知っている。できることなら喜んでそれを証明したい。でももし何らかの方法で2と2を5に変えられたとしたら、もっとずっと愉快だろう。

　アナベラの目から見ると、数学を学ばせるのは子供を父親から遠ざけておくための理想的な方法だった。しかも、数学は自制心のある鍛えられた心を育むとも信じていた。それに加え、若い女性が好ましい社交術を身につけるのに必要な音楽も重視した。どうやらアナベラは、娘本人よりも娘の教育の手はずのほうに力を注いだらしい。そのため、エイダは祖母や乳母とばかり触れ合った。1816年にバイロンは、そろそろエイダに「もう一人の親族」を教えてあげたほうがいいとアドバイスする手紙を書いている。もう一人の親族とはすなわち、自分の母親のことである。

　エイダはイギリス上流階級の一長一短ある教育法を受け、何人もの個人教師に学んだ。ミス・ラモントという個人教師は、自分が算数よりもずっと好きな地理にエイダの気を惹かせたため、アナベラは即座に地理の授業の1コマを算数に替えさせた。まもなくしてミス・ラモントはお払い箱になった。親戚たちは、エイダが叱られるばかりでほとんど褒められず、大きなプレッシャーをかけられていることを心配するようになった。

　アナベラ自身の数学教師ウィリアム・フレンドは、エイダも教えるよう頼まれたものの、歳を取って数学の進歩についていけなくなっていた。そこで1829年にウィリアム・キング博士が招かれたが、数学の才能がほとんどなかった。本当の数学者なら知っているとおり、数学はけっして観戦スポーツではなく、自分でや

らないと理解できない。しかしキングは、数学の文献を読むばかりだった。

　一方、エイダの「議論好きな気性」を抑えるために、アラベラ・ローレンスが招かれた。エイダは立てつづけに病を患い、あるときは重い麻疹（はしか）で何日も床に伏した。

　1833年、エイダは宮廷に赴いて、上流階級の伝統的な成人を果たした。しかしそれから数カ月もしないうちに、人生のなかでもっとずっと重要な出来事が起こる。あるパーティーに出席して、独創的で型破りな数学者チャールズ・バベッジと出会ったのだ。この偶然の出来事によって、エイダの数学者としての人生が大きく前進することとなる。

バベッジの階差機関

　それほど偶然な出会いではなかったのかもしれない。イギリスの上流社会は、科学や芸術やビジネスの世界の大物たちと重なっていたからだ。これらの分野の有力者たちは互いに面識があって、少人数でパーティーを開き、互いの活動に関心を持っていた。エイダはすぐに、物理学者のチャールズ・ホイートストンやデイヴィッド・ブルースターやマイケル・ファラデー、そして作家のチャールズ・ディケンズなど、当時の泰斗たちと知り合うようになった。

　バベッジと出会った2週間後、エイダは、付き添い人でも当事者でもある母親とともにバベッジの仕事場を訪ねた。そこでいちばん目を惹いたのが、階差機関という風変わりで複雑な機械であ

る。バベッジのライフワークは、数学の計算をおこなう強力な機械を設計して、あわよくば組み上げることだった。

　初めてそのような機械を思いついたのは、1812年、対数表の不完全さについてあれこれ考えているときだった。対数表は科学全般で広く使われていて航海術にも欠かせなかったが、当時出版されていたものには、手計算の途中、またはその結果をタイプするときの人為的ミスによる間違いがあちこちにあった。フランスでは正確さを高めるために、この計算を足し算と引き算だけを使う単純なステップに分割して、素早く正確に計算をおこなうための訓練を積んだ「人間コンピュータ」にそのそれぞれのステップを割り振り、さらに計算結果を繰り返しチェックしていた。

　バベッジは、その方法は機械にやらせるのにちょうどぴったり

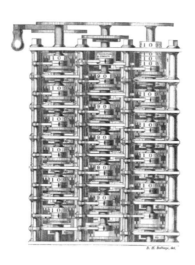

バベッジの階差機関のごく一部

で、適切に設計した機械ならもっと安価に高い信頼性で高速に処理できると気づいたのだった。

　その最初の試みである階差機関は、基本的な算術演算をおこなうことができた。機械式計算機の先駆けと考えればちょうどいい。この機械の主要な役割は、差分計算に基づく方法を使って、平方や立方、さらに複雑な累乗などの多項式関数を計算することだった。

　基本的な発想は単純。多項式関数において、互いに隣り合った値の差に注目すると、いくつかのパターンが見えてくる。たとえば立方数の最初のほうは、

　　　0, 1, 8, 27, 64, 125, 216

となっている。ここで、隣り合った数の差をそれぞれ取ると、

　　　1, 7, 19, 37, 61, 91

となる。再び差を取ると、

　　　6, 12, 18, 24, 30

さらに差を取ると、

　　　6, 6, 6, 6

となって単純なパターンが現われる（一つ前の段階でもかなりはっきりしているが、そのさらに一つ前ではわかりにくい）。このおもしろいパターンがなぜ重要かというと、このプロセスを逆にたどっていけるからだ。6だけが並んだ数列の各項を一つずつ足し合わせていくと、一つ前の数列を再現できる。その数列の各項を一つずつ足し合わせていくと、さらに一つ前の数列が出てくる。最後にその数列の各項を一つずつ足し合わせていくと、立方数の数列ができる。これと似た方法はどんな多項式関数にも通用する。足

し算さえできればいい。一見してもっと複雑な掛け算は必要なくなるのだ。

　機械に計算を手伝ってもらうという発想は、けっして新しいものではなかった。指を使って数を数えることから、電子式コンピュータまで、数学の歴史を通じてそのような仕掛けには長い伝統がある。しかしバベッジの計画は飛び抜けて野心的だった。バベッジは1822年、王立天文学協会で発表した論文のなかでこのアイデアを世に示し、その翌年、試験的事業のためにイギリス政府から1700ポンドの出資を取りつけた。1842年には政府からの出資額は1万7000ポンド（現在のお金で約75万ポンド〔約100万ドル〕に相当する）まで膨らんだが、実際に作動する機械の見通しは立たなかった。

　エイダとその母親が目にしたのは、全体計画のごく一部である試作機にすぎなかった。しかも（政府にとっては）ますます困ったことに、そのときバベッジはさらにずっと野心的な機械を提案していた。解析機関と呼ばれたその機械は、精巧に作られた歯車やレバーや歯止めからなる、正真正銘のプログラム可能なコンピュータ。スチームパンクSFを思い起こさせるような装置で、コンピュータから携帯電話やインターネットまであらゆるシステムの機械版といえる。

　残念ながら、階差機関も解析機関もSFの世界を抜け出すことはなかった。しかし現代では、ロンドン科学博物館のドーロン・スウェイド率いるプロジェクトによって、階差機関が実際に組み立てられている。バベッジの2度目の設計に基づいたもので、いまではこの博物館でじっくり観察できる。もう1台、バベッジの

最初の設計に基づく機械が、カリフォルニア州のコンピュータ歴史博物館にある。しかし解析機関を組み立てようとした人はまだ誰もいない。

史上初のコンピュータ・プログラマー

　1834年にエイダは、バベッジの親友である偉大な女性科学者メアリー・サマヴィルと出会った。2人は数学について何時間も語り合い、メアリーがエイダに教科書を貸したり問題を出したりした。バベッジや階差機関についても話をした。友情を結んだ2人は、科学の実演会やコンサートなどに一緒に出かけるようになった。

　1835年にエイダはウィリアム・キング＝ノエルと結婚し、その3年後に夫が初代ラヴレス伯爵となった。3人の子供ができると、エイダは初恋の相手である数学に再び心酔し、ロンドン数学会の創設者で数学界のご意見番である、風変わりだが著名な数学者兼論理学者オーガスタス・ド・モルガンから指導を受けた。

　そして1843年、バベッジと緊密な共同研究を開始した。そのきっかけとなったのは、1840年にバベッジがトリノでおこなった解析機関に関する講演の報告書だった。その講演内容をルイジ・メナブレアが記録し、イタリア語で書き下ろして出版したものである。それをエイダが翻訳すると、バベッジは、自分なりの解説を付け加えたらどうかと提案した。エイダが喜んでそのアドバイスに従うと、その解説はもとの講演の分量をあっという間に上回った。

完成した原稿は、『テイラーの科学論文集』シリーズのなかで出版されることになった。しかし校正のあとのほうの段階で、バベッジは考えなおした。エイダの解説があまりに出来が良いので、別に一冊の本として出版したほうがいいだろうと考えたのだ。するとキング夫人は、貴族然として怒りをあらわにした。ここまでやってきた作業がほとんど無駄になってしまうし、印刷業者も契約違反をこうむることになる。そんなのばかげている、と。

　バベッジはすぐに、その主張どおり提案を取り下げた。エイダは事を収めるために、二度と考えをひるがえさないのであればバベッジの研究についての執筆を続けたいと申し出た。また、実際の機械に詳しい友人たちに計画を監督してもらうのであれば、解析機関の製作に十分な資金援助ができるかもしれないともほのめかした。母親がしょっちゅう体調不良を訴えていたので、ひそかに遺産を当てにしていたのかもしれない。もしそうだとしたら当てが外れたと言える。母親のほうが8年長生きすることになるのだから。

　エイダの解説は、自身の科学的名声を築く重要な文書となった。階差機関の動作を説明するだけでなく、いまではコンピュータの誕生に対して2つの大きな貢献を果たしたとみなすことができる。

　一つめは、この機械の汎用性を明らかにしたことである。階差機関が電卓だとしたら、解析機関は真のコンピュータで、プログラム[*8]を走らせれば原理的にはどんなことでも計算でき、指定されたどんなアルゴリズムでも走らせることができたはずだ。そのアイデア自体はバベッジが考え出したが、エイダは一連の実例を示して、この機械をどのように設定すれば具体的な計算ができるか

を明らかにした。

　そのなかでも最も野心的なのが、いわゆるベルヌーイ数の算出である。これはヤコブ・ベルヌーイにちなんだ呼び名で、1713年、組み合わせ論と確率論に関する先駆的著作『推測術』のなかでそれらの数について論じた。それより前に日本人数学者の関孝和が同じ数を発見していたが、死後まで発表されることはなかった。

　ベルヌーイ数は三角関数タンジェントの級数展開に登場する数で、ほかにも数学のさまざまな場面に姿を現わす。すべて有理数（分数）で、3番目以降は一つおきに0となるが、それ以外にはっきりしたパターンは見られない。最初のほうのいくつかを挙げると、

$$1, \frac{1}{2}, \frac{1}{6}, 0, -\frac{1}{30}, 0, \frac{1}{42}, 0, -\frac{1}{30}, 0, \frac{5}{66}, 0, -\frac{691}{2730}$$

となっている。

　単純なパターンはないものの、ベルヌーイ数は単純な公式を使って一つずつ計算していくことができる。その公式がプログラムとして実装されたのだ。そのさいにエイダ本人がどのような役割を果たしたのか、それは厄介な問題で、のちほどすぐに立ち返ることにする。

　エイダの二つめの貢献は、プログラムを書いたことに比べると具体性には欠けるものの、はるかに広範な影響をおよぼした。プログラム可能な機械は単なる計算よりもはるかに多くのことができると気づいたのだ。そのひらめきのもととなったのが、布を複雑なパターンに織り上げるきわめて汎用性の高い機械、ジャカード織機。そのしくみは、長く連なったパンチカードを使って機械部品を制御し、それによってさまざまな色の糸を繰り出したり織

り方のパターンを変えたりするというものである。エイダは次のように書いている。

> 幅広い能力を持ち、抽象代数の優れた右腕として期待できる機構を備えたこの解析機関の際立った特長は、パンチカードを使って錦織のきわめて複雑なパターンを制御するためにジャカードが考案した原理を採用している点である。2つの機関の違いはそこにある。階差機関にはそのような機構は存在しない。ジャカード織機が花や葉の模様を織るように、解析機関は代数学的なパターンを織り上げていくと表現すれば最もふさわしいだろうか。

さらにたとえは膨らんでいく。

> 解析機関が処理できるのは数だけではない。抽象的な演算術によって表現できて、この機関の演算記法と機構の作用に変換できる基本的相互関係を有する対象にも適用できるかもしれない。……たとえば、和音と作曲術における音階どうしの基本的関係をそのように表現して変換できるなら、この機関はどんなに複雑で長い曲でも精確にせっせと作曲してしまうかもしれない。

この点でエイダの想像力は同業者たちを凌いでいる。ヴィクトリア時代の発明の目標は、一つの作業に対して一つの道具だった。一つの道具でジャガイモの皮をむき、別の道具でゆで卵をスライスし、また別の道具で、馬に乗らずに乗馬の技術を磨き……、といった具合だ。しかしエイダは、たった一つの汎用機械でほぼど

んな作業でもこなせるはずだと気づいた。必要なのは、一連の正しい指示、つまりプログラムだけである。

このため、エイダは史上初のコンピュータ・プログラマーと呼ばれることが多い。確かにプログラムの例を発表した最初の人物ではあるかもしれないが、ジャカードなどさらに先立つ人物はいくらでも挙げられる。さらに異論のある点として、エイダの解説に取り上げられているプログラムのうちのどこまでが、バベッジでなく本人のものなのかは定かでない。

アンソニー・ハイマンは伝記『チャールズ・バベッジ、コンピュータの先駆者』のなかで、エイダ以前にも3人か4人の人物が似たようなことを果たしていたはずだと指摘している。それらの人物とはバベッジと数人の助手のことで、さらにはバベッジの息子ハーシェルも含まれるかもしれない。さらに最も注目すべき例として、ベルヌーイ数のプログラムは、バベッジが「エイダの作業を減らしてやるために」書いたものである。ハイマンは、「エイダが独自の数学研究をおこなおうとした証拠さえまったく存在しない」と結論づけている。とはいえ、「エイダはバベッジの解説者として重要な役割を果たした。その点では著しい功績がある」とは述べている。

しかしやはり、耳を傾けるべきはバベッジ自身の言葉かもしれない。

> 私たちは、載せるべきさまざまな例について話し合った。私もいくつも提案したが、選んだのは完全に彼女本人だ。さまざまな問題を代数学的に解いたのも彼女だが、ただしベルヌーイ数に関

しては、私がラヴレス夫人の手を煩わせないよう自分から申し出た。それを導く過程で私は重大な間違いを犯したが、彼女がそれを見つけ、修正したものを送り返してきた。

　ラヴレス伯爵夫人による解説は、もとの報告の3倍の分量におよぶ。その筆者は、このテーマと関係した難解で抽象的なほぼあらゆる問題を徹底的に考察した。

　この2編の論文を合わせると、その論述を理解できる人にとっては、解析学における導出と演算はいまや機械ですべて実行できることの完全な証明となる。

晩年は不遇のうちに亡くなった

　この学問的頂点に立って以降、エイダの人生はほぼ下り坂だった。エイダは手に負えない子供のように頑固で衝動的だった。友人男性たちとの度重なる情事はもみ消され、愛人との100通以上におよぶ手紙は夫の命令で破棄された。ワイン好きが高じて抑えが利かなくなったし、アヘンにも夢中になった。またギャンブル依存症になり、亡くなるときには2000ポンドの借金を残していった。ギャンブルは、解析機関の資金を工面するためにうっかり手を出したのがきっかけだったのかもしれない。

　もとから優れなかった体調がさらに衰え、エイダは36歳で癌により亡くなった。最後まで精神は元気で頭は冴えていた。エイダは、直感的に全体像をとらえながらも、詳細を完全に理解した。

　1843年にバベッジはエイダのことを次のように評している。

「この世とそのあらゆる困難、そしてできれば大勢のぺてん師のこと、要するにすべての事柄は忘れよう。しかし数の魔女のことは忘れてはならない」。バベッジがこの考えを変えることはけっしてなかった。

14

思考の法則
ジョージ・ブール

The Laws of Thought
George Boole

ジョージ・ブール

生:イングランド・リンカン、1815年11月2日
没:アイルランド・コーク、1864年12月8日

ジョージ・ブールは16歳のときに英国国教会の聖職者になろうと決心したが、父親が靴屋の商売に失敗したことで、一家の稼ぎ手としての役割に突然追い込まれた。イングランドの聖職者は収入が少なかったため、教会での仕事はもはや賢明な選択肢ではなくなった。またブールは、聖三位一体の教義に疑念を募らせるようになり、「神は1人しかいない」との立場を取る、ユニテリアン派のもっと聖書に則った一神論的見方にどんどんと偏向していった。そのため、本心に背いて英国国教会の39箇条に署名することはできなかった。

　学歴と才能を考えると、もっとふさわしい職業はおそらく教師だけだったのだろう。1831年にブールは、ドンカスターでヘイハム氏が経営する学校の助教師（準教員）の職に就いた。地元リンカンからはおよそ60キロ離れていた。19世紀半ばにはそれはかなりの距離で、ブールはホームシックにかかった。ある手紙では、ドンカスターには母と同じくらい上手にスグリのパイを作れる人が誰もいないと嘆いている。

　ただのお世辞だったのかもしれないが、一方でブールは、いまの境遇をそれまでの生き方のせいにしてもいる。ユニテリアン派に傾倒し、また日曜日に教会でいつも数学の問題を解いていたことが、敬虔なメソジスト派信者である一部の生徒の親の怒りを買ったのだ。親たちは校長に苦情を訴え、生徒たちは祈禱会でブールが改心するよう祈った。ヘイハムはブールの教師としての仕事に満足していたが、やむをえずブールを解雇し、代わりにメソジスト派信者を雇った。

　スグリのパイや宗派間のいさかいをよそに、ブールはますます

数学に没頭しはじめ、アドバイスをもらえる師がいないながらも研究を進めていった。はじめのうちは、驚くほどレベルの高い教科書を何冊も所蔵する公共の巡回図書館に頼っていたが、その図書館事業が取りやめになってしまって自分で教科書を買うしかなくなった。なかでも最小限の出資で最大の刺激が得られた数学の教科書が、シルヴェストル・ラクロワの書いた『微分と積分』。ある同僚の教師によると、作文の指導に割かれていた1時間のコマの最中、ブールは授業を免除されていたという。「ブール氏は心から楽しんでいる。1時間だけは邪魔されずに老ラクロワの本を学べるのだから」

のちにブールは、ラクロワのような時代遅れの教科書を買ってしまったのは間違いだったと気づくものの、それを学んだことで自分の才能に自信が持てるようになった。そのおかげか、1833年前半、ある農場を歩いて横切っている最中に一つのアイデアが浮かんできた。論理を記号形式で表現するというアイデアである。このアイデアを発展させたのはそれから何年も経った1847年のことで、自身初の著作『論理の数学的分析、演繹的論証の算法に向けた小論として』でのことだった。

すると、ブールと頻繁に手紙を交わしていたオーガスタス・ド・モルガンが、さらに練り上げてもっと対象を広げた本を書くよう勧めてきた。ド・モルガンの興味はブールとかなり重なっていた。ブールはこのアドバイスどおり、1854年に代表作『思考法則の研究、論理と確率の数学理論の基礎として』を世に出した。この著作でブールは論理数理学を打ち立て、のちに計算機科学の理論的基礎となるものを築いたのだった。

父親から読み書きと数学を教わる

　ブールの父ジョンは、リンカンシャーの古くからの家の出身。ブロックスホルムという小さな村で「最も屋根葺きがうまく最も読み書きのできる」農民と商人の家系だった。ジョンは靴職人になり、一財産築こうとロンドンに移り住んだ。暗い地下室で一人働くかたわら、ふさぎ込むことがないよう、フランス語や科学や数学、とくに光学機器の設計法を勉強した。そして女中のメアリー・ジョイスと出会って結婚し、6カ月後にリンカンへ移って靴修理店を開いた。2人は子供が欲しかったが、1人目が生まれたのは10年後のことだった。その子はジョージと名付けられた。それからは立てつづけに、女の子1人と男の子2人をもうけた。

　ジョンは靴よりも望遠鏡の製作にはるかに関心があったため、商売は順調でなかったが、一家は下宿人に部屋を貸して生活費を稼いだ。ジョージは科学的雰囲気のなかで育ち、探究心を育んだ。父親からは読み書きと数学を教わった。すると数学に熱中し、全6巻の幾何学の教科書を11歳までに読み通してしまう（父親がその本のなかに鉛筆でそう書き残している）。ブールはさまざまな本を読み、また、見たものをそのまま覚えてしまうほどの記憶力の持ち主で、どんな事柄でも瞬時に思い出すことができた。

　16歳でブールはヘイハム氏が経営する学校の教師になった。さらに2カ所で教師を務めたのち、19歳でリンカンに自分の学校を立ち上げ、その後、ワディントンでホール氏が経営していた学校を引き継いだ。家族も加わって学校の経営を助けた。それでもブ

ールは高等数学に見切りをつけることはなく、ラプラスやラグランジュの著作を読みつづけた。さらにリンカンに寄宿学校を開設し、また新たに刊行された学術雑誌『ケンブリッジ数学ジャーナル』で研究論文を発表しはじめた。

1842年にブールは、志を同じくするド・モルガンと手紙のやり取りを始め、その文通は生涯続くこととなる。1844年には王立協会のロイヤルメダルを賜り、1849年、高まる評判に後押しされて、アイルランドのコークにあるクイーンズ・カレッジの初代数学教授に任命された。そして1850年にその地で、将来の妻メアリー・エヴェレスト（インドの初の本格測量を成し遂げ、世界一高い山にその名がつけられている、ジョージ・エヴェレストの姪）と出会った。

2人は1855年に結婚し、もうけた5人の娘はいずれも輝かしい人生を送った。娘メアリーは、聡明でありながら素行の悪い数学者で作家のチャールズ・ハワード・ヒントンと結婚した。マーガレットは、芸術家のエドワード・イングラム・テイラーと結婚した。アリシアはヒントンから影響を受けて、4次元正多胞体に関する重要な研究をおこなった。ルーシーはイングランド初の女性化学教授となった。そしてエセルは、ポーランド人科学者で革命家のウィルフリッド・ヴォイニッチと結婚し、小説『あぶ』を書いた。

初期の研究によって一つの数学分野が生まれた

ブールの初期の研究におけるある単純な発見が、のちにきわめ

て活発な代数学の一分野となる不変式論へとつながった。代数方程式では、各変数を適切な式を使って新たな変数の組に置き換えることで、方程式を単純化できる場合がある。単純になったその方程式を解いてその新たな変数の値が求められたら、そこから逆にさかのぼってもとの変数の値を導けばいい。バビロニア人やルネサンス期の数学者が導いた方程式の解法も、そのようなしくみになっている。

　このような変数変換のなかでもとくに重要なのが、新たな変数が線形結合であるもの、つまり $2x-3y$ のように、もとの変数 x と y の2乗以上の累乗や積を含まないような式となるものである。2変数の一般的な二次形式

$$ax^2 + bxy + cy^2$$

は、そのような変数変換によって単純化することができる。このような二次形式の体系で重要となる量が、「判別式」$b^2 - 4ac$。ブールの発見とは、変数を線形変換して導かれた新たな二次形式の判別式が、もとの二次形式の判別式に、変数変換の仕方のみで決まる係数を掛けたものになるということである。

　偶然の一致のようにも思えるが、実は幾何学的に説明できる。もともと別々だった2つの性質が一致するという意味では、確かに偶然の一致だ。二次形式＝0と置くと、この方程式の解は2本の直線を表わす（複素直線の場合もある）。ただし、判別式が0の場合には2本同じ直線を表わし、この二次形式は一次形式の2乗、$(px + qy)^2$ となる。

　座標変換をおこなうとグラフ全体が幾何学的にゆがみ、もとの直線は、新たな変数においてそれと対応する直線に変わる。その

ため、もとの変数において2本の直線が一致していれば、新たな変数においても一致する。したがってそれらの判別式どうしも、一方が0になればもう一方も0になるような関係にある。不変性とは、この関係性を形式的に表現したものにほかならない。

　判別式に関するこのブールの発見は、単なる興味の対象くらいにしか思われていなかったが、のちに何人かの数学者、とくにアーサー・ケイリーとジェイムズ・ジョーゼフ・シルヴェスターが、未知数を2つ以上持つさらに高次の形式へ一般化した。そのような高次形式にも不変式が存在し、その高次形式＝0という方程式で定義される超曲面の重要な幾何学的性質はそれによって決まる。

　こうして一つの数学分野が生まれ、数学者は次々に複雑な不変式を求めては名声を勝ち取っていった。そして最終的に、ヒルベルト（第19章）が証明した2つの基本的な定理によってこの分野にほぼ決着がつき、のちにより一般的な形式を対象として生まれ変わった。それは今日でも関心が持たれており、物理学に重要な形で応用されるとともに、計算機代数の発展によって新たな命を吹き込まれている。

論理法則を代数演算として解釈する

　いまでは数学者や計算科学者のあいだで、さらには、グーグルでブール検索というめくるめく世界に足を踏み入れた人のあいだでその名を知られることとなる研究が、ブールの頭のなかではどんどんと膨らんでいった。ブールはつねに、さまざまな数学的概念の根底をなす単純さを追い求めていた。一般的な原理を組み立

てて、それを記号形式で表わし、その記号自体に考えさせるというやり方を好んでいた。

著作『思考法則』は、それを論理法則に対しておこなったものである。その中心的な狙いは、論理法則を、命題を表現した記号に対する代数演算として解釈することだった。論理は算術とは違うので、通常の代数法則のなかには通用しないものもあるだろう。またその代わりに、算術には通用しない新しい法則もあるかもしれない。そうして完成したブール代数と呼ばれる体系は、代数計算をおこなうことで論理命題を証明することを可能にした。

『思考法則』の冒頭、かなり控えめな筆致のはしがきでは、それまでの哲学の流れのなかにこの本の論述を位置づけている。そこから、本題である数学について記号を使って論じていく。そして、論理命題を表現する記号（「サイン」と呼んでいる）について、とくにそれが従う一般的法則に焦点を当てて詳述している。

ブールいわく、ある特定の名前で呼ぶことのできる個物の集まり（クラス）を、xのような一つの文字で表わす。名前が「ヒツジ」であれば、xはすべてのヒツジのクラスとなる。「白い」のような形容詞でクラスを表わすこともでき、その場合、すべての白いもののクラスyというものを考えることができる。するとそれらの積xyは、この両方の性質を持つすべてのもの、つまりすべての白いヒツジのクラスを表わすことになる。これらの性質を書く順番によってこのクラスが変わることはないので、$xy = yx$である。同様にzを三つめのクラスとすると、$(xy)z = x(yz)$である（ブールの挙げた例は、$x =$「川」、$y =$「河口」、$z =$「航行可能な」）。

これらの法則は、標準的な代数における交換則と結合則を新た

に解釈しなおしたものということになる。

　通常の代数では成り立たないが、この体系にとってはきわめて重要な法則が一つある。クラスxxは、xで定義される性質を持ち、かつxで定義される性質を持つすべてのもののクラスということになるので、xと同じであるはずだ。したがって$xx = x$である。たとえば、ヒツジでかつヒツジであるもののクラスは、単にすべてのヒツジのクラスである。この法則は$x^2 = x$と書くこともでき、思考法則が通常の代数と袂を分かつ最初の分岐点となる。

　次にブールは、「部分を全体にまとめる、または全体を部分に分けるための」サインについて説明している。たとえばxをすべての成人男性のクラス、yをすべての成人女性のクラスとしよう。すると、男女問わずすべての成人のクラスは$x+y$と表わされる。この場合も交換則が成り立ち、ブールはそれを明示して説明している。また結合則も成り立つが、それについては代数学のものと「まったく同じである」と一言で述べられている。

　さらに、たとえばヨーロッパの男性または女性のクラスは、ヨーロッパの男性またはヨーロッパの女性のクラスと同じなので、すべてのヨーロッパ人のクラスをzとすると、分配則$z(x+y) = zx + zy$も成り立つ。

　引き算を使えばクラスから要素を取り除くこともできる。xが人間、yがアジア人を表わしているとすると、$x-y$はアジア人でないすべての人間を表わし、また$z(x-y) = zx - zy$である。

　この体系の最も注目すべき特徴は、表向きには論理に関する体系でないという点だろう。これは集合論の体系である。ブールは論理命題を扱う代わりに、その命題が成り立つような事物からな

るクラスを使っている。かなり以前から数学者は、この2つの概念が対をなしていることに気づいていた。一つのクラスは「そのクラスに属する」という一つの命題に対応し、一つの命題は「その命題が真であるような事物のクラス」に対応する。この対応関係によって、クラスの性質をそれに対応する命題の性質に、あるいはその逆に言い換えることができる。

　ブールはこの考え方を採り入れるために、「関係性を表現して命題を作るための」第3の種類の記号を使った。たとえば星をx、恒星をy、惑星をzで表わすとしよう。すると、「星は恒星と惑星である」という命題は、$x=y+z$と表わすことができる。このように命題は、クラスを含む式どうしの等号関係となる。こうすると、「惑星を除く星は恒星である」、すなわち$x-z=y$という結論を簡単に導くことができる。ブールは、「これは代数学における移項の法則と一致している」と書いている。アル゠フワーリズミーならこの法則もアル゠ムカーバラとしてとらえたはずだ（31ページ参照）。

　以上のように、クラスの代数は数を扱う通常の代数と同じ法則に従い、そこにさらに、$x^2=x$という新しい奇妙な法則が付け加わる。ここでブールはとても巧妙なアイデアを思いついた。この新しい法則に従う数は、$0=0^2$と$1=1^2$だけだ。ブールは次のように書いている。

> 　そこで、記号x，y，zなどが単に0と1の値だけを取るような代数体系を考えよう。そのような代数体系の法則や公理や過程は、論理の代数体系の法則や公理や過程とすべてまったく同じに

なるだろう。それらを分け隔てるのは解釈の違いだけである。

　この謎めいた言葉が指しているのは、記号のリストによって定義され、0（偽）と1（真）という値しか取らない関数 $f(x, y, z, ……)$ のことである。いまではこれはブール関数と呼ばれている。一つおもしろい定理を紹介しよう。$f(x)$ を、一つの論理記号を含む関数とすると、

$$f(x) = f(1)x + f(0)(1-x)$$

であることをブールは証明した。論理記号が何個であっても、これに似たもっと一般的な等式が成り立ち、それによって論理命題を体系的に処理することができる。

　この原理やそのほかの包括的な結果に基づいて、ブールは多数の例を導き、当時の読者が関心を持つであろうさまざまな話題にこの論法が通用することを示した。

　そのような話題の一つとしてブールが挙げているのが、サミュエル・クラーク著『神の存在と属性の証明』。この本には、観察事実と、「根拠および一般性が先験的に認められる仮想原理」によって証明される、一連の定理が示されている。ブールはベネディクト・スピノザの『倫理学』も例として挙げている。ブールの狙いは、これらの著者がおこなった演繹にどのような前提が含まれているかを正確に示すことだった。一神論的な信念が顔を覗かせたのかもしれない。

アリストテレスの三段論法を記号を使って証明

それまでの論理の分析には言葉が使われていて、それを記号で覚える方法もいくつかあった。アリストテレスによる三段論法(行を追って進めていく論法)、

  すべての人間は死ぬ。
  ソクラテスは人間である。
  ゆえにソクラテスは死ぬ。

は、「すべて」と「いくつかの」を使った論法の一種と言える。中世の学者は三段論法を24のタイプに分類し、それぞれに覚えやすい呼び名をつけた。たとえば「*Bocardo*」というタイプは、

  いくつかのブタは尻尾が丸まっている。
  すべてのブタは哺乳類である。
  ゆえにいくつかの哺乳類は尻尾が丸まっている。

という形の三段論法を指す。この呼び名に含まれる母音"OAO"が、この三段論法の形式を表わしていて、O=「いくつかの」、A=「すべての」という意味である。このような方法でほかのタイプの三段論法にも呼び名がつけられた。しかしブール以前には、記号を使って体系的に論理を表現する記法が導入されることはなかった。上の三段論法で「いくつかの」を「すべての」に置き換えると、

すべてのブタは尻尾が丸まっている。
　　　すべてのブタは哺乳類である。
　　　ゆえにすべての哺乳類は尻尾が丸まっている。

となるが、この新たな三段論法は論理に反する。一方、

　　　すべてのブタは哺乳類である。
　　　すべての哺乳類は尻尾が丸まっている。
　　　ゆえにすべてのブタは尻尾が丸まっている。

という三段論法は、実際には第2の命題が偽でありながら、論理的には正しい論法である。ちなみにこの最後の結論は、特別な変わった品種のブタを除外すれば真となる。

　ブールは、自らが構築した記号体系と古典論理との関連性を説明するために、アリストテレスの三段論法を解釈しなおして、それぞれのタイプの三段論法が有効かどうかを記号を使って証明できることを示した。たとえば、

　　　$p=$すべてのブタのクラス
　　　$m=$すべての哺乳類のクラス
　　　$c=$尻尾が丸まっているすべての生き物のクラス

としよう。上の最後の三段論法をブールの記号体系で表わせば、$p=pm$, $m=mc$ となり、ここから、$p=pm=p(mc)=(pm)c=pc$ となる。

著作『思考法則』の残りの部分では、確率の計算におけるこれと似た方法が示され、最後は「科学の特質と知性の本質」に関する一般的な議論で締めくくられている。

同毒療法が効かず胸膜肺炎で亡くなる

　コークでのブールの生活はさして幸せではなかった。1850年、ヨークシャーでの楽しい休暇から戻ったあとには、ド・モルガンに次のように尋ねている。「イングランドで私に合いそうな勤め口のことを耳にしたら、教えてほしい。この地を自分の故郷にできるなんてもはや思っていない」。不満の原因の一つが、異議を唱える者に対して断固とした処置を取る、正統信仰の権威主義的な大学上層部だった。

　この少し前に、現代語教授のレイモンド・デ・ヴェリクールが、著作のなかで反カトリック的な言及をしたとして停職処分になった。学長ロバート・ケイン率いる大学の審議会が、拙速に事を進めようとするあまりに自ら大学の規定に背いた結果だった。そのためデ・ヴェリクールは不服を訴えて無事復職した。ブールはデ・ヴェリクールの肩を持ったが、矢面に立つことはなかった。

　1856年、ケイン学長がブールの義理のおじジョン・リアルに対してさらに高圧的な行動を取ったため、ブールは『コーク・デイリー・レポーター』紙に辛辣な手紙を投稿した。それに対してケインが歯切れの悪い長々とした返事をよこしたため、ブールはさらなる手紙を送った。最終的に公式調査をおこなった政府は、ケインが大学の職務に十分な時間を割いていないと糾弾したうえ

で、ケインとブール両者とも互いの口論を公に広めたとして非難した。ケインが一家でコークに引っ越してくることで一件落着したが、それ以降、2人は互いによそよそしい態度を取りつづけた。

1854年、オーストラリアのメルボルンでの勤め口にブールの心はなびいたが、1855年後半にメアリー・エヴェレストがプロポーズを受け入れてくれたできっぱりあきらめた。ブール夫妻は海を望む大きな家を借りた。そこは開通したばかりの鉄道に近く、ジョージは楽に通勤できるようになった。あるとき大学に、自分も学生ももっと後の列車に乗れるよう、時計を15分遅らせてくれないかと頼んだが、その要望ははねつけられた。

ブールの風変わりさは、ほかの形でも表われた。あるとき、とある問題について考えながら講義に現われ、1時間にわたって右に左に歩きながら思案を続けた。座っていた学生たちは、邪魔してはいけないと思って教室から出ていった。するとブールは妻に、「今日とんでもないことがあった。私の講義に学生が一人も来なかったんだ」とこぼしたのだった。

1864年後半、ブールは土砂降りのなか、自宅から大学までの4〜5キロの道のりを歩いた。そしてひどい風邪を引き、肺を痛めた。ホメオパシーに傾倒していたメアリーが同毒療法をおこなったが効かず、ブールは胸膜肺炎で亡くなった。五女のエセル・ヴォイニッチは次のように書き残している。

> 少なくとも叔母のメアリー（ブールの妹）の見立てによると、父が若くして亡くなったのは、……どんな病気にも冷水が効くと唱えるおかしな医者を細君（メアリー・ブール）が信じていたからで

> ある。……どうやらエヴェレスト家は、変人と変人を信じる人の集まりらしい。

　皮肉なことにブール本人は、ホメオパシーは効かないと考えていた。1860年にド・モルガンから、ホメオパシーのおかげで自分の胸膜炎が治ったと聞かされたが、ブールは疑ってかかっている。

> 　胸膜炎にかかった人がかつての治療法を受けているのを見たことがある。……前もって教えてくれていたら、そんな病気にホメオパシーが効くはずがないと言ってやったのに。……教訓：炎症を起こしてホメオパシーが効かなかったら、……自分の持論に命を捧げずに……誰か本物（の医者）を呼ぶべきだ。

ブール代数がデジタル時代への道を拓いた

　ブール代数が拓いた数理論理学の一分野は、いまでは命題計算と呼ばれている。その起源は紀元前5世紀、メガラのエウクレイデス（幾何学者であるアレクサンドリアのエウクレイデスと混同しないように）が、のちにストア論理学派と呼ばれるようになる集団を立ち上げたことにさかのぼる。ストア論理学の大きな特徴が、「AであればBである」という形の条件推論を用いたことである。
　ディオドロスとメガラのフィロンは、今日もなお数学専攻の学生を惑わせつづけているある根本的な問題をめぐって、意見を対

立させた。その問題とは、AとBの真偽が与えられたとして、「AであればBである」という含意が真になるのはどのような場合か、というものである。注意してもらいたい点として、ここで論じているのは、AやBが真であるかどうかではなく、AからBへの演繹が真であるかどうかだ。フィロンは、Aが真でBが偽である場合にはこの含意は偽で、それ以外の場合には真であると唱えた。とくに、Aが偽であればこの含意は必ず真であると主張した。しかしディオドロスの考えは違っていて、Aから偽の結論が導かれない場合にこの含意は真になると論じた。つまり、「AとBがどちらも真である」という文と同等だということである。

今日の数理論理学者はフィロンの側に立っている。直感に反するのが、Aが偽であるケースだ。Bも偽である場合には、「AであればBである」という推論が有効だというのは納得がいく。とくに、「AであればAである」という推論は、Aの真偽がどうであれ、理にかなっているように思える。しかしBが真であるか、またはその真偽が不明である場合、偽である事柄からそれを演繹するというのは、受け入れがたいだろう。たとえば、

　　　　$2+2=5$ であれば、フェルマーの最終定理は真である。

という命題は、フェルマーの最終定理の真偽がどうであろうが、真であるとみなされる（だからといってフェルマーの最終定理の簡単な証明を導けるわけではない。その証明を導くにはまず $2+2=5$ を証明しなければならないが、数学が無矛盾であればそれは不可能だ。そのためフィロンの約束事が害をおよぼすことはない）。この約束事

の根拠をはっきりさせるために、次の2つの演繹について考えてみよう。

　　　　$1 = -1$であれば、$2 = 0$である。（両辺に1を足した）
　　　　$1 = -1$であれば、$1 = 1$である。（両辺を2乗した）

　どちらの演繹も、括弧内の理由から見て論理的に妥当である。一つめの演繹は、

　　　　（偽の命題）であれば（偽の命題）である。

という形で、二つめの演繹は、

　　　　（偽の命題）であれば（真の命題）である。

という形になっている。このように、偽である命題からスタートして有効な推論をおこなうと、偽の命題が導かれる場合もあれば真の命題が導かれる場合もあるのだ。
　同じ結論にたどり着くもう一つの方法として、「AであればBである」を反証する、つまり偽であることを証明するためには、何が必要なのかを考えてみよう。たとえば、

　　　　ブタが翼を持っていれば、ブタは飛ぶことができる。

という命題を反証するためには、翼を持っているが飛ぶことので

きないブタを証拠として出さなければならない。したがって、Aが真でBが偽である場合には、「AであればBである」は偽だが、それ以外の場合には、偽であることを証明できないのだから真である。

　この論述は証明ではなく、述語論理に用いられている約束事のきっかけにすぎない。様相論理では、条件命題をこれと違うふうに取り扱う。たとえば、先ほどの翼を持ったブタの命題は、翼は飛ぶことに役立つので、真であるとみなされる。しかしそれと似た命題、

　　　　ブタが翼を持っていれば、ブタはポーカーをする。

は、偽であるとみなされる。なぜなら、たとえ架空の話であったとしても、翼を持っていることでポーカーの能力が高まることはないからだ。一方、述語論理では、ブタは翼を持っていないのでこの命題は真とみなされる。ポーカーは関係ない。この例からわかるように、ブールなど初期の論理学者もこのような問題点を把握するのに苦心したし、現在の約束事も最終的なものと決めつけるべきではない。

　コンピュータにブール代数、すなわち命題計算が使われているのは、0と1という数字のみに基づく二進法を使って数などのデータが表現されているからだ。最も単純な実装法としては、0を「電圧がかかっていない」、1を「電圧がかかっている」（たとえば5ボルトといった決まったレベルで）に対応させればいい。現在のコンピュータでは、プログラムを含めすべてのデータが二進法で

符号化されている。そのデータを処理する電子回路は、命題計算、すなわちブール代数の演算をおもにおこなう。一つ一つの演算は「ゲート」に対応していて、電気信号がそのゲートを通過すると、論理演算に従って、入力に応じた電気信号が出力される。

　このアイデアを思いついたのは、情報理論の導師ともいえるクロード・シャノンである。コンピュータでは、論理ゲートから構成された適切な電子回路を使ってデジタルデータを処理する。そのため、コンピュータの設計のなかでもこの部分では、数学的言語としてブール代数を使うのが自然である。初期の電子工学者はその演算を実行するのにリレー回路を使っていたが、その後、真空管回路が使われるようになった。トランジスターが発明されると真空管が半導体回路に置き換わり、今日では、シリコンチップ上に積層させた驚くほど微小で複雑な回路が使われている。

　ブールが記号を使って論理を形式化したことで、新たな世界が広がってデジタル時代への道が拓かれ、その恩恵を今日の我々は享受している。デジタル技術は生活のあらゆる面を支配するようになっているものの、我々はこの新技術をまだ完全には手中に収めておらず、しょっちゅう悪態をついてしまうものだ。

15

素数の音楽家
ベルンハルト・リーマン

Musician of the Primes
Bernhard Riemann

ゲオルク・フリードリヒ・ベルンハルト・リーマン

生:ハノーファー王国・ブレセレンツ、1826年9月17日
没:イタリア・セラスカ、1866年7月20日

ベルンハルト・リーマンは20歳の頃から、とてつもない数学的才能と専門知識と独創性を発揮した。リーマンを教えた師の一人モリッツ・スターンはのちに、「彼はすでにカナリアのように歌っていた」と語っている。同じく師であったガウスはそこまで強い印象は受けなかったようだが、ガウスが教えていたのは初等的な教科で、リーマンが真の才能を発揮する場ではなかった。しかしまもなく、ガウスまでもリーマンの並外れた才能を見抜いて、博士研究の指導教官となった。テーマはガウスのお気に入りの複素解析だった。ガウスはその研究の「見事なほど豊かな独創性」を評価し、リーマンがゲッティンゲン大学の初級の教職に就けるよう手配した。

　当時のドイツでは、博士号の次にハビリタチオン（大学教員資格）というステップがあった。さらに深い研究をおこなってこの資格を取得すると、学者としてのふさわしい道が開かれ、講義をおこなって授業料を徴収できるプリバトドツェント（員外講師）という肩書きを得る。リーマンは2年半かけてフーリエ級数（第9章）の理論を大きく前進させた。その研究は上々だったが、自分は高望みをしすぎていたのではないかとリーマンは考えはじめた。

　フーリエ級数の研究が問題だったのではない。その研究は見事に完成し、その出来映えや正確さには満足していた。問題は、ハビリタチオンを取得するための最終段階にあった。志望者には公開講義をおこなうことが課せられていた。そこでリーマンは3つのテーマを提案した。うち2つは、ヴィルヘルム・ヴェーバーのもとで研究した電気の数理物理学に関するテーマ、もう1つはもっと野心的な、幾何学の基礎に関するテーマで、リーマンはある

程度関心は持っていたものの十分に考えが煮詰まっていなかった。どのテーマを選ぶかを任されたガウスは、当時、ヴェーバーとの共同研究で電気に強い興味を持っていた。しかしリーマンの予想に反して、ガウスは幾何学にも深い関心があり、リーマンが幾何学について何を語るかを聞きたがった。

そこでリーマンは、人生の大半をかけてこの分野に考えをめぐらせてきたこの泰斗を心から感心させようと、幾何学に関する漠然としたアイデアを本腰を入れて練り上げはじめる。その出発点としたのは、ガウスがとりわけ誇りにしていた「驚異の定理」(147ページ参照)である。この定理は、周囲の空間を考慮しなくても曲面の形を特定できるというもので、微分幾何学の分野を切り拓いた。そこからガウスは、2点間の最短経路、いわゆる測地線や、通常のユークリッド平面と比べて曲面がどの程度曲がっているかを表わす量、曲率の研究を進めた。

リーマンはこのガウスの理論全体を、任意の次元の空間というまったく新たな方向に一般化させることをもくろんだ。通常の2次元や3次元より次元の高い「空間」のなかでも幾何学を明確に考えることができ、しかもそれが有用であることを、当時の数学者や物理学者はようやく理解しはじめたところだった。現実の世界と反する視点ではあるものの、その根底には、多変数の方程式の数学という、完全に筋の通った土台があった。それらの変数が座標の役割をするため、変数が多くなればなるほど、この概念上の空間の座標も多くなる。

リーマンはこの概念を発展させようと努力を重ねるあまり、神経衰弱に陥りかけた。さらに悪いことに、それと並行してヴェー

バーの電気の研究にも手を貸していた。しかし幸運にも、電気力と磁力の相互作用から、幾何学に基づく「力」の新たな概念が浮かび上がってきた。何十年かのちにアインシュタインが一般相対論を導くきっかけとなったのと同じ、力を空間のゆがみに置き換えることができるという考え方である。そうしてリーマンは、公開講義を組み立てるのに必要な新たな見方を手にした。

　かなり切羽詰まった取り組みのなかでリーマンは、多次元多様体の概念と、計量によって定義される距離の概念を手掛かりに、現代の微分幾何学の基礎を確立した。計量とは、互いにきわめて近い2点間の距離を与える数式のことである。リーマンは、いまではテンソルと呼ばれているもっと複雑な量を定義し、特別な種類のテンソルとして曲率を表わす一般的な公式を導き、測地線を定義する微分方程式を書き下した。しかしそれだけでなく、おそらくヴェーバーとの研究からひらめきを得て、微分幾何学と物理世界との関係性についても考察した。

> 　空間の計量測定の前提となっている経験的概念と、固体や光線の概念は、無限小では有効でなくなる。したがって、無限小における空間の計量的関係は幾何学の前提に従わないと仮定してもいっこうにかまわない。むしろ、さまざまな現象をもっと単純に説明できるのであれば、そのように仮定すべきである。

　講義は大成功だったが、その内容を完全に理解したのはガウスただ一人だったらしい。リーマンの独創性にガウスは大いに感銘を受け、その深遠さに対する驚きをヴェーバーに語った。やむに

やまれぬ賭けは報われたのだった。

　リーマンのこのひらめきは、エウジェニオ・ベルトラミやエルヴィン・ブルーノ・クリストッフェル、そして、グレゴリオ・リッチやトゥーリオ・レヴィ＝チヴィタ率いるイタリア人学派によってさらに発展した。のちに彼らの研究は、アインシュタインが一般相対論のためにまさに必要とするものとなった。アインシュタインの関心はきわめて大きい領域の空間にあった一方、物理学に対するリーマンの視点はきわめて小さかった。それでもすべてはリーマンの講義にさかのぼるのだ。

複素解析にトポロジー的手法を導入

　リーマンの父フリードリヒはルター派の牧師で、ナポレオン戦争にも従軍した。一家は貧しかった。母親のシャルロッテ（旧姓エベル）は、リーマンがかなり幼いうちに亡くなった。リーマンには男兄弟が1人と姉妹が4人いた。10歳までは父親から教育を受け、1840年に地元ハノーファーの学校に3年生として編入した。かなりの引っ込み思案だったが、数学の才能はすぐに知られるところとなった。校長はリーマンに、自分の持っている数学の本を読むことを許した。数論に関するルジャンドルの全900ページの教科書を借りると、リーマンは1週間で読み通してしまった。

　1846年にリーマンはゲッティンゲン大学に入学した。はじめは神学を学んでいたが、ガウスに数学の才能を認められて専攻替えを勧められ、（両親の許可を得て）そのアドバイスに従った。のちにゲッティンゲン大学は数学を学ぶうえで世界一の場所の一つ

となるが、当時は、ガウスこそいたものの数学教育は比較的並のレベルだった。そこでリーマンはベルリン大学へ移り、幾何学者のヤコブ・シュタイナー、代数学者で数論学者のディリクレ、数論学者で複素解析学者のゴットホルト・アイゼンシュタインのもとで学んだ。そうして、複素解析や楕円関数を習得した。

微積分を実数から複素数へ拡張したのはコーシーである。複素解析が誕生したのは、ニュートンの流率に対するバークリーの批判をカール・ヴァイエルシュトラスが論破し、「極限に近づく」ことの厳密な定義を打ち立てたことによる。19世紀半ば、複素解析をめぐる注目の話題の一つが、楕円関数の研究、たとえば楕円の弧の長さを特定するという問題だった。楕円関数とは、三角関数を深遠な形で一般化させたものである。

フーリエは三角関数の基本的性質の一つ、すなわち、周期的であって、変数に2πを足しても同じ値になるという性質を利用した。一方、楕円関数は互いに独立した2つの複素周期を持ち、複素平面における平行四辺形の格子上で同じ値を取る。そのため、複素解析と対称群（格子の平行移動）との美しい関係性を体現している。フェルマーの最終定理に対するワイルズの証明は、このアイデアを使っている。楕円関数は力学にも姿を現わし、たとえば振り子の周期を導く正確な式を与える。学校の物理で導かれるもっと単純な式は、揺れる角度がきわめて小さい場合の近似式だ。

リーマンは、ディリクレの数学の進め方が自分とそっくりなことに感銘を受けた。2人とも、論理を使って体系的に進めていくのではなく、まずは問題を直感的に理解しておいてから、中心的な概念や関係性を明らかにし、最後に、長々しい計算を極力避け

ながら論理的な欠陥を埋めていくという方法を好んだ。今日でも、成功した独創的な数学者の多くがそうだ。証明は数学に欠かせないし、非の打ち所のない論理が必要だが、証明は理解のあとに導かれることが多い。はじめのうちからあまりにも厳密すぎると、優れたアイデアが抑えつけられてしまう。

　リーマンは数学者人生を通じてこの方法を採った。この方法には、何週間もかけて複雑な計算をチェックしなくても考え方の大筋を追いかけることができるという長所があった。その一方で、少なくとも一部の人にとっては、ただ計算をこつこつ進めるのでなく概念的に考えなければならないところが短所ではある。

　リーマンは博士号取得に向けて、複素解析にトポロジー的手法を導入してその分野を書き替えた。そのきっかけとなったのが、複素関数がしばしば多価になるという、いまでは全学生が苦労して理解しなければならない特徴である。この現象は実解析でも垣間見られる。たとえばすべての正の実数は、正と負2つの平方根を持っている。代数方程式を解くさいにはこのことを心に留めておかなければならないが、平方根関数を正の平方根と負の平方根という2つの部分に分けてしまえば比較的簡単に処理できる。

　これと同じ多義性が複素数の平方根にもあるが、この場合には2つの異なる関数に切り離しただけでは十分でない。複素数では「正」や「負」という概念は有効な意味を持たないので、2つの値に自然な形で分ける術がないのだ。

　しかしもっと根深い問題がある。実数の場合、正の数を連続的に変化させていくと、その正の平方根も負の平方根も連続的に変化していく。しかもこの2つの平方根は互いに異なるままである。

しかし複素数の場合、もとの数を連続的に変化させていくと、その平方根が連続的に変化しながら、一方の平方根がもう一方の平方根に変わってしまうことがある。

　従来はこの問題を解決するために、不連続関数の使用を認めるという方法が使われていたが、そうすると、不連続点に近づいているかどうかを絶えずチェックしていなければならない。そこでリーマンはもっと良いアイデアを思いついた。通常の複素平面に手を加えて、平方根関数が一価になるようにするというアイデアだ。そのためには、同じ複素平面を2枚用意して重ね合わせ、実軸の正の部分に切り込みを入れて、上の複素平面がその切り込みを通って下の複素平面とつながるようにする。こうしてできる「リーマン面」を使って解釈すると、平方根は一価になる。これは画期的な方法で、複数ある値のどれをいま扱っているかを気にする必要がなく、リーマン面の構造にすべて委ねてしまうことができる。

　リーマンの博士論文で示された画期的方法はこれだけではない。もう一つ、ディリクレの原理と呼ばれる数理物理学のアイデアを使って、ある関数の存在を証明している。ディリクレの原理とは、重力場や電場を支配するポアソン方程式と呼ばれる偏微分方程式は、エネルギーを最小にするような関数を解に持つというものである。すでにガウスとコーシーが、複素解析においても微分との関わりでそれと同じ偏微分方程式が自然と導かれることを発見していた。

論理的厳密性が発展を妨げるか

　リーマンは学者としての人生を歩み出した。生まれつき内気で、講義をおこなうのはちょっとした試練だったが、徐々に慣れていって、学生にどう関わっていけばいいかをつかみはじめた。そうして1857年には正教授に任命された。その同じ年、アーベル積分の理論に関するもう一つの大きな研究として、楕円関数を大幅に一般化してトポロジー的手法を発展させる成果を発表した。それ以前にヴァイエルシュトラスが同じテーマの論文をベルリン・アカデミーに提出していたが、リーマンの論文が出るとヴァイエルシュトラスはその斬新さと深い洞察に圧倒されるあまり、自分の論文を取り下げて、二度とこの分野で論文を出すことはなかった。

　それでも、リーマンがディリクレの原理を使っている部分にちょっとした間違いを見つけてはいる。リーマンは、ある量を最小化する関数を多用することでいくつもの重要な結論を導いたが、そのような関数が実際に存在するのを厳密に証明してはいなかった（物理的理由から存在するはずだと信じていたが、そのような議論は厳密さに欠け、間違っていることもある）。この点をめぐって数学者は2つの陣営に分かれる。論理的厳密性を求めて、この欠陥を深刻なものとみなす人たちと、物理的な類推に納得して、さらに結果を推し進めていくことに関心を持つ人たちだ。後者に属するリーマンは、確かに論理に欠陥があるかもしれないが、ディリクレの原理は結論を導くための最も都合の良い方法だと主張した。

そしてリーマンの導いた結論は正しかった。

　ある意味このような見解の食い違いは、純粋数学者と数理物理学者のあいだでよくあることで、いまでも、ディラックのデルタ関数やファインマン図などをめぐって同じことがたびたび起こっている。どちらの陣営も、それぞれの基準から言って正しい。せっかくもっともらしい有効な手法でも、論理的に完全に厳密でないから認められないとして踏みとどまっているのは、物理学ではほとんど意味がない。一方で、そのような正当性の根拠が欠けているのは数学者にとってはいわば犯罪の証拠のようなもので、何か重要な事柄が理解から抜け落ちていることをうかがわせる。

　ヴァイエルシュトラスの教え子ヘルマン・シュヴァルツが、リーマンの結果に対する別の証明を見つけて数学者を満足させたが、それでも物理学者はもっと直感的な方法を求めた。最終的にヒルベルトが、リーマンの手法にかなう厳密なディリクレの原理を証明して、この存在問題に決着をつけた。その間に物理学者は、もし数学者の異論を聞き入れていたらなしえなかった進歩を果たし、数学者のほうも、リーマンの直感を正当化しようと努力するなかで、もし物理学者の側についていたら見つけられなかったはずの主要な結果や概念をいくつも導いた。ウイン・ウインだ。

リーマン予想は数学最大の未解決問題の一つ

　ガウスは多様体や曲率に関する成果を見てリーマンの可能性と才能に気づいたが、数学界全体がそれを認識したのは、アーベル積分に関する研究結果が発表されてからだった。1859年、クン

マー、カール・ボーチャード、ヴァイエルシュトラスはその研究に触れ、リーマンにベルリン・アカデミーの会員選挙に立候補するよう勧めた。新会員に課せられた課題の一つが現在の研究に関する報告をおこなうことで、リーマンは期待を裏切らない結果を残した。それまでにリーマンは研究分野を再度替えていて、報告のタイトルは『与えられた大きさ未満の素数の個数について』。その報告のなかで、複素解析と素数の統計的分布とを関連づけるリーマン予想を提唱した。いまではこの予想は、数学全体で最も有名な未解決問題となっている。

　素数は数学で中心的な位置を占めているものの、さまざまな点で腹立たしい存在である。とてつもなく重要な性質をいくつも持っていながら、驚くことに何一つパターンを示さない。素数のリストを順番に見ていっても、次の素数を予想するのは難しい（ただし、2よりあとの素数はすべて奇数だし、3, 5, 7など小さい素数の倍数は除外できる）。

　素数は明瞭な形でただ一通りに定義されるが、それでも見方によってはランダムに見える。しかし統計的パターンは存在する。1793年頃にガウスは観察に基づいて、与えられた数 x より小さい素数の個数が近似的に $\frac{x}{\log x}$ であることに気づいた。証明はできなかったが、この予想は素数定理と呼ばれるようになった（当時は、証明されていない命題にも「定理」という言葉がふつうに使われていた）。

　フェルマーの最終定理について思い返すと、最終的に得られたその証明は、まったく予想外の方向から導かれたのだった。素数は数論に基づく不連続な存在。数学のなかでその対極にあるのが、

連続的な対象を扱い、数論とはまったく異なる（幾何学的、解析学的、トポロジー的）手法を使う複素解析である。これらのあいだにつながりがあるなどとはどうしても思えなかったが、実は結びつきが存在し、それが発見されて以降、数学は様変わりしたのである。

その結びつきは、1737年、数式の鬼ともいえるオイラーが次のような事柄に気づいたことに端を発する。sを任意の数として、無限級数

$$1 + 2^{-s} + 3^{-s} + 4^{-s} + \ldots$$

は、級数

$$1 + p^{-s} + p^{-2s} + p^{-3s} + \ldots = 1/(1 - p^{-s})$$

の、すべての素数pにわたる積に等しい。その証明は簡単で、素因数分解の一意性を冪級数にそのまま書き換えればほぼ片がつく。オイラーは、sが実数の場合、とくに整数の場合について考えた。しかしsが複素数であってもこの式は意味が通り、その場合、収束に関するいくつかの技術的な問題と、この式を定義する数の範囲を拡張させる手法が関わってくる。これをゼータ関数といい、$\zeta(z)$と表わされる。

複素解析の威力が明らかになりはじめるにつれて、当然その新たな道具を使ってこの種の級数が調べられ、そこから素数定理の証明が浮かび上がってこないかという期待がかけられるようになった。複素解析の専門家であるリーマンも必然的に関わっていった。

1848年、パフヌーティー・チェビシェフがゼータ関数（この呼び名はのちにつけられたものだが）を使って、素数定理の証明に向けて一歩前進したことで、この方向性が有望そうだとわかってきた。そして1859年にリーマンは、簡潔だが洞察に富む論文のなかで、ゼータ関数の役割を明らかにした。素数の統計的性質が、ゼータ関数の零点、つまり方程式 $\zeta(z) = 0$ の解 z と密接な関係にあることを示したのだ。

　この論文の山場は、与えられた値 x より小さい素数の正確な個数を、ゼータ関数の零点にわたって足し合わせた無限級数として与える公式である。そのうえで、まるでその余談であるかのように、すべての零点は負の偶数という自明なものを除いてすべて $z = \frac{1}{2} + it$ という臨界線上にあるという予想を示している。

　もしそれが正しければ、いくつもの重要な結論が導かれる。とくに、素数に関するさまざまな近似式が、現在証明されているよりも精確になる。リーマン予想が証明された場合の影響は多岐にわたるが、まだ証明も反証も見つかっていない。「実験的な」証拠はある程度得られている。1914年にゴッドフレイ・ハロルド・ハーディーが、臨界線上に無限個の零点があることを証明した。また2001年から2005年にわたり、セバスチャン・ヴェデニフスキーが開発したプログラム ZetaGrid によって、最初の1000億個の零点が臨界線上にあることが確かめられた。

　しかし数論という分野では、この手の結果では完全には納得できない。正しそうに見えるが実は偽である予想のなかには、とてつもなく巨大な数になって初めて成り立たなくなるものも多いからだ。リーマン予想は、ヒルベルトの有名な23の未解決問題リ

スト（第19章）の8番目の一部である。また、クレイ数学研究所が2000年に選んだミレニアム賞問題の一つでもあって、正しい証明を導いた人には100万ドルの賞金が贈られることになっている。数学最大の未解決問題の座を競う有力馬である。

　リーマンは、素数に関する例の正確な公式を証明するさいに、さまざまな手法とともにフーリエ解析を利用した。その公式を見ると、ゼータ関数の零点のフーリエ変換が、素数の累乗の集まりにいくつか基本的な因数を加えたものであることがわかる。つまり、ゼータ関数の零点が素数の不規則性を支配しているということだ。

　マーカス・デュ・ソートイの著作のタイトル『素数の音楽』は、ある際立った類似性から発想を得ている。複雑な音波をフーリエ解析すると、基本的な正弦波成分に分解される。それと同じように、素数の壮麗な交響曲も、ゼータ関数の一つ一つの零点が奏でる個々の「音程」に分解される。それぞれの音程の大きさは、それに対応する零点の実部の大きさによって決まる。つまりリーマン予想は、すべての零点が同じ大きさの音を出していると主張していることになる。

　リーマンはゼータ関数に関する深い考察をおこなったことで、素数の音楽家とみなされているのだ。

16

連続体の枢機卿
ゲオルク・カントール

Cardinal of the Continuum
Georg Cantor

ゲオルク・フェルディナント・ルートヴィヒ・フィリップ・カントール

生:ロシア・サンクトペテルブルク、1845年3月3日(旧暦2月19日)
没:ドイツ・ハレ、1918年1月6日

無限の概念、あるいは留まることなく永遠に続く事柄に、人類は何千年ものあいだ興味をかき立てられてきた。哲学者は無限をめぐって思うがままに思考をめぐらせている。ここ数百年ではとくに数学者が、幅広い場面で無限を利用している。もっと正確に言うと、さまざまな場面における無限のさまざまな解釈を利用しているということだ。無限は単にとてつもなく大きい数ではない。どんな具体的な数よりも大きいので、実際にはけっして数ではない。もし無限が数だとしたら、その数はそれ自体よりも大きくなければならない。アリストテレスは無限を、際限なく続くプロセスとしてとらえた。どんなに大きい数にたどり着いたとしても、必ずそれより大きい数を見つけられるということだ。哲学者はこれを可能無限と呼んでいる。

　インドのいくつかの宗教では、きわめて大きい数が魅力的な形で使われている。そのような宗教の一つであるジャイナ教の数学の文書『スーリヤ・プラジュニャプティ』によれば、紀元前400年頃、先見の明のある一人のインド人数学者が、無限にも大きさの異なるものがいくつもあると語ったという。神秘的なたわごとのようにも聞こえる。存在しうる最大のものが無限だとしたら、ほかの無限よりも大きい無限なんてありうるだろうか？

　しかし19世紀末、ドイツ人数学者のゲオルク・カントールが「メンゲンレーレ」（集合論）を編み出した。そしてそれを使って、無限はアリストテレスの言う単なる可能なプロセスではなく、実体のあるものになりえること、さらにその帰結として、無限のなかにはほかの無限よりも大きいものがあることを論じた。

　当時多くの数学者は、この考えもまた神秘的なたわごとだと受

け止めた。カントールは、現代なら裁判沙汰になりかねないような言葉遣いをする批判者たちと、次々に戦わざるをえなかった。そうして鬱に陥り、さらには嘲笑の的にされてますますふさぎ込んでしまった。

しかしいまではほとんどの数学者が、カントールは正しかったと認めている。それどころか、最も小さい無限とそれより大きい無限との区別は、応用数学の多くの分野、とりわけ確率論で基本的な概念となっている。集合論も数学全体の論理的基礎となっている。カントールの考え方が理にかなっていることにいち早く気づいた大物の一人ヒルベルトは、「カントールが築いた楽園から誰も我々を追放することはないだろう」と語った。

集合論と超限数

カントールの母マリア・アンナ（旧姓ベーム）は優れた音楽家、祖父のフランツ・ベームはロシア皇室管弦楽団の独唱歌手だった。幼いゲオルクは音楽一家で育てられ、バイオリンの名手になった。父親で同名のゲオルクはサンクトペテルブルクで卸売業を営んでおり、のちにこの町の証券取引所に上場した。母親はカトリックだが父親はプロテスタントで、ゲオルクは信仰深く育てられた。

はじめのうちは個人教師をつけられ、その後、町の小学校に編入したが、サンクトペテルブルクの冬の厳しい寒さが父親の身体に堪えたため、1856年に一家でドイツのヴィースバーデンへ、さらにそののちフランクフルトへ移り住んだ。カントールはそれから生涯にわたってドイツで暮らすことになるが、のちに「この

地はけっして落ち着かない」と書いているとおり、小さい頃に過ごしたロシアに郷愁を抱いていた。

　フランクフルトでは、ダルムシュタットの実業中等学校で寄宿生として学び、1860年に卒業した。飛び抜けて優秀な学生と評され、とくに数学、なかでも三角法の高い技能が特筆されている。父親はカントールを技師にしたいと思い、ダルムシュタットの高等工業学校に入学させた。しかしカントールは数学を学びたいと言い張り、父親を困らせて最後には首を縦に振らせる。

　そうして1862年、チューリヒ工科大学で数学の勉強を始めた。1863年に父親が亡くなって莫大な遺産を相続すると、ベルリン大学へ移り、クロネッカーやクンマーやヴァイエルシュトラスの講義を受けた。1866年にゲッティンゲンでひと夏を過ごしたのち、1867年に、数論の一テーマを扱った学位論文『二次不定方程式について』を発表した。

　その後カントールはある女子学校の教師の職に就いたが、合わせてハビリタチオンの取得にも挑んだ。ハレ大学に採用されたのちに、数論に関する学位論文を提出し、ハビリタチオンの資格を認められた。すると、ハレ大学の著名な数学者エドゥアルト・ハイネから、分野を替えてフーリエ級数に関するある有名な未解決問題に取り組んだらどうかと勧められる。その問題とは、フーリエ級数による関数表現が一意であることを証明せよというものだった。その証明にディリクレ、ルドルフ・リプシッツ、リーマン、そしてハイネ自身が挑んでは失敗していたが、それをカントールは1年もかけずに片付けてしまう。

　そしてそのまましばらく三角級数の研究を続け、それが実は、

いまでは集合論の原型とみなされている分野へつながっていった。フーリエ級数の多くの性質は、もとの関数の微妙な特徴、たとえば不連続点の集合の構造などによって決まる。この分野をさらに前進させるには、実数の無限集合に関する厄介な問題に正面からぶつかるしかなかった。

その頃、数学の基礎を探る研究が盛り上がりを見せていた。「実数」を漠然と無限小数として取り扱う状態が何百年も続いたすえに、そもそも実数とは何であるのかを数学者は考えはじめたのだ。たとえば、π の無限小数展開を書き下す方法はない。せいぜいできるのは、それを見つけるための規則を与えるところまで。そんななかの1872年、三角級数に関するカントールの一編の論文によって、実数を有理数の収束列の極限として定義するというまったく新しい方法が導入された。

一方、その同じ年にデデキントは有名な論文のなかで、「切断」という操作を用いて実数を定義した。切断とは、有理数を互いに共通要素を持たない2つの部分集合に分割するというもので、このとき、その一方の部分集合の要素はすべて、もう一方の部分集合のすべての要素よりも小さくなければならない。デデキントはこの論文のなかでカントールの論文を引用している。有理数の収束列とデデキントの切断という、この2通りの定義の仕方はいずれも、数学基礎論の講義で有理数から実数の集合を構成するさいに標準的な方法となっている。

1873年にカントールは、のちに自身を最高レベルの偉人に仕立て上げることとなる研究に取り組んでいた。それは集合論と超限数(カントールは無限大の意味で使っていた)の研究である。そ

れ以来、数学を記述するうえで便利で汎用性の高い言語である集合論は、数学の教程に欠かせない科目となっている。形式張らずに言うと、集合とは、数や三角形、リーマン面や置換など、何かの事物の集まりのことだ。

　集合どうしはさまざまな方法で組み合わせることができる。たとえば、2つの集合を1つにまとめると結び集合ができ、2つの集合の共通部分は交わり集合となる。集合を使うと、関数や関係といった基本的な概念を定義できる。整数や有理数、実数や複素数といった数の体系も、要素を持たない空集合を利用することで、単純な構成要素から構築することができる。

　超限数は、「この集合には要素が何個あるか」という概念を無限集合に拡張したものである。カントールがこのアイデアに思い至ったのは、1873年、有理数は可算である、つまり、自然数1, 2, 3……と一対一に対応させられることを証明したときだった（この考え方と用語についてはあとで説明する）。無限大に大きさが一つしかないとしたらこれは当たり前の結論だが、カントールはそれからまもなくして、実数は可算でないことの証明を見出した。それを発表した1874年は、カントール個人にとっても重要な年だった。ヴァリー・グットマンと結婚し、のちに6人の子供を授かったのだ。

　カントールは、実数よりもさらに大きい無限大を探し求めて、単位正方形のなかのすべての点の集合について考えをめぐらせた。正方形は2次元なのだから、当然、実数直線よりもたくさんの点を含んでいるのでは？　デデキントへの手紙のなかでカントールは、自分の見解を次のように綴っている。

> ある平面（たとえば境界を含む正方形）の上のすべての点に対して、ある直線（たとえば端点を含む線分）上でそれに対応する点が存在し、逆にその直線上のすべての点に対して、その平面上でそれに対応する点が存在するというような形で、平面と直線を一意に対応させることはできるだろうか？ この疑問に答えるのは容易ではないと思うが、その答えは明らかに「ノー」だと思われるので、その証明はほぼ必要ないだろう。

ところが、それからまもなくしてカントールは、この答えが思っていたほど自明ではないことに気づいた（数学者にとって、「証明は必要ないだろう」などというのは同業者の逆鱗（げきりん）に触れるような言葉で、カントールもそのままでは怒りをぶつけられるところだったろう）。1877年、実はそのような対応関係が存在することを証明したのだ。「理解はできるが信じられない！」とカントールは書いている。しかしその論文を一流雑誌『純粋および応用数学ジャーナル』に投稿すると、当時の有力者で、聡明だが超保守的な数学者レオポルト・クロネッカーは納得せず、デデキントの仲裁でようやく論文は受理されて出版された。

その後、カントールは何かと理由をつけて、この雑誌には二度と論文を投稿しなかった。その代わりに、1879年から84年まで、おそらくフェリックス・クラインの助けもあって、集合論と超限数に関する研究成果の大部分は『数学紀要』に投稿した。

無限集合では全体が部分と等しいことがある

　カントール本人の話を続ける前に、カントールのアイデアがどんなもので、どれだけ革新的だったかを理解しておく必要がある。当時の用語で説明するとあまりにもわかりにくいので、現代の視点を当てはめていくつか基本的な考え方を抜き出すことにしよう。

　ガリレオは1638年の著作『二つの新しい科学に関する対話』のなかで、無限に関する若干逆説的だが基本的な問題を提起した。この本は、サルヴィアティとシンプリチオとサグレドという3人の人物のあいだで交わされる議論という体裁で書かれている。サルヴィアティが必ず勝ち、シンプリチオは勝ち目がなく、サグレドは議論の進行役だ。サルヴィアティは、一つ一つの自然数がそれぞれ別々の平方数に、また一つ一つの平方数がそれぞれ別々の自然数に対応するというように、自然数と平方数を対応づけることができると語る。それぞれの数をその2乗とペアにするだけだ。

1	2	3	4	5	6	7	8	9	10	11	12
↕	↕	↕	↕	↕	↕	↕	↕	↕	↕	↕	↕
1	4	9	16	25	36	49	64	81	100	121	144

　要素が有限個であれば、このようにして対応させた2つの集合は、互いに同じ個数の要素を含んでいるはずだ。テーブルについているすべての人が、自分のナイフとフォークをちょうど1本ずつ持っていれば、ナイフの本数とフォークの本数は等しいし、そのどちらの本数も人の数と等しい。したがって、平方数はすべて

の数のなかでかなり「まばらな」部分集合を作っていながらも、すべての数とちょうど同じ個数あるように思える。

サルヴィアティは話を続ける。「すべての数の全個数は無限であって、『等しい』や『多い』や『少ない』という属性は無限の量には当てはまらず、有限の量にしか通用しないと考えるしかない」

そこまで悲観的になる必要はない、そうカントールは気づいた。この種の対応づけ（カントールは一対一対応と名付けた）を使って、有限無限にかかわらず、集合の「要素の個数が等しい」ことを定義したのだ。おもしろいことに、実際に個数がわからなくても対応づけをすることはできる。ナイフとフォークの場合もそうだった。したがって論理的には、「数」よりも「数が等しい」という概念のほうが基本的である。これはけっして奇妙な話ではない。たとえば、2人の人の正確な身長がわからなくても、互いに身長が同じだということはわかる。

実際の数を導入するためには、何か標準とする集合を決めて、その集合と対応づけられるものはその集合を基数（「要素の個数」をもったいぶって表わした言葉）として持つと表現する。無限集合においてその標準を選ぶとしたら、もちろんそれはすべての自然数の集合で、それによって定義される超限基数をカントールは「アレフ＝ヌル」と名付けた。アレフはヘブライ語のアルファベットの最初の文字で、ヌルはドイツ語で「ゼロ」という意味。記号で書くと $\aleph_0$ となる。定義上、自然数と対応づけられる集合はすべて、$\aleph_0$ という基数を持つ。サルヴィアティは、平方数の集合が $\aleph_0$ という基数を持つことを証明したといえる。

これは矛盾しているように思える。なぜなら、平方数でない数が当然存在するどころか、「ほとんど」の数は平方数ではないのだから。このパラドックスを解消するには、無限集合からいくつか要素を取り除いても、その基数が小さくなるとはかぎらないということを受け入れるしかない。基数に関するかぎり、全体が部分よりも大きいとはかぎらないのだ。

それでもサルヴィアティの言うとおり、比較するというアイデア自体を捨て去る必要はない。全体は部分よりも大きいか、または等しい のだと考えれば、筋の通った結論が導かれる。そもそも、無限という概念の肝心な点は、必ずしも有限の数と同じようには振る舞わないことなのだから。重要なのは、どこまで突き詰めることができて、そこから何が得られるかである。

カントールは次に、有理数の基数もまた$\aleph_0$であるという大発見をした（話を単純にするために正の有理数で考えよう）。有理数は次のようにして自然数と対応づけることができる。

1/1	1/2	2/1	1/3	3/1	1/4	2/3	3/2	4/1	1/5	5/1
↕	↕	↕	↕	↕	↕	↕	↕	↕	↕	↕
1	2	3	4	5	6	7	8	9	10	11

上の行では、有理数を大きさとは違う順番に並べている。分子と分母の和を、その有理数の複雑さと定義する。また、同じ数が2回含まれることがないよう、分子と分母が公約数を持たない有理数だけを考える。たとえば$\frac{2}{3}$と$\frac{4}{6}$は同じ有理数なので、一つめのほうだけを選ぶ。そのうえでまずは、有理数をその複雑さに応じてクラスに分ける。それぞれのクラスは有限だ。次に、それ

ぞれのクラスのなかで、分子の大きさに従って分数を並べる。つまり、複雑さ5のクラスは次のような並びになる。

$$\frac{1}{4} \quad \frac{2}{3} \quad \frac{3}{2} \quad \frac{4}{1}$$

こうすることですべての正の有理数がそれぞれ1回だけ並ぶことは、簡単に証明できる。こうしてできたリストの何番目なのかが、その有理数と対応する自然数ということになる。

対角線論法で実数の集合は不可算であることを証明した

この時点では、$\aleph_0$は無限大を表わす変わった記号でしかなくて、すべての無限大は互いに等しいのではないかとも思える。ところが次の発見によって、その可能性は吹き飛んだ。実数の集合は自然数と対応づけられないのだ。

1874年にカントールが導いたその最初の証明は、超越数の存在という、数論における問題の解決をもくろんだものだった。係数が整数である何らかの多項方程式を満たす数を、代数的数という。たとえば$\sqrt{2}$は$x^2-2=0$を満たす。一方、代数的数でない数のことを超越数という。当時、eやπに対しては同様の方程式がなかったため、これらは超越数だと考えられていた。そしてこの予想は正しいことが明らかとなった。

リウヴィルが1844年に、超越数が存在することを証明したが、その例として挙げたものはきわめて技巧的だった。そこでカントールは、代数的数の集合の基数は$\aleph_0$だが、実数の集合の基数は

もっと大きいことを示して、「ほとんどの」実数が超越数であることを証明した。その証明では、まず実数は可算であると仮定したうえで、実数直線上に入れ子になった一連の区間を設け、すべての実数を次々に取り除いていく。それらの区間の結び集合（空集合ではないことを証明できる）には何か実数が含まれているはずだが、それがどんな実数であれ、それはすでに取り除かれていなければならないのだ。

1891年にカントールはもっと単純な証明を見つけた。それが有名な対角線論法である。まず、実数（話を簡単にするために0と1のあいだの数とする）は可算であると仮定する（のちに矛盾を導くため）。すると、それらの実数に自然数を対応づけることができる。小数表記で表わせば、その対応関係は次のような形になる。

1　$0.a_1 a_2 a_3 a_4 \cdots\cdots$
2　$0.b_1 b_2 b_3 b_4 \cdots\cdots$
3　$0.c_1 c_2 c_3 c_4 \cdots\cdots$
4　$0.d_1 d_2 d_3 d_4 \cdots\cdots$
　……

仮定から、このリストにはすべての実数が含まれている。だがここで、このリストに含まれていない数を作る。その実数 x のそれぞれの桁 x_1, x_2, x_3, ……は次のように定義する。

$a_1 = 0$ であれば $x_1 = 1$ とし、そうでなければ $x_1 = 0$ とする。
$b_2 = 0$ であれば $x_2 = 1$ とし、そうでなければ $x_2 = 0$ とする。

$c_3=0$ であれば $x_3=1$ とし、そうでなければ $x_3=0$ とする。
$d_4=0$ であれば $x_4=1$ とし、そうでなければ $x_4=0$ とする。

　これを際限なく続けていって、x_n（0または1）を、n に対応する実数の第 n 桁と異なるように決めていく。

　このようにして作った x は、リストのどの数とも異なる。1番目の数とは第1桁が違うし、2番目の数とは第2桁が違う。一般的に、n 番目の数とは第 n 桁が違うため、n がどんな値であっても n 番目の数とは異なる。ところが最初に、上のようなリストが存在していて、すべての実数がそこに含まれていると仮定した。これは矛盾で、何が矛盾しているかというと、上のようなリストが存在するという仮定だ。したがってそのようなリストは存在せず、実数の集合は不可算である。

　カントールはこれと同様の考え方に基づいて、平面が実数直線と同じ基数を持っていることを発見したが、それを自分自身ではなかなか信じられなかった。平面上の点は、x と y を実数として (x, y) という座標を持っている。話を簡単にするために、単位正方形のなかだけに限定しよう。すると x と y は、次のような小数展開で表わされる。

$x = 0.x_1 x_2 x_3 x_4 \cdots\cdots$
$y = 0.y_1 y_2 y_3 y_4 \cdots\cdots$

　この数のペアを直線上の点に対応させるには、次のように、x と y の各桁を交互に並べた数をその点の座標とすればいい。

$$0.x_1y_1x_2y_2x_3y_3\cdots\cdots$$

奇数番目または偶数番目の数字を抜き出せば x と y を再現できるので、これによって単位正方形と直線上の単位区間との一対一対応ができた。これを平面全体と直線全体に拡張するのは難しくない（ここでは触れなかったが、数の小数表記が一意でないことによる技術的問題をいくつか考慮する必要がある）。

一方、カントールにも判断できない問題が一つあった。$\aleph_0$ と実数の基数とのあいだに何らかの超限基数が存在するのだろうか？　カントールは、考えられる候補を数多く試したが一つも見つけられなかったため、そのような超限基数は存在しないと考えた。この予想は連続体仮説と呼ばれるようになる。その顛末については第22章で説明しよう。

数学と信仰との折り合い

1874年からの10年間、集合論に精力を傾けたカントールは、数体系の基礎にとって一対一対応が重要であることを発見し、数を数えるという原理を超限数へ拡張した。きわめて独創的な研究だったため、当時の多くの人は受け入れることができなかったし、価値があると信じることもできなかった。クロネッカーは、この革新的な考え方を哲学的立場から不快に思い、カントールの数学者としての未来を閉ざそうとした。「神は整数を作った。それ以外はすべて人間の創作物である」と語ったという。

カントールのほうも、集合論はアリストテレスの言う可能無限

でなく実無限を対象とすると言いきることで、自らを哲学的議論の矢面に立たせてしまったきらいがある。「実」無限といってもあくまでも概念上のことなのだから、これは少々大げさな発言だ。数学ではふつう、実無限を含んでいそうな表現を、可能無限のみを含んだ表現に変えることができるが、その変換プロセスはたいてい不自然に見える。カントールも、無限を、各段階では有限だが際限なく続けることのできるプロセスとしてではなく、完全な一つの存在としてとらえるのが自然だと唱えた。

これに対して、哲学者のルートヴィヒ・ヴィトゲンシュタインは声高に批判した。なかでも対角線論法をこきおろし、カントールの死後もなお「集合論の悪質な用法だ」と不満を訴えつづけた。しかしそのいちばんの理由は、数学者が次々にカントールの側に付いて、誰も自分の声にほとんど耳を傾けなかったことにある。数学の哲学にとりわけ関心を持っていただけにますます癇に障ったのだろうが、一方の数学者も、すべては間違っていると詰め寄ってくる哲学者にいい顔はしないもの。基礎をめぐる問題はありながらも集合論は実際に役に立ったし、ほとんどの数学者は実用主義者なのだ。

信心深いカントールは、自らの導いた数学と信仰との折り合いをつけるのに苦心した。無限の何たるかはいまだに宗教と深く結びついていた。キリスト教の神は無限とされていて、唯一の実無限と考えられていた。整数に関するクロネッカーの言葉は単なる比喩ではなかったのだ。そこにカントールが現われ、数学には実無限がいくつもあると主張する……。

どんな騒ぎになるかはおわかりだろう。それでもカントールは

反論した。「超限数も有限数と同じく、創造主の意図のままである」。賢明な主張だ。これを否定すれば、神には限界があると主張したことになり、異端になってしまう。カントールはさらに、法王レオ13世にこの件に関する手紙を書き、数学の論文を何編か送ってさえいる。法王がどう思ったかは神のみぞ知るだ。

晩年は鬱状態に陥り、療養所で亡くなる

　一方、カントールのおこないを理解する人もいた。ヒルベルトはカントールの研究の重要性を認識して称賛した。しかしカントールは歳を取るにつれ、集合論が思っていたほどの影響をおよぼしていないと感じるようになる。そして1899年、鬱状態に陥った。まもなく回復したが自信を失い、ヨースタ・ミッタク＝レフラーに、「いつ研究に戻れるかわからない。いまのところ何一つ手につかない」とこぼした。そこで鬱を克服しようと、ハルツ山地での休暇に出かけ、宿敵クロネッカーと和解を試みた。クロネッカーも前向きに応じたが、2人のあいだの張り詰めた雰囲気は変わらなかった。

　数学も心配の種だった。連続体仮説を証明できないことが不満だったのだ。偽であることを証明できたと思ったら、すぐに間違いが見つかり、真であることを証明できたと思ったら、やはり間違いが見つかった。するとミッタク＝レフラーから、『アクタ・マテマティカ』（数学会報）に投稿した、すでに校正段階にある論文を取り下げてくれと言われてしまう。間違っていたからではなく、「100年早すぎる」からだった。カントールは冗談で返し

たもののひどく傷ついた。そしてミッタク=レフラーに手紙を書くのをやめ、それ以上『アクタ・マテマティカ』には関心を示さず、集合論の研究もほとんどあきらめてしまった。

カントールの鬱症状は2通りの形で表われた。一つは、集合論の哲学的意義に対する関心を強めたこと。もう一つは、シェイクスピアの作品は実はフランシス・ベーコンが書いたと思い込んだことである。この奇妙な考えに取りつかれたカントールは、エリザベス時代の文学を本格的に調べ、1896年にはこの持論に関する小論を出版した。さらに母親と弟といちばん下の息子が立て続けに亡くなり、ますます精神が不安定になる。

1911年、スコットランドのセント・アンドリューズ大学500周年記念式典に賓客として招かれたときには、ほとんどの時間、ベーコンとシェイクスピアのことばかり話しつづけた。鬱は日常茶飯事になっていった。そうしてしばらく入院したすえ、1918年に療養所で心臓発作により亡くなった。

集合論は現代数学の土台となる

皮肉なことに、カントールは時代を100年先取りしているというミッタク=レフラーの言葉は、基本的に正しかった。ただし、意図したような意味ではなかったかもしれないが。カントールのアイデアは徐々に支持を広げていったが、集合論が数学に最大の影響を与えるには、1950年代から60年代まで待たなければならなかった。そのとき、ニコラ・ブルバキと称するグループが推し進める、数学に対する抽象的なアプローチが花開いたのだ。数学

教育に対するブルバキの影響力は（ありがたいことに）衰えているが、数学的概念はできるかぎり一般的に、かつ正確に定義すべきというその主張は、いまだに強い影響力を持っている。そしてその正確性と一般性の土台をなす視点は、カントールお気に入りの集合によって生まれた。
　今日、純粋と応用を問わず数学のすべての分野が、集合論の形式にしっかりと根ざしている。概念的にだけでなく、実際上もである。集合の言語を使わなければ、いまの数学者は自分たちが何について語っているのかさえもはっきり決められないのだ。
　後世の人々は、確かに集合論と超限数には哲学的問題があると判断した。しかしそれを言うなら、クロネッカーの愛した整数もそれとほとんど同じ哲学的問題を抱えている。整数も人間の創作物であって、人間の創作物にはたいてい欠陥がある。皮肉なことに、いまでは整数もほかならぬ集合論を使って定義されている。そして、カントールは真に独創的な数学者の一人だったとされている。もしカントールが集合論を構築しなくても、いずれはほかの誰かが作り上げていただろうが、カントール特有の精力と深みと洞察力を備えた人物が現われるまでには何十年もかかったにちがいない。

17

初の偉大な女性
ソフィア・コワレフスカヤ

The First Great Lady
Sofia Kovalevskaia

ソフィア・ヴァシリーエフナ・コワレフスカヤ（旧姓コルヴィン＝クルコフスカヤ）、別名ソフィー／ソーニャ・コワレフスキー

生：ロシア・モスクワ、1850年1月15日
没：スウェーデン・ストックホルム、1891年2月10日

ソーフィア（家族からは愛情を込めてそう呼ばれていた）はかなり幼い頃から、気に入ったものなら片っ端から理解したいという強い好奇心を持っていた。数学への興味が燃え上がったのは11歳のとき、そのきっかけはなんと子供部屋の壁紙だった。父親のヴァシリー・コルヴィン＝クルコフスキーはロシア帝国陸軍砲兵隊の中将、母イェリザヴェータ（旧姓シューベルト）は、ロシア貴族階級のなかでも高い地位にある家の出身だった。

　壁紙の話が出てきたのは、一家がサンクトペテルブルク近郊のパラビノに大きな屋敷を所有したからである。パラビノに引っ越すさいにその屋敷全体を改装したが、子供部屋の壁紙をうっかり買いそびれてしまい、その代わりの紙として使った古い教科書が、偶然にも微分と積分に関するオストログラツキーの講義本だったのだ。自伝『子供時代の記憶』によると、その壁を何時間もじっと見つめては、びっしり書かれた不可解な記号の意味を理解しようとしたという。ソフィアはそれらの数式をすぐに覚えてしまったが、「そのときは勉強してもいっさい理解できなかった」とのちに振り返っている。

　それ以前からソフィアは、このような独学の習慣を身につけていた。当時の風習では幼い子供に読み方を教えることはなかったが、ソフィアは文章を読みたくてしかたがなかった。そこで6歳のとき、新聞に書かれている文字の形を覚えておいて後から大人にその意味をしつこく聞くというやり方で、読み方を独習した。その新たな才能を見せつけられた父親は、最初こそ、何行か丸暗記しただけではないかと疑ったものの、やがて確信して、娘の自発性と知性を大いに誇りに思った。

ソフィアの寝室の壁紙がそれと同じように数学への興味をかき立てると、当時としてはかなり進歩的だった家族はけっしてそれを遮ろうとしなかった。同じ階級の多くの人だったら、女の子に数学は合わないと決めつけていたことだろう。家庭環境も手伝って、ソフィアは夢中になったものを突き詰めることができた。

　父親は数学が大好きだったし、ソフィアのことも心から愛していた。母方の祖父フョードル・フョードロヴィッチ・シューベルトは軍の地理学者だったし、その父フョードル・イワノヴィッチ・シューベルトは一流の天文学者で科学アカデミーの会員だった。だからソフィアの身体にも数学の血が流れていた（遺伝に対する当時のイメージ）。しかも一家はかなり前から数学のサブカルチャーに没頭していて、それのほうが影響が大きかったのかもしれない。

　基本から身につけさせたいと思った父親は、ソフィアの家庭教師に、算数を教えるよう念を押した。しかし娘に「おもしろかったか」としきりに問いただしても、最初のうちは明らかに気のない返事だった。微積分ではなかったからだ。だがそんな感じ方も、基本を踏まえないかぎり壁紙の魅力的な数式にはけっしてたどり着けないと気づいてようやく変わった。

　ソフィアは微積分を習得するだけでなく、数学研究の最前線に進み、当時の一流数学者たちを驚かせる数々の発見をおこなう。研究したのは、偏微分方程式、力学、そして結晶による光の回折。数学の論文はわずか10編で、うち1編はほかの筆者の論文をスウェーデン語に翻訳したものだが、いずれも内容の質の高さは飛び抜けている。ソフィアは洞察力があり、独創的で、技術も高かっ

た。著名なアメリカ人数学者マルク・カッツは、ソフィアのことを「数学界で初の偉大な女性」と評している。当時のおそらく最高の女性科学者で、彼女を凌ぐのはそれから数十年後のマリ・キュリーくらいだろう。

家族ぐるみで作家ドストエフスキーと付き合う

　ソフィアは1850年にモスクワで生まれ、姉のアンナ（家族からはアニュータと呼ばれていた）を慕った。のちに弟フョードルが生まれた。おじのピョートル・ヴァシリエヴィッチ・クルコフスキーは数学に強い関心を持っていて、ソフィアにたびたび数学の話をして聞かせた。内容を理解できるようになるずっと前からだ。

　1853年、ソフィア3歳のとき、ロシアはクリミア戦争に巻き込まれた。表向きは聖地パレスチナに住む少数派のキリスト教徒の権利をめぐる戦いだったが、フランスとイギリスには、衰退するオスマン帝国の領土をロシアが奪うのを食い止めたいという意図があった。1856年、フランス、イギリス、サルデーニャ、オスマンの連合軍が、セヴァストポリの包囲戦のすえにロシアを破った。

　屈辱を受けたロシアでは人々の不満が湧き上がった。小作人や自由主義者は、圧政を敷く支配体制を堕落していて無能とみなし、反旗をひるがえした。それに対して体制側は、皇帝の秘密警察を使って検閲や弾圧をおこなった。多くの貴族が地方に広大な地所を所有していたが、そこに長いあいだ過ごすことはめったになく、政治的に重要で楽しい社会生活も送れるサンクトペテルブルクを

好んでいた。しかしいまや、自由を好む貴族も領地でもっと長い時間を過ごして、人々の不満にもっと耳を傾けるべきだという風潮になっていった。そこで1858年、父のコルヴィン゠クルコフスキー中将は妻に、住まいを移すことが我々の務めになったと告げた。

　はじめのうち、ソフィアと姉アニュータは自分たちの自由に任され、自然のなかを探索してはすり傷をよく作った。しかしあるとき、食用に適さない果実を食べてしまって何日も体調を崩したため、父親はポーランド人家庭教師のヨシフ・マレヴィッチとイギリス人家庭教師のマルガリータ・スミスを雇った。厳格なスミスのことを姉妹はたいへん嫌った。

　ソフィアはマレヴィッチから、算数を含め少女にふさわしい基本的な教育を受けたが、おじのピョートルからはもっと高度な数学の秘密を伝授された。たとえば、円の正方形化（与えられた円と同じ面積の正方形を作図するという意味で、定規とコンパスという昔ながらの幾何学的道具では実際には不可能である）や、漸近線（曲線に限りなく接近していくもののけっして接することはない直線）といったテーマである。これらの概念に想像力をかき立てられたソフィアは、もっと知りたいと欲した。

　やがてミス・スミスが辞め、コルヴィン゠クルコフスキー家に平和が訪れた。1864年にアニュータは、以前に書いた2編の物語をフョードルとミハイルのドストエフスキー兄弟に送り、それが兄弟の主宰する雑誌『エポカ』に掲載された。アニュータはフョードルとひそかに文通を始め、父親に一度は反対されながらものちに公認の仲となって、家族ぐるみでフョードル・ドストエフス

キーと付き合うようになる。ソフィアもその仲間に加わり、ほかにも何人かの有名人と顔を合わせた。いっときは、年頃の少女にありがちなようにドストエフスキーと衝突した。フョードルがアニュータにプロポーズしたことに激怒し、アニュータがプロポーズを断わるとますます怒りを爆発させたのだった。

　その頃にソフィアは、寝室の壁紙に書かれた数学の秘密に夢中になり、未来の人生の道筋を一つ固める。そんなソフィアのところに、近所に住むペテルブルク海軍兵学校の物理学教授ニコライ・ティルトフが、物理学の入門レベルの教科書を1冊持ってきた。すると、三角法をいっさい知らなかったソフィアは、苦心してもっと直感的な幾何学的近似法を見つけてしまう。それは、円弧の弦を使うという昔ながらの方法と基本的に同じものだった。その才能に驚いたティルトフは、もっと高等の数学を学ばせるよう中将をせき立てた。

18歳で「偽装結婚」

　当時のロシアでは、女性は大学への入学が認められていなかったが、父親または夫から許可状をもらって外国で学ぶことならできた。そこでソフィアは、古生物学を学ぶ若い学生ウラディミール・コワレフスキーと「偽装結婚」の約束を結んだ。実際の関係はないのに便宜上結婚するというこの方策は、教養のある若いロシア人女性のあいだで、自由を手にする手段としてかなり一般的におこなわれていた。しかしソフィアは、父親から遠回しに結婚を延期するよう言われ、悔しい思いをしていた。

そこで、いつものように我の強さを発揮する。自宅での夕食会に著名な客が集まるのを待ってから、「付き添いを付けずに一人でウラディミールの下宿に行った」という書き置きを残して家を抜け出し、その場に居座って結婚を認めさせたのだ。中将は社会的汚名を避けるために、娘とその婚約者を客たちに正式に紹介するしかなかった。

ソフィアは、結婚したあとでウラディミールを捨てて我が道を進む企みだったが、ウラディミールは未来の妻とその交友の輪に夢中になり、別れるつもりは毛頭なかった。1868年、ソフィアは18歳で結婚し、ソフィア・コワレフスカヤとなった。

コワレフスカヤの政治観は、当時の若いロシア人の多くと同じく虚無主義的(ニヒリズム)だった。つまり、政府や法律など、合理的な裏付けのない慣行はことごとく拒絶した。ウラディミール・レーニンはそのような態度を、急進的な作家ディミトリ・ピーサレフの言葉を引用して次のように表現している。「壊せ、すべて叩き潰せ、叩いて破壊しろ！ 壊れるものはすべてがらくたで、生きている権利はない！ 生き残ったものが善だ」。社会ダーウィン主義を楯に自分たちの特権を正当化する金持ちや権力者に対し、その同じ主義を過激に仕立て上げて反撃しているのだ。新婚のコワレフスキー夫妻が住みはじめたサンクトペテルブルクのアパートは、すぐに、志を同じくする虚無主義者の溜まり場となった。

1869年、2人はロシアを離れてウィーンへ移り住んだ。ウラディミールが出版事業に失敗して債権者から逃げようとしていたという経緯もあったし、2人とももっと知的な環境を求めていたためでもあった。ウラディミールは地質学と古生物学に狙いを定め

た。一方のコワレフスカヤは、自分でも驚いたことに、ウィーン大学で物理学の講義を受けることを認められた。しかし、数学者のなかには同じように首を縦に振ってくれる人がいなかったため、夫婦はハイデルベルクへ移った。

　大学当局は、コワレフスカヤは未亡人だと思い込んでいたらしく、結婚していると聞かされると困惑し、しばらくはよくある言い逃れで受け入れを断わっていた。しかし最終的には、担当教授の反対がないかぎり自由に講義に出席してかまわないと認めた。すぐにコワレフスカヤは、数学者のレオ・ケーニヒスベルガーやポール・デュボア゠レイモンら、化学物理学者のグスタフ・キルヒホッフ、生理学者のヘルマン・ヘルムホルツの講義に週20時間は出席するようになった。

　コワレフスカヤは、女嫌いの化学者ヴィルヘルム・ブンゼンをも困らせた。ブンゼンが、女性、とくにロシア人は踏み入れさせないと決め込んでいた研究室で、自分と友人のユーリア・レルモントワに研究をさせてほしいとしつこく頼み込んだのだ。ブンゼンはヴァイエルシュトラスに「あの女に前言を撤回させられた」と不満をこぼし、仕返しに悪い噂をばらまいた。しかしそれとは対照的に、同僚の教授たちは才能のあるこの女子学生に熱を上げ、新聞にもコワレフスカヤのことがたびたび取り上げられた。コワレフスカヤは注目を浴びて舞い上がらないよう自分を抑え、勉強に集中した。

　コワレフスキー夫妻はイギリス、フランス、ドイツ、イタリアを旅し、その道中にウラディミールは、以前から知り合いだったチャールズ・ダーウィンやトーマス・ハクスリーと顔を合わせた。

その縁でコワレフスカヤは、作家ジョージ・エリオットと出会って親しくなった。エリオットの1869年10月5日付の日記には、次のように書かれている。

「日曜日、興味深いロシア人2人組が訪ねてきた。コワレフスキー夫妻だ。妻はきれいな人で、声と話し方が上品で魅力的、ハイデルベルクで数学を学んでいる。夫は愛想が良くて知的、どうやら現実的な科学、とくに地質学を学んでいるらしい」

その場にいた哲学者で社会ダーウィン主義者のハーバート・スペンサーは、無粋にも女性のほうが知的に劣っていると主張した。するとコワレフスカヤは3時間にわたってスペンサーと論争し、エリオットいわく「私たち共通の大義を勇敢にも見事に守り抜いた」

女性としてはルネサンス期以来初の
数学の最優等博士号を取得

1870年にコワレフスカヤは、ヴァイエルシュトラスのもとで学びたいと思い、ベルリンへ移った。ヴァイエルシュトラスは女性が学ぶのを善しとしないという噂を聞いていたため、年寄りくさい帽子をかぶって顔を隠した。自分のもとで学びたいと言われてヴァイエルシュトラスは驚いたが、礼儀正しい対応をして、いくつか問題を出し、解いてくるよう言った。1週間後、コワレフスカヤは問題をすべて、しかもその多くは独自の方法で解いて、再びヴァイエルシュトラスのもとを訪ねた。のちにヴァイエルシュトラスはコワレフスカヤのことを、「直感的な才能の持ち主だ」と語っている。

大学理事会はコワレフスカヤが学ぶことを正式には許可しなかったため、ヴァイエルシュトラスは個人指導をおこなった。2人は手紙のやり取りを始め、それはコワレフスカヤが亡くなるまで続くこととなる。

　その頃、姉のアニュータは、マルクス主義者の若者ヴィクトル・ジャクラールとパリで暮らしていた。1871年、国民衛兵隊が過激な社会主義政府パリ・コミューンを宣言して、いっときパリを支配する。レーニンはこれを、「プロレタリア革命がブルジョワの国家機構を打ち砕こうとした初の試み」と評した。しかし国家機構のほうも打ち砕かれるつもりなどなかった。ジャクラールが政治犯として逮捕されるかもしれないと聞かされたソフィアは、夫とともにパリへ向かった。ヴェルサイユ政府がコミューンへの砲撃を始めると、ソフィアとアニュータは負傷者の手当てをした。コワレフスキー夫妻は一度ベルリンへ戻ったが、パリが陥落してジャクラールが逮捕されると、再びパリへ取って返してアニュータを救い出し、ロンドンへ安全に脱出させた。ロンドンではカール・マルクスからさらなる支援を受けた。

　コルヴィン＝クルコフスキー将軍とその妻も、ジャクラールを解放してもらうべくパリへ赴いた。公式な釈放を取り付けることはできなかったが、別の監獄へ移すとそれとなく言われる。囚人たちが群衆をかき分けて連行されていると、一人の女性がジャクラールの腕をつかんで列から引き離した。それはアニュータだったという説もある（ただしそのときアニュータはロンドンにいたが）。また、コワレフスカヤだったという説も、ジャクラールの妹だったという説も、さらにはウラディミールが女装していたのだとい

う説もある。ともあれジャクラールは逃げ出し、ウラディミールからパスポートをもらってスイスへ逃亡した。これ以降コワレフスカヤは、数学に没頭しながらも政治活動や社会活動に関わるようになった。

ベルリンへ戻ったコワレフスカヤは、夢中で研究に打ち込んだ。研究はうまく進んだが、結婚生活はそうはいかなかった。夫婦喧嘩が絶えず、ウラディミールはたびたび離婚をちらつかせた。1874年までにコワレフスカヤは、いずれも博士論文にふさわしいレベルの研究論文を3編書いている。なかでも最も重要な1編目を、シャルル・エルミートは「偏微分方程式の一般理論における初の重要な成果」と評した。2編目は土星の環の力学を論じたもの、3編目は積分の単純化に関する技術的な論文である。

偏微分方程式とは、相異なるいくつかの変数に対するある量の変化率を互いに関係づけるものである。たとえばフーリエの熱伝導方程式は、棒の長さ方向における温度の違いを、各位置における温度の時間変化と関係づけている。フーリエは、三角級数を使ってこの方程式を解くために、ある特別な性質を利用した。この方程式は線形であって、いくつかの解を足し合わせるとさらなる解が得られるという性質である。

コワレフスカヤの1875年の論文は、非線形偏微分方程式でもいくつか専門的な条件を満たせば解が存在することを証明している。コーシーが1842年に導いた結論を拡張したもので、いまではそれらを合わせてコーシー＝コワレフスカヤの定理と呼ばれている。

土星の環に関する論文はヴァイエルシュトラスと研究している

最中に書かれたが、このテーマにヴァイエルシュトラスは関心がなく、コワレフスカヤが一人で研究を進めた。まず、以前にラプラスが土星の環のモデルとして提唱した、液体からなる回転する環の力学を調べた。そしてこのモデルの環の安定性を解析し、ラプラスが考えていたのと違って環は楕円にはならず、一方の側が太くてその反対側が細い卵形になることを示した。この論文の興味深い点はその手法にあり、もし必要な証明が収められていたらますます興味深い論文になっていただろう。

　しかしまもなくして、土星の環は無数の粒からできていることが明らかとなり、論文の前提だった流体モデルには疑問の目が向けられるようになった。コワレフスカヤは、「土星の環の構造に対するラプラスの考え方が妥当かどうかが、マクスウェルの研究によって疑わしくなった」と記している。

　ここで、学問の世界で繰り返し起こってきた問題に直面する。博士号を取るにはどこかの大学に論文を提出しなければならなかったが、女性に博士号を与えようとする大学は稀だったのだ。ゲッティンゲン大学が何度か外国人に、ドイツでおこなう通常の正式な口頭試験を免除して博士号を与えていたため、ヴァイエルシュトラスはこの大学に話を持ちかけた。そうしてコワレフスカヤは数学の最優等博士号を取得した。女性としてはルネサンス期イタリアのマリア・アニェージ以来初のことで、科学の博士号を持つ女性としても貴重な一人となった。

　こうしてコワレフスカヤは正真正銘の数学者となった。

数学者としての名声が高まり、
ロシア科学アカデミーの会長に就任

　1874年にコワレフスキー夫妻はロシアへ帰国し、しばらくはパラビノの家族のもとに身を寄せたが、のちにサンクトペテルブルクへ移って大学教員の職を探しはじめた。しかし採用を取り付けることはできなかった。ドイツでの学位は何の価値もなく、ロシアの学位が必要だったが、そもそも女性は試験を受けることさえ認められていなかったのだ。失望したコワレフスカヤは稼ぐために事業に手をつけるが、その決断がまもなく災難を招く。

　1875年に父親が亡くなって3万ルーブルの遺産が遺された。賢く運用していれば2人はある程度の生活を送れていたはずだが、代わりに不動産投資につぎ込んでしまう。はじめのうちは成功したようで、夫妻は庭と果樹園と牛のついた新しい家に引っ越した（ロシアでは中産階級の金持ちは牛を飼うことがステータスだった）。そして娘を授かり、母親と同じくソフィアと名付けた。ウラディミールはさらなる資金をある急進的な新聞社に投資するも、その新聞社が廃業して結局2万ルーブルを失った。その数カ月後、不動産投資も破綻した。将来見込まれる利益を担保に土地を購入していたウラディミールは、債権者から借金を取り立てられ、土地長者の夢は潰えたのだった。

　1878年、コワレフスカヤは再びヴァイエルシュトラスに連絡を取り、勧めどおり結晶による光の屈折の研究に取り組んだ。また1879年には、第6回自然科学者会議の場で、アーベル積分に関する以前の研究について講演した。1881年、コワレフスカヤと

娘はベルリンへやって来て、ヴァイエルシュトラスが見つけてくれたアパートに住みはじめた。ウラディミールの経済状況はさらに悪化し、夫婦は借金返済のために持ち物を売り払った。

1883年にウラディミールは、突然の気分変動に襲われ、また詐欺に加担したかどで起訴されそうになったことで、クロロホルムを一瓶飲んで自殺してしまう。罪悪感にさいなまれたコワレフスカヤは、5日間絶食したすえに意識を失った。しかし医者にむりやり食べさせられて意識を取り戻し、研究に没頭して結晶中での屈折の理論を完成させた。そしてモスクワに戻ってウラディミールの遺した問題を片付け、第7回自然科学者会議で回折に関する研究結果を発表した。

夫の死によって、コワレフスカヤと大学教員の職とを隔てていた大きな障壁が取り払われた。独身女性や結婚している女性よりも、未亡人のほうが受け入れられやすかったのだ。

コワレフスカヤは、革命家で女優、作家で脚本家のアンヌ・シャルロット・エドグレン=レフラーを通じ、その兄で一流のスウェーデン人数学者のヨースタ・ミッタク=レフラーと親交があった。2人の友人関係はコワレフスカヤが亡くなるまで続く。アーベル積分に関するコワレフスカヤの研究に感銘を受けたミッタク=レフラーは、ストックホルム大学にコワレフスカヤの勤め口を確保した。任期の決まっている仮のポストだったが、それでも正真正銘の大学教員である。ヨーロッパ全体で見ても、大学教員の職に就く唯一の女性となった。

そうして1883年、コワレフスカヤはストックホルムにやって来た。たやすい職業でないことはわかっていたし、偏見と闘わな

ければならないことも覚悟していたが、ある進歩的な新聞が「科学界のプリンセス」と紹介してくれたことで励まされた。ただ、もっと給料がよければとは漏らしていたが。

　コワレフスカヤは文学に対する野心も見せ、エドグレン=レフラーと共作で『幸せのための苦闘』と『どうすればよかったのか』という2編の戯曲を書いた。また、固定点を中心とした剛体の回転という、力学における昔からの大問題にも挑んだ。そしてまったく予期していなかった新たな種類の解を見つけ、それはいまでは「コワレフスカヤのこま」と呼ばれている。

　学問の世界での政治的駆け引きによって、コワレフスカヤは無給の職から、5年経てば終身職の機会を得られる講座外教授に昇進した。これでなんとか暮らしていけるようになり、亡き夫の借金も返しはじめた。またスウェーデン国内ではちょっとした有名人になり、そのおかげでベルリン大学から、プロイセンのどの大学の講義にも出席してよいと認められた。その後、ロシアへ帰国し、再びベルリンへ移り、さらにスウェーデンへ戻ってきた。また、やはり女性としては初めて学術雑誌『アクタ・マテマティカ』の編集委員にもなった。

　勢いは留まることがなかった。エルミートがパリ・アカデミーに対し、ボルダン賞にコワレフスカヤの関心に合わせた問題を出すよう手を回していて、内輪ではコワレフスカヤが賞を獲得するのは確実視されていた。そして1888年、剛体の回転に関する研究でコワレフスカヤはしかるべく賞をものにした。

　一流数学研究者としての名声が高まるにつれて、かねてからの障壁も崩れはじめ、1889年にはストックホルム大学の終身教授

に任命された。北欧の大学でそのような職に就いた初の女性だった。また、支持者の盛んなロビー活動によってロシア科学アカデミーの会長にも任ぜられた。委員会はまず、女性の入会を認めるよう規程を変更し、その3日後にコワレフスカヤを選出したのだった。

コワレフスカヤは数学以外の著作も書いている。たとえば、『ロシアでの子供時代』（邦訳『ソーニャ・コヴァレフスカヤ――自伝と追想』野上弥生子訳、岩波文庫）、アンヌ・シャルロットと共作の戯曲、そして一部自伝的な小説『ニヒリストの少女』（1890年）などがある。

コワレフスカヤは1891年にインフルエンザで世を去った。

コワレフスカヤのこまは数理物理学の模範例

コワレフスカヤが思いがけず発見した、剛体の回転の問題に対する新たな解は、力の作用のもとで粒子や物体がどのように運動するかを論じる力学に大きく寄与した。力学の典型的な例としては、振り子の揺れ、こまの自転、惑星の公転運動などがある。

第7章で述べたように、力学は1687年にニュートンが運動の法則を発表したことで確立された。そのなかでもとくに重要な第2法則は、力の影響を受けて物体がどのように運動するかを、質量×加速度＝力という方程式で表わしている。この法則では、物体の位置が、位置の変化率の変化率という形で間接的に示されており、二階微分方程式となっている。

幸運な場合にはこの微分方程式を解くことができて、任意の時

刻におけるその物体の位置を表わす式が得られる。その場合、この微分方程式は積分可能であるという。力学における初期の研究の大部分は、つまるところさまざまな物理系を積分可能な方程式でモデル化することに行き着く。しかし、たとえきわめて単純な物理系でもそれは難しい場合がある。振り子は最も単純な力学系の一つで、積分可能ではあるが、それでもその正確な式には楕円関数が含まれてしまう。

はじめのうちは、知力を駆使した試行錯誤によって積分可能なケースを見つけていた。そうして経験を積んだ数学者は、いくつか一般的な原理を見出すようになった。そのなかでも最も重要なのが、運動の最中に保存される、つまり変化しない量を特定する、保存則と呼ばれる原理である。その最も身近な例がエネルギーで、摩擦がない場合、力学系の全エネルギーはつねに一定に保たれる。それ以外の保存量としては、運動量や角運動量がある。保存量が十分な数あれば、それらを使って解を導くことができるため、その物理系は積分可能である。剛体の運動において積分可能な物理系は、歴史的理由から「こま」と呼ばれている。

コワレフスカヤより以前、積分可能なこまは2種類知られていた。一つは、外部からひねりの力（トルク）が加わらない剛体である、オイラーのこま。もう一つは、垂直に重力が加わりながら水平面上で自転する、ラグランジュのこまである。ラグランジュは、そのこまが回転対称性を持っていればこの物理系は積分可能であることを発見した。どちらのケースでも鍵となるのは、こまの慣性モーメント、つまり、ある軸を中心とする角運動をある量だけ加速させるのに必要なトルク（ひねりの力）である。どんな

剛体も3つの特別な慣性モーメントを持っており、それらを主慣性モーメントという。

当時、力学に精通した数学者なら誰しも、オイラーのこまとラグランジュのこまについては知っていた。また、積分可能なケースはこの2つしかないということも知っていた。というより、そう思っていた。そのため、コワレフスカヤが3つめのケースを発見したことは、控えめに言っても衝撃的だった。しかもコワレフスカヤは、数学者たちが使い慣れて、方程式を解くのに役立つと気づきはじめていた対称性に頼らずにそれを発見した。その新たな解には、こまの主慣性モーメントの1つがほかの2つの半分の大きさであるという謎めいた性質が利用されていた。いまでは、この3つ以外に積分可能なケースは存在しないことがわかっている。

積分可能でない物理系も、数値近似などほかの手法を使えば調べることができる。ときには、ランダムでない法則から不規則な振る舞いが生じる、決定論的カオスを示すこともある。しかし今日でもなお、物理学者や工学者や数学者は、積分可能な物理系に強い関心を示している。そのような物理系は理解するのが容易で、カオスの大海原に浮かぶ小さな規則性の島を作っており、その例外的な性質ゆえに、詳しく研究する価値のある特別なケースとなっている。コワレフスカヤのこまは数理物理学の模範例となっているのだ。

18

怒濤のように浮かぶアイデア
アンリ・ポアンカレ

Ideas Rose in Crowds
Henri Poincaré

ジュール・アンリ・ポアンカレ
生:フランス・ロレーヌ地方ナンシー、1854年4月29日
没:フランス・パリ、1912年7月17日

アルキメデスは風呂のなかでひらめいた。一方、アンリ・ポアンカレはバスに乗ろうとしてひらめいた。

ポアンカレは当時最も創意に富む独創的な数学者だった。また、パリ心理学会でおこなった講演をもとにした一般向けのベストセラーも何冊か書いた。数学者の思考過程に関心を持っていて、とくに無意識の心に注目していた。著作『科学と方法』では、自身の経験を例として挙げている。

> のちにフックス関数と呼ぶことになるたぐいの関数が存在しえないことを証明しようと、15日間格闘した。そのときはまったく頭が回らなかった。毎日テーブルにつき、1時間か2時間そのまま座ってありとあらゆる組み合わせを試したが、何一つ結論に至らなかった。ある晩、習慣を破ってブラックコーヒーを飲んでしまい、寝つけなかった。すると、アイデアが怒濤のように浮かんできた。それらのアイデアがいわばぶつかってかみ合ったように感じられ、びくともしない組み合わせができた。翌朝には、超幾何級数に由来する一群のフックス関数が存在することを証明していた。あとはその結果を書き下すだけで、それには数時間しかかからなかった。

本の続きには、その経験の詳細が綴られている。ポアンカレの言葉を借りると、ここからいくつか専門用語が出てくるが、その意味はわからなくてもかまわない。数学の何か高度な概念を表わす単なる記号だと思えばいい。

それらの関数を2つの級数の商として表現したかった。このアイデアは完全に意識的で意図したものであって、楕円関数との類推を道しるべにした。もしそれらの級数が存在するとしたら、それはどのような性質を持つはずだろうかと自問したところ、θフックス級数と名付けた級数を難なく作ることができた。

　ちょうどその頃、当時住んでいたカーンを出発して、鉱業学校主催の地質見学旅行に出かけた。その旅行が気分転換になって、数学の研究のことは忘れていた。クータンスに着くと、方々を回るために皆で乗合バスに乗り込んだ。すると、そのステップに足をかけた瞬間、アイデアが降りてきた。それまで、そのようなアイデアにつながりそうなことなどいっさい考えたことがなかったのに。フックス関数を定義するのに使っていた変換が、非ユークリッド幾何学の変換とまったく同じであることに気づいたのだ。そのときは時間がなかったので、そのアイデアを確かめることはできなかった。バスの座席に着いて、途中になっていた会話を続けたが、完全に確信していた。カーンへ帰る道中には、意識のおかげでその結論を思うがままに確かめることができた。

　この逸話に続いて、突然のひらめきの瞬間がさらに2つ紹介されている。

　このような発見の瞬間を自ら振り返ったポアンカレは、数学的発見のプロセスを、準備、培養、啓示の3つの段階に分けた。準備とは、十分に意識を働かせて問題に没頭し、行き詰まること。培養とは、無意識がそれを熟考しているあいだじっと待つこと。そして啓示とは、頭のなかで小さな電球が灯って、あの有名な「エ

ウレカ！」の瞬間が訪れること。

偉大な数学者の思考のしくみに切り込んだ、いまだに最も優れている考察の一つである。

数学のモンスター

アンリ・ポアンカレはフランスのナンシーで生まれた。父親のレオンはナンシー大学の医学教授、母親の名はウジェニー（旧姓ローノア）。いとこのレイモン・ポアンカレは首相となり、第1次世界大戦中にはフランス共和国の大統領を務めた。

アンリは幼いときにジフテリアにかかり、回復するまでは母親から自宅で特別な教育を受けた。その後、ナンシーのリセ（中等学校）で11年過ごした。あらゆる教科でトップの成績を収め、とくに数学にかけては誰も太刀打ちできなかった。教師からは「数学のモンスター」と呼ばれ、全国賞もいくつか獲得した。記憶力に優れていて、3次元の複雑な形を頭のなかに思い描くことができた。目が悪くて、黒板の文字どころか黒板自体もよく見えなかったが、それをこの能力で補ったのだった。

普仏戦争真っただ中の1870年、ポアンカレは父親とともに野戦病院で働いた。1871年に戦争が終結し、73年にポアンカレはパリのエコール・ポリテクニーク（理工科学校）に入学して、75年に卒業した。続いてエコール・デ・ミーヌ（鉱業学校）へ進み、採鉱学とさらなる数学を学んだ。そして1879年に採鉱学の学位を取得した。

その年は慌ただしい1年だった。ヴズール地区の鉱業団の監督

官となり、18人の坑夫が犠牲となったマニでの事故の公式調査をおこなった。また、エルミートのもとで差分方程式に関する博士研究もおこなった。差分方程式は微分方程式に似ているが、時間が連続的でなく不連続に変化していく。ポアンカレは、差分方程式が太陽系など重力のもとで運動する多数の物体のモデルになりうることに気づいて、将来の発展をいち早く先取りした。のちに、コンピュータが強力になって膨大な計算をおこなえるようになると、その重要性は増していった。

博士号を取得したポアンカレは、カーン大学で数学の下級講師の職に就き、将来の伴侶ルイーズ・プラン・ダンドシーと出会った。2人は1881年に結婚し、女の子3人と男の子1人、計4人の子供を授かった。1881年にポアンカレははるかに名誉あるパリ大学での職に就き、当時を代表する数学者の一人へと成長していく。

直感力に優れていて、バスの逸話からわかるとおり、何か別のことを考えている最中に優れたアイデアを思いつくことも多かった。一般向けの科学書も何冊も書き、『科学と仮説』(1901年)、『科学の価値』(1905年)、『科学と方法』(1908年)はベストセラーになった。また当時のほとんどの数学分野に手を広げて、複素関数論、微分方程式論、非ユークリッド幾何学、トポロジー（ポアンカレが創始したと言っていい）を研究し、さらには、電気、弾性、光学、熱力学、相対論、量子論、天体力学、宇宙論など多様な分野に数学を応用した。

ポアンカレ予想

　トポロジーとは「ゴムシートの幾何学」のことであった。ユークリッド幾何学は、長さや角度や面積など、剛体運動で保存される性質に基づいて構築されている。トポロジーではそれらをすべて忘れて、曲げたり伸ばしたり、縮めたりねじったりといった、連続変形で保存される性質に注目する。そのような性質としては、連結しているかどうか（一つの部分からなるか、あるいは二つの部分からなるか）、結び目があるかどうか、そして穴が開いているかどうかなどがある。曖昧な分野に聞こえるかもしれないが、連続性はおそらく対称性よりもさらに基本的な概念だ。20世紀、トポロジーは代数学と解析学に並んで、純粋数学の3本の柱の一つとなる。

　その発展は、ポアンカレがゴムシートからいわばゴム空間へとトポロジーを拡張したことによるところが大きい。シートのたとえは2次元的な概念である。ガウスのように周囲の空間を無視すると、シート（正式には曲面という）上の1点を指定するには2つの数があればいい。ガウスに学んだヨハン・リスティングなど、正統的なトポロジー学者は、曲面のトポロジー的性質をかなり詳細に解明した。とくに、考えられる形をすべて列挙することで曲面を分類した。そのさいには、平らな多角形（およびその内部）を使って曲面を作る巧妙な手法が使われた。

　曲面のなかでも単純でしかも重要な例が、トーラスである。3次元空間のなかに埋め込むと、中央に穴が1つ開いたアメリカン

ドーナツのような形をしている。数学で言うトーラスは、ドーナツの表面として定義される。中身は含まれず、中身と周囲の空気との境目だけだ。しかし概念的には、中身も空気も使わずに定義することができる。まず正方形を1つ考え、さらにルールとして、その対辺上のそれぞれ対応する点どうしを同じものとみなせばいい。もしこの正方形を丸めて、対辺どうしをつなぎ合わせれば、確かにトーラスの形ができる。しかしいまのルールを覚えてさえいれば、平らな正方形ですべて事足りる。

多くのコンピュータゲームは、このつなぎ合わせのルールをグラフィックスで表現して長方形の画面を「丸めて」いるので、エイリアンのモンスターは左端から姿を消すと右端から出てくる。画面を実際に丸めてこの効果を出そうなんて考える人はいないだ

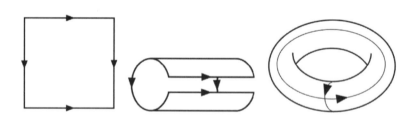

正方形の対辺どうしをつなぎ合わせると、トーラスができる。しかし実際に正方形を曲げなくても、正方形と、その辺どうしをつなぎ合わせる規則だけを使えば、この結論をイメージしてさらに追究することができる。

ろう。このような曲面は、「平坦トーラス」という矛盾した名前で呼ばれている。「平坦」は、局所的な幾何構造が平らな正方形と同じだからで、「トーラス」は、全体的なトポロジーがトーラスと同じだからだ。

　リスティングらは、適切な多角形の辺どうしを概念的につなぎ合わせることで、有限の広がりを持つあらゆる閉じた曲面を作れることを示した。その多角形の多くは4本より多い辺を持っているので、つなぎ合わせのルールは複雑になる。このことから、向き付け可能な曲面、すなわち、有名なメビウスの帯と違って表裏があるような曲面はすべて、k-トーラスであることを証明できる。k-トーラスとは、k個（$k = 0, 1, 2, 3$……）の穴を持っているトーラスに似た曲面のこと。$k = 0$であれば球面、$k = 1$であればふつうのトーラス、$k \geq 2$であればもっと複雑な形になる。向き付け不可能な曲面も同じように分類できるが、そこまでは立ち入らないことにしよう。

2-トーラスと3-トーラス

ポアンカレは、2つより多くの次元を持つ空間へトポロジーを一般化したいと考えた。その最初のステップは当然3次元だ。そこでは、ガウスによる内在的な幾何のとらえ方が重要となる。複雑なトポロジー空間をふつうの3次元ユークリッド空間のなかに埋め込もうとしても意味がない。それはまるで、平面内にトーラスを、辺どうしを同一視するからくりを使わずに埋め込もうとするようなもので、それではうまくいくはずがない。

　3次元トポロジー空間、いわゆる3次元多様体（3-多様体、396ページ参照）の興味深い例をいくつか示すために、リスティングが使ったからくりを一般化しよう。たとえば、中身の詰まった立方体（3次元にするためには6枚の正方形の面だけでなく中身も必要）を考えて、その相対する面どうしを概念的に貼り合わせると、平坦な3次元トーラスができる。こうすると、3次元エイリアンが一つの面から姿を消して、その反対側の面から再び現われるようになる。まるで、その面どうしがスターゲイトの出入り口のようになっていて、エイリアンがそこを通り抜けたかのように。

　もっと一般的には、何か多面体を考えて、ある一連のルールに従って面どうしを貼り合わせればいい。このようにするとトポロジー的にさまざまな3-多様体が得られるが、それだけではすべての3-多様体を作ることはできない（すぐにはわからないが確かにそのとおりである）。それどころか、3次元以上の多様体をトポロジー的に分類するのはそもそも不可能である。トポロジー的に相異なる形があまりにも多すぎるからだ。しかしかなり苦心すれば、いくつか一般的なパターンを探り出すことができる。

　これに関してポアンカレはあるきわめて基本的な疑問を示した。

それはポアンカレ予想と呼ばれている。本当のところを言うと、あとで説明するように「ポアンカレの間違い」と呼んだほうがいいのだろうが、そこまで目くじらを立てるのはやめよう。ともあれ1904年にポアンカレは、それまで暗黙のうちに自明だと仮定していたある事柄が実は正しくなかったことに気づき、もっと強い仮定から出発することでその穴を埋め合わせられないだろうかと考えた。しかしどうしてもうまくいかなかったため、「この問題を追いかけていくとあまりにも道を外れてしまう」とこぼして、未来の世代に難題を残していったのだった。

　そのポアンカレ予想を理解するために、まずはもっと単純な曲面を使って、それに似た疑問を考えてみよう。球面とそれ以外のk-トーラスとを区別するにはどうしたらいいだろう？　ポアンカレは、ある単純なトポロジー的性質を使えば区別できることに気づいた。球面上にループ（両端がつながった曲線）を描いて、それを球面から離れさせずに連続的に変形させていくと、1点にまで縮めることができる。邪魔になるような穴が開いていないので、どんどん縮めていけば最終的には1点になってしまう。しかし、穴が1つ以上開いているk-トーラス（$k>0$）の場合、穴に巻きついているようなループは同じように縮めることができない。いつまでもその穴に通ったままだ。

「どんなループも1点にまで変形できる」というのを、専門用語で「ホモトピー球面」という。いまおおざっぱに説明したとおり、すべてのホモトピー球面は正真正銘の球面とトポロジー的に同じである。したがって、球面は1つの単純なトポロジー的性質で特徴づけることができる。ある曲面上に棲んでいる仮想的なアリは、

ひもを1周伸ばしてループにし、それを1点に縮められるかどうかを試すことで、自分の棲んでいるのが球面上なのかどうかを原理的には知ることができるのだ。

　ポアンカレは、球面に相当する3-多様体である3-球面も、これと同じような方法で特徴づけられるだろうと考えた。3-球面は中身の詰まったただのボールとは違う。ボールには境界があるが、3-球面にはない。3-球面は、中身の詰まったボールの表面全体を1点に集めたものだと考えればいい。ちょうど、円盤のすべての境界点を1カ所に集めるとトポロジー的に球面になるのと同じだ。ひもで口をしばるタイプのバッグを思い浮かべてほしい。ひもをきつく引っ張るとバッグの境界が集まって、バッグは球面と同じトポロジーになる。それと同じことを、次元を1つ増やしておこなえばいいのだ。

　ポアンカレがこの予想を思いついたのは、もう1つのあるトポロジー的性質について考えていたからだった。その性質をホモロジーという。ループを変形させるのよりも直感的にはわかりにくいが、それと密接な関係にある。k-トーラスにはループの通る穴がk個あるので、いわば、ループを1点に縮めない方法がk通りあるということになる。ホモロジーとは穴を使わずにこの考え方を表現したもので、それを視覚に訴えるような形で解釈すれば、確かに穴になる。穴は曲面の一部ではなく、曲面の存在しない場所なので、穴という概念を使うと多少誤解が生じかねない。2次元では先ほどの分類定理のおかげで、球面を「穴がない」というホモロジー的性質で特徴づけることができる。

　ポアンカレは初期の論文で、これと同じことが3次元でも成り

立つと仮定した。あまりにも自明に思えたため、わざわざ証明することはしなかった。しかしその後、ホモロジーは3-球面と同じなのに、トポロジー的には3-球面と異なるような空間を発見してしまう。それを作るには、中身の詰まった立方体から平坦な3次元トーラスを作ったときと同じように、中身の詰まった正一二面体の相対する面どうしを貼り合わせる。ポアンカレは、この「正一二面体空間」がトポロジー的に3-球面と同等でないことを証明するために、ホモトピーというものを考え出した。ホモトピーとは、ループを変形させるとどうなるかという意味である。ポアンカレの正一二面体空間には、3-球面と違って、連続的に変形させても1点に縮まらないループが存在する。そこでポアンカレは、この性質を追加したら3-球面を特徴づけられるようになるのだろうかと考えた。答えがどちらなのか自分の意見は示さなかったので、これは実際には予想でなく疑問である。しかし、その答えが「イエス」だと予想していたのは明らかなので、予想と呼んでもそれほどおかしくはない。

　このポアンカレ予想を証明するのは難しいことがわかってきた。ものすごく難しかったのだ。トポロジーの用語や考え方に慣れている人にとっては、単純だし自然な疑問である。だから、自然な答えと単純な証明があるにちがいない。しかし実際にはそんなことはなかった。それでも、ポアンカレがこの予想に至った考え方をきっかけに、トポロジー空間の研究と、もし運が良ければトポロジー空間を区別することのできる、ホモロジーやホモトピーといった性質に関する研究が、爆発的に広がった。最終的にポアンカレ予想は、2002年にグリゴリ・ペレルマンが、一般相対論に

着想を得た新たな手法を使ってようやく証明した。

ポアンカレ写像

　ポアンカレにとって、トポロジーはただの知的ゲームではなかった。物理学に応用したのだ。従来、力学系を解析するには、微分方程式を書き下してそれを解くという方法が使われていた。しかし残念ながら、この方法では正確な答えが得られることがめったにないので、何百年ものあいだ数学者はさまざまな近似法を使っていた。コンピュータが広く利用できるようになるまでは、無限級数で表わされた近似式が用いられ、実際にはその最初のいくつかの項だけを使って計算していた。コンピュータが登場すると、数値近似も実用的になった。

　1881年にポアンカレは論文『微分方程式で定義される曲面について』のなかで、微分方程式に対するまったく新しい考え方を編み出した。この論文によって打ち立てられた微分方程式の定性的な理論では、数式や級数を書き下したり、それを数値的に計算したりしなくても、微分方程式の解の性質を導くことができる。すべての解の集まりを一つの幾何学的物体としてとらえた、相図と呼ばれるものの一般的なトポロジー的性質を利用すればいいのだ。

　微分方程式の解は、時間の経過とともに各変数がどのように変化するかを表わしている。それらの変数を座標にしてグラフを描くと、解を視覚的にとらえることができる。時間が経つにつれて座標は変化していくので、その座標が表わす点は、解軌道と呼ば

れる曲線を描いて移動していく。変数の各組み合わせによって、変数1つごとに次元を1つ持つ多次元空間が定まり、それを相空間とか状態空間という。通常はすべての初期条件に対して解が存在するため、相空間内のすべての点がいずれかの軌道上に位置することになる。このため相空間は、一群の曲線へ分割される。それが相図である。

これらの曲線は、毛の長い毛皮を櫛で梳かしたように滑らかにまとまっている。ただし、方程式の定常状態の近くではそうではなく、定常状態では解がつねに一定であるため、毛が1点に縮まってしまう。定常状態は簡単に見つけることができ、おもな特徴を表わした相図の「骨格」の足がかりとなる。

ここまで説明してきたように、相図を描くには、解またはその数値近似がわかっていなければならない。ポアンカレは、その解の性質のいくつかをトポロジー的に突き止められることを発見した。たとえばある力学系が周期解（同じ一連の状態が何度も繰り返される解）を持つ場合、その解軌道はループとなり、解はまるで回し車のなかのハムスターのように同じところをぐるぐる回りつづける。ここで、トポロジー的にはループはすべて円に変形させることができるので、問題を円のトポロジー的性質へ単純化できる。

ループが存在するかどうかは、多くの場合、ポアンカレ断面というものを考えることで判断できる。ポアンカレ断面とは、何本もの解軌道の束を切った断面のことである。その断面上の1点からスタートして解軌道をたどっていき、再び同じ断面にぶつかるまで進んでいく（ぶつかるとすれば）。そうすると、この断面から

同じ断面へ写す写像が得られ、それをポアンカレ写像とか第一回帰写像という。この断面が周期的な解軌道を横切っていると、それに対応する点は同じ位置に戻ってくる。つまりポアンカレ写像の不動点となる。

ここで仮に、円盤や球、あるいは高次元でそれに相当するものをポアンカレ断面として考え、その断面をポアンカレ写像で写した像が、もとの断面のなかに含まれることを証明できたとしよう。すると、ブラウアーの不動点定理と呼ばれるトポロジーの一般的な結果により、そのポアンカレ断面には不動点が存在し、この微分方程式はその断面を横切る周期解を持つと結論づけることができる。

ポアンカレはこれに似たさまざまな手法を導入して、2変数微分方程式の解軌道の長期的振る舞いに関するある一般的な予想を示した。その予想とは、この解軌道を縮めていくと、点または閉じたループまたはヘテロクリニックサイクル（有限個の不動点を結ぶ解軌道で作られたループ）になるというものである。この予想は1901年にイヴァル・ベンディクソンによって証明され、ポアンカレ＝ベンディクソンの定理と呼ばれている。

多体問題の論文

解の式が得られなくても、トポロジー的方法によって微分方程式の解に関する深い知見が得られる。このポアンカレの発見が礎となって、科学界に広く応用されている現代の非線形動力学の方法論が生まれた。またここからポアンカレは、今日ではトポロジ

一動力学の偉大な成果の一つとされる、カオスというもう一つの画期的な発見を成し遂げた。その下地となったのは、多数の物体がニュートン重力のもとでどのように運動するかという、いわゆる多体問題である。

　ヨハネス・ケプラーは火星の観測結果に基づいて、太陽のまわりを公転する1個の惑星の軌道が楕円になることを導いた。この幾何学的事実をニュートンは、万有引力の法則に基づいて説明した。宇宙に存在するすべての物体が、質量に比例し、また互いの距離の2乗に反比例する力によって互いに引き合う、という法則である。原理的には、太陽系の各惑星など、互いに重力で引き合う物体が何個あったとしても、このニュートンの法則によってその運動を予測することができる。

　しかし残念ながら、万有引力の法則は物体の運動を直接記述しているのではない。万有引力の法則から導かれる微分方程式の解が、任意の瞬間における物体の位置を表わしているのだ。ニュートンは、物体が2個の場合にはその方程式を解くことができ、その答えがケプラーの言うとおり楕円になることを見出した。しかし物体が3個以上になると、そのような簡潔な解を導くことはできなかったため、天体力学に取り組む数学者は特別な方法や近似に頼っていた。

　1889年、当時一つの王国だったスウェーデンとノルウェーの王、オスカル2世が60歳の誕生日を迎えた。それを祝して王は、ミッタク＝レフラーの提案を受け、多体問題の解に対して賞を与えることにした。その解は、ほぼ間違いなく存在しない単純な式ではなく、収束無限級数として与えることと定められた。そうすれば、

その級数の十分な項を計算することで、好きな精度で多体問題を解くことができる。

ポアンカレはこの問題に挑戦して賞を獲得したが、提出した論文には完全な問題の答えは示せなかった。対象としたのは、物体が3個で、しかもそのうちの2個は質量が等しくて円の互いに正反対の位置で公転しており、また3個目はきわめて軽いために重い2個の物体に影響をおよぼさないというケースだった。この結果によって、ある条件では特定の解が存在しないという証拠が浮かび上がってきた。ときに系がきわめて不規則な形で振る舞い、その様子はまるで、ほどけかけた毛糸玉をうっかり地面に落としたときのようになるのだ。ポアンカレは、その動的振る舞いを規定する2本の重要な曲線がどのように交差するかを幾何学的に見抜き、それを次のように説明している。

> これらの2本の曲線と、一つ一つが二重漸近解に対応するその無数の交点を図に描こうとすると、それらの交点は、いわばネット、あるいはクモの巣、あるいは無限に目の細かい網のようなものを作る。その図の複雑さには衝撃を受けるので、ここでは描きたくもない。

ポアンカレが発見したこの代物は、いまでは動的カオスの初の重要な例と受け止められている。すなわち、決定論的な方程式に対して、あまりにも不規則で見方によってはランダムに見える解が存在するということである。しかし当時この結果は、興味は持たれたものの、それ以上の進展はないだろうと思われていた。

最近まで、いま説明したとおりの顛末が公式には真実とされてきた。しかし1990年代、数学史家のジューン・バロー＝グリーンがスウェーデンのミッタク＝レフラー研究所を訪れて、ポアンカレの論文の別バージョンを発見する。そこには、きわめて不規則な軌道が存在する可能性に関する言及はなかった。実はポアンカレが提出したのはこのバージョンだったのだが、受賞者が発表されたあとでポアンカレは間違いに気づいた。印刷された論文はほぼすべて破棄され、修正したバージョンがポアンカレの自費ですぐに印刷し直されたのだ。しかしもとのバージョンが1部、研究所の書庫に残っていたのだった[*9]。

偉大な数学的遺産

　ポアンカレは理想主義的な学者の典型であるかのように見えるかもしれないが、実際には生涯を通して鉱業と関わりつづけ、1881年から85年までは公共事業省の技師として北部の鉄道の開発も指揮した。1893年には鉱業団の主任技師となり、1910年には監督長に昇進した。パリ大学では、力学、数理物理学、確率論、天文学と、いくつもの分野の教授を務めた。オスカル王の賞を獲得する2年前の1887年には、わずか32歳で科学アカデミーの会員に選出され、1906年には会長となった。1893年には経度委員会に加わり、世界統一の時間体系の構築を目指して、世界中をいくつもの時間帯に分割することを提案した。

　ポアンカレは、特殊相対論をめぐってアインシュタインをあと一歩で出し抜くところまで肉薄した。1905年に、マクスウェル

の電磁気方程式がいまで言うところのローレンツ群のもとで不変であり、ゆえに運動している座標系で光の速さが一定でなければならないことを示したのだ。ポアンカレは、実際の物理がそのとおりになっているという重要な点を見落としたようだが、アインシュタインはそれを正しく把握した。そして、特殊相対論における平坦な時空のなかを光速で伝わる重力波の概念を提唱した。その重力波は2016年にLIGO実験によって検出されるが、それ以前に、舞台は一般相対論の湾曲した時空へと移っていた。

　1912年、ポアンカレは癌の手術を受けたのちに塞栓症で亡くなり、モンパルナスの墓地にある一族の地下納骨所に安置された。ポアンカレが提唱した数々のアイデアをほかの人たちが発展させるにつれ、その数学の名声はどんどんと膨らんでいった。今日ではポアンカレは、数学界の偉大な創始者の一人、当時の数学のほぼあらゆる分野を手中に収めた最後の人物の一人と受け止められている。その数学的遺産はいまだ健在である。

19

我々は知らなければならない、我々は知ることになろう
ダフィット・ヒルベルト

We Must Know, We Shall Know
David Hilbert

ダフィット・ヒルベルト

生:プロイセン・ケーニヒスベルク(現ロシア・カリーニングラード)近郊ヴェーラウ、
1862年1月23日

没:ドイツ・ゲッティンゲン、1943年2月14日

一人のドイツ人教授が、68歳になって引退を余儀なくされた。1930年、ダフィット・ヒルベルトがこの節目を迎えると、その傑出した学者人生の公式の幕引きを祝す公開式典が数多く開かれた。ヒルベルト自身は、不変式の有限基底の存在という、自身初の大きな成果について講演した。自動車愛好家たちは、新たにヒルベルト通りと命名された道をパレードした。妻に「いいアイデアね！」と言われると、ヒルベルトは「アイデアは良くないが、それを実行したのは見事だ」と答えたという。

なかでも最も嬉しかったのが、出生地の近郊の町ケーニヒスベルクの名誉市民に叙せられたことだった。ドイツ科学者医学者協会の会合でその称号が授与されることになり、ヒルベルトは受章講演をすることになった。幅広い層の人が理解できる講演にしなければならないと考えたヒルベルトは、イマニュエル・カントがケーニヒスベルク生まれであることから、哲学的側面を持つテーマがいいだろうと判断した。さらに、自身の生涯の研究をまとめたものでもなければならない。

そこで結局、「自然の知識と論理」という題目に落ち着いた。すでにそのような講演の雛形はできていて、大学であらゆる人を対象にした土曜朝の連続講義でたびたび話もしていた。相対論、無限、数学の諸原理……。ヒルベルトは、関心を持つすべての人が理解できるよう最善を尽くした。そして、それまでで最高のものとなる講義に全精力を注ぎ込んだ。

「自然と生命を理解することが、我々の最も崇高な責務である」とヒルベルトは話を切り出した。そして、思考と観察という、この世界を理解するための2つの方法を比較して、その違いを強調

した。この2つは自然法則によって結びついていて、その法則は観察結果から導かれ、純粋な論理によって展開される。カントにも響いたはずの科学観だが、皮肉なことにヒルベルトはカントをあまり支持していなかった。ただ、わざわざそんな野暮なことを言う場ではなかったし、この点に関してだけは見解の違いはなかった。

　しかしヒルベルトは、どうしても一つ皮肉を言わずにはいられなかった。経験を通じては得られない先験的な知識の重要性を、カントは過大評価しすぎていたというのだ。その好例が幾何学である。カントは、空間はユークリッド的でなければならないと論じたが、そのように決めつける理由は何もない。それでも、そのような人間中心的な不要な考え方を取り除いていくと、真に先験的な概念だけが残る。それが数学の一般性である。

「現在の我々の文化全体は、自然の知的理解と支配に関するかぎり、すべて数学に根ざしているのだ！」とヒルベルトは言いきった。そして締めくくりに、実用的な意義がないとたびたび批判される純粋数学を擁護した。「純粋な数論は、いまのところ何の応用法も見つかっていない数学の一分野である。……すべての科学が唯一目的とするのは、人間の精神の輝きである！」（強調は著者による）

　講演の大成功を受け、ヒルベルトは地元のラジオ局の誘いで再演することになった。その録音がいまでも残っている。ヒルベルトは、恒星の化学的組成など、以前は解決不可能だとされていたさまざまな問題が、新たな考え方によって攻略されてきたことを強調している。「解けない問題などというものは存在しない」。講

演の最後の言葉は、「我々は知らなければならない。我々は知ることになろう」。そして技師がテープを止めたその瞬間、ヒルベルトは笑い声を上げた。

当時ヒルベルトは、数学全体を論理的基盤の上に構築するという壮大な計画に没頭していて、この講演の言葉は、その計画が成功するという自信の表われだった。すでにかなりの進展を見せていた。しかしまだ、手強い問題がいくつか残されていた。それに片がつけば、数学全体の論理的基盤を完成させるだけでなく、自らの公理系が論理的に無矛盾であることも証明できる。

だが事はヒルベルトの思いどおりには進まなかった。

不変式論の分野全体をひっくり返す

ヒルベルトは弁護士一家の出身だった。祖父は裁判官で枢密顧問官、父オットーは州の判事だった。母マリア（旧姓エルドゥトマン）はケーニヒスベルクの商人の娘、哲学や天文学や素数に熱中し、その情熱が息子にも引き継がれたらしい。ダフィット6歳のときに妹エルジーが生まれた。ダフィットはしばらく自宅で母親から勉強を教わり、8歳でようやく学校に入学した。

そこは古典を重視する学校で、数学はほとんど、科学はいっさい教えていなかった。丸暗記が日々の日課で、ヒルベルトは、脈絡のない事実を覚えなければならない教科はすべて出来が悪かった。自分は「のろまなバカだった」と語っている。しかし一つだけ、素晴らしい出来の教科があった。成績通知書には次のように記されている。「数学に対してはつねにとても強い関心を見せ、

鋭い理解力を示した。当学校で教えるあらゆる題材をきわめて満足のいく形で習得し、それを器用な方法で確実に扱うことができた」

　1880年、ヒルベルトはケーニヒスベルク大学で数学の学位を目指し勉強を始めた。ハイデルベルク大学でラザルス・フックスの指導のもといくつか授業を取ったのち、ケーニヒスベルク大学へ戻って、ハインリッヒ・ヴェーバー、フェルディナント・フォン・リンデマン、アドルフ・フルヴィッツに師事した。フルヴィッツや、学友のヘルマン・ミンコフスキーとは親友になった。またミンコフスキーとは生涯を通じて手紙のやり取りを続けた。学位論文の指導教官となったリンデマンは、それからまもなくして、πが整数係数のいかなる代数方程式をも満たさないことを証明して名を上げる。

　そんなリンデマンはヒルベルトに、ブールが切り拓き、ケイリーやシルヴェスターやパウル・ゴルダンが発展させてきた道をたどって、不変式論の研究をおこなったらどうかと勧めた。彼らの方法は膨大な計算を要するもので、そのとてつもない計算をすいすいとこなすヒルベルトに驚いた友人ミンコフスキーは、「その不憫な不変式がいやおうなしにたどっていく過程を見ているのはなんとも愉快だった」と書き記している。1885年、ヒルベルトは物理学と哲学に関する公開講義をおこなって、博士号を取得した。

　当時、不変式論の分野を率いていたのはゴルダンで、その最大の未解決問題が、変数が何個あるどんな次数の方程式にも必ず有限基底が存在するのを証明することだった。つまり、すべての不

変式がある有限個の不変式の組み合わせになっているということで、その基底を列挙しさえすれば、事実上すべての不変式を挙げたことになる。2変数の二次方程式の場合、その基底は判別式のみからなる。このときにはすでに多くのケースについて有限性が証明されていて、そのいずれにも、すべての不変式を計算してそこから基底を選び出すという方法が使われていた。その方法でゴルダンは、当時知られていたなかで最も包括的な定理を証明していた。

ところが1888年にヒルベルトが、すべてのケースで有限基底が存在することを不変式をいっさい計算せずに証明する論文を発表し、この分野全体をひっくり返した。それどころか、不変式から構成されているかどうかにかかわらず、代数式の適切な集合には必ず有限基底が存在することまで証明した。

そのような結果を予期していなかったゴルダンは、「これは数学ではない。神学だ」と言って、ヒルベルトが『数学紀要』に投稿した論文を却下してしまう。そこでヒルベルトは編集者のクラインに抗議し、「私の論証に対する、反駁の余地のない明確な異議が示されないかぎり」論文の修正は拒否すると訴えた。結局クラインは論文を無修正で掲載することに同意した。計算能力でなく概念的思考となると理解が追いつかなくなるゴルダンよりも、この証明をもっとよく理解できたのだろう。

その数年後にヒルベルトはこの結果を拡張して、再び論文を投稿した。クラインは掲載を許可し、「一般代数学に関する論文として、これまでに『紀要』に掲載されたなかで最も重要なもの」と評した。ヒルベルトにとっては、この分野で手がけたことはす

べて片がついてしまった。そしてミンコフスキーに「不変式の分野からはきっぱりと足を洗うつもりだ」と書き伝え、その言葉どおりにした。

代数的数論を発展させる

　ヒルベルトによってほぼ完全に息の根を止められた不変式論が復活するのは、何年ものちのこと、さらに一般的な場面において、その概念自体だけでなく計算方法にも改めて関心が持たれてからだった。

　一方のヒルベルトはというと、不変式論を打ち砕いてから新たな研究分野を見つけた。1893年、「ツァールベリヒト」（数の報告）という新たな計画に取り組みはじめたのだ。ドイツ数学会から、数論のなかでも代数的数を扱う大きな分野に関する調査を求められてのことだった。代数的数とは、有理数（整数としても同等）を係数とする多項方程式を満たす複素数のこと。たとえば$\sqrt{2}$は$x^2-2=0$を満たし、虚数 i は$x^2+1=0$を満たす。第16章で述べたように、代数的数でない複素数のことを超越数という（242ページ参照）。たとえばπや e がその例だが、これらが超越数であることを証明するのは難しく、長いあいだ未解決問題だった。しかし1873年にシャルル・エルミートが、e が超越数であることを証明し、1882年にリンデマンがπを同じく攻略した。

　代数的数が大きな役割を果たした分野、それが数論である。オイラーも、たとえば立方数におけるフェルマーの最終定理を証明するさいに、代数的数のいくつかの性質を暗黙のうちに使ってい

たが、体系的に代数的数を研究しはじめたのはガウスである。自らが導いた平方剰余の相互法則を3乗以上の次数に一般化しようとしているさいに、aとbを整数として$a+ib$という形の代数的数を使えば4乗のケースに美しい形で拡張できることを発見したのだ。この「ガウス整数」の体系はいくつもの特別な性質を持っている。とくに、この体系には素数に相当するものが存在し、素因数分解の一意性を満たす。ガウスはまた、正一七角形の作図においても1の根に関係した代数的数を使った。

　第6章で述べたように、クンマーはフェルマーの最終定理との関わりのなかで、代数的数と、自らが考えたイデアル数の概念を利用した（75ページ参照）。その概念をデデキントが単純化し、代数的数の特別な集合として構成しなおして、イデアルと名付けた。クンマー以降、代数的数の理論は、ガロアの方程式論や抽象代数学（第20章）の発展にも支えられて飛躍した。

「代数的数論（代数的整数論）」という言葉は2通りに解釈できる。数論に対する代数的なアプローチという意味と、代数的数の理論という意味である。しかしこの頃には一つの意味にまとまりつつあり、ドイツ数学会はそれをヒルベルトに総括してもらいたいと考えたのだった。するとヒルベルトは、いかにも彼らしく、それだけでは済ませなかった。見事だが一貫性のない膨大な結果を目の当たりにして、数学者がいつもやるとおり、「なるほど、でも実際には何を扱っているんだろう？」と考えた。そうして、いくつもの新たな定理を導いて証明したのだ。

『ツァールベリヒト』の執筆中、ヒルベルトはミンコフスキーからさまざまな意見をもらった。それがあまりにも広範におよんで

いたため、友人が満足するような形で仕上げるのをあきらめかけたことも何度かあったが、最終的に報告書は完成した。その報告書は、平方剰余の相互法則に相当するもっと包括的な定理を導いて証明し、いまでは類体論と呼ばれている分野の基礎を築いた。類体論はきわめて専門的だが、代数的数論の骨組みとしていまでも盛んに研究されている。『ツァールベリヒト』の「はしがき」には次のように記されている。

> 数学の女王である算術は、代数学と関数論の広大な領土を征服してそれらの支配者となった。……その結論として、もし私が間違っていなければ、現代における純粋数学の進歩は何よりも数の旗印のもとで進められたといえる。

今日の我々にはそこまでは言いきれないかもしれないが、当時は至極もっともな主張だった。

ユークリッド幾何学を公理論的に扱うための基本原理を確立

ヒルベルトは、一つの分野に5年から10年を費やしていくつかの大問題を片付けると、それまでその分野で研究していたことを完全に忘れて新天地に旅立つのが常だった。自分が数学をやっているのは、もし忘れても必ず再び導けるからだと語ったことがある。骨の髄まで数学者だったヒルベルトは、いまや代数的数論を「片付けて」、次の分野へ進んだ。代数的数に関する講義で何年ものあいだしごかれてきた学生たちは、翌年のテーマが幾何学の基

礎だと知って腰を抜かした。ヒルベルトはエウクレイデスに立ち返ろうとしたのだ。

いつものとおりそれには自分なりの理由があり、いちばんの疑問はやはり「なるほど、でも実際には何を扱っているんだろう？」だった。エウクレイデスに答えさせるとしたらそれは「空間」で、それゆえエウクレイデスは数々の定理を幾何学的な図で説明した。しかしヒルベルトは、幾何学の公理の論理構造と、そこからけっして自明ではない定理が導かれる過程のほうにはるかに興味があった。また、エウクレイデスが列挙した公理にも満足していなかった。エウクレイデスは図を使ったことで、明示的に示していない仮定をいくつも置いてしまっているからだった。

その単純な例が、「円の内部にある点を通る直線は必ずその円を横切る」という仮定である。図で見ると当たり前のように思えるが、エウクレイデスの公理から論理的に導くことはできない。このようにエウクレイデスの公理系が不完全であることに気づいたヒルベルトは、その欠陥を補おうと取り組みはじめた。

エウクレイデスは、点を「部分を持たないもの」、直線を「それ自体の上に点が均等に並んだ線」と定義している。しかしヒルベルトは、これらの言葉には意味がないと考えた。そして、重要なのはこれらの概念のイメージではなく、これらの概念がどのような振る舞いを示すかだと論じた。「点と直線と平面の代わりに、いつでもテーブルと椅子とビアジョッキと呼べるようでなければならない」と同業者には話した。とりわけ、図は完全に排除した。

もちろんこの研究計画は、すでに理解が進んでいた非ユークリッド幾何学や平行線公理（第11章）に関するもっと奥深い疑問と

関係があった。ヒルベルトは、数学のテーマを公理論的に扱うための基本原理を確立しようとしたのだ。その基本原理には、無矛盾性（論理的な矛盾が導かれないこと）と、独立性（どの公理もほかの公理からは導かれないこと）が含まれる。そのほかに望ましい特徴としては、完全性（必要なものがすべて揃っていること）と、可能であれば単純さが挙げられる。ユークリッド幾何学はそのテストケースだった。

　無矛盾性については簡単で、平面上に(x, y)座標を当てはめ、代数学を使ってユークリッド幾何学をモデル化すればいい。つまり、ふつうの数からスタートして、エウクレイデスのすべての公理を満たす数学体系を構築することができる。そうすれば、この公理系は自己矛盾しているはずがない。なぜなら、もし自己矛盾していれば、背理法により、その構築したモデルが存在しないことが証明されてしまうからだ。

　しかしこの論証には一つ欠陥があり、ヒルベルトは早くからそれに気づいていた。この論証では、標準的な数体系そのものが矛盾を含んでいないことを仮定してしまっている。つまり算術は無矛盾であるということで、数学者はそのことを「存在する」と表現する。自明なことに思えるかもしれないが、それまで実際に証明した人は誰もいなかった。のちにヒルベルトはこの欠陥を取り除こうとするが、逆にその欠陥に苦しめられることとなる。

　こうして1899年、短くて簡潔だが見事な著作『幾何学基礎論』が出版された。そのなかでは、ユークリッド幾何学が21個の明示的な公理から導かれている。3年後にエリアキム・ムーアとロバート・ムーア（互いに血はつながっていない）が、うち一つの公

理はほかの公理から導けることを証明したため、実際に必要な公理は20個である。ヒルベルトが出発点としたのは、「点」、「直線」、「平面」と、「あいだにある」、「上にある」、「合同である」という関係性の、計6つの基本的な概念である。

公理のうちの8つは、「相異なる2点は必ず1本の直線上にある」といった、点と直線のあいだの結合関係を定めている。公理のうちの4つ（エウクレイデスは図に基づいて暗黙のうちに仮定した）は、直線上の点の順序を定めている。次の6つの公理は、線分や三角形の合同関係を扱っている（「合同」とは要するに「形と大きさが同じ」という意味）。その次にエウクレイデスの平行線公理が来る。当時はすでに、ある程度の数学者なら誰しもこの公理は含めるしかないと理解していた。最後に、直線上の点を実数でモデル化するための、連続性に関する2つの複雑な公理が挙げられている（有理数でなく実数でモデル化する。図の上で2本の直線が有理点で交わるとはかぎらない）。

この本の最大の意義は、幾何学を教えることにあったのではない——もはやユークリッド幾何学はけっして流行ってはいなかった。そうではなく、数学の論理的基礎に対する盛んな取り組みのきっかけを作ることにあったのだ。その取り組みの先頭を走ったのがアメリカ人数学者たちで、そこから、論理学と数学を組み合わせた超数学が生まれた。これは、いわば数学に数学を当てはめる、もっときちんと言うと、数学に数学独自の論理構造を当てはめるというものである。数学的証明は、新たな数学を導くプロセスとしてとらえるだけでなく、それ自体を数学的対象と見ることができる。実はこの深遠な自己参照的側面が、ヒルベルトの夢を

打ち砕く種となった。

　1930年の11月、クルト・ゲーデルという名の若い論理学者の書いた論文が大きな衝撃を与えたのだ（第22章）。その論文には、2つのとんでもない定理が示されていた。第一に、もし数学が無矛盾であれば、そのことを証明するのは絶対に不可能である。第二に、数学のなかには、証明も反証もできないような命題が存在する。数学はそもそも不完全で、その論理的無矛盾性を判断することはけっしてできず、そして絶対に解けない問題が存在するのだ。

　ヒルベルトはゲーデルの研究結果を初めて知ったとき、「とても怒った」と伝えられている。

20世紀の数学研究を方向付けたヒルベルト問題

　ヒルベルトの影響力を語るうえでどうしても外せないのが、数学のさまざまな分野における23の重要な未解決問題のリスト、いわゆるヒルベルト問題である。1900年にパリで開催された第2回国際数学者会議での講演中に示されたこのリストが、20世紀の数学研究のかなりの部分を方向付けた。

　挙げられた問題としては、数学の無矛盾性の証明、物理学の公理的取り扱いに関する比較的漠然とした問題、超越数に関する問題、リーマン予想、任意の数体における最も一般的な相互法則、ディオファントス方程式が解を持つ場合を決定するアルゴリズム、および、幾何学や代数学や解析学におけるさまざまな専門的問題がある。そのうちの10の問題は完全に解決され、3つはいまだに

未解決、いくつかは漠然としすぎていて、何をもって答えと呼んでいいかわからず、2つはきわめて厳密な意味で答えがない。

この23の問題は、それらを解こうとする営みを通じてヒルベルト以降の数学を形作っただけでなく、その後の半世紀にわたる数学の発展に、大きな、そしておおむね有益な影響をおよぼした。数学者仲間のあいだで一目置かれたければ、ヒルベルト問題を一つ解くのが近道だった。

ヒルベルトは歳を重ねるにつれて、数理物理学への興味を深めていった。研究者人生を純粋数学でスタートさせて、のちに徐々に応用に傾いていくというのは、数学者ではよくあることだ。1909年にヒルベルトは積分方程式の研究をおこない、いまでは量子力学に欠かせないヒルベルト空間の概念を導いた。また、一般相対論の方程式をアインシュタインに先んじて発見する一歩手前まで来た。1915年、アインシュタインが発表する5日前に出版された論文のなかで、アインシュタイン方程式につながる変分原理を示したものの、その方程式そのものは書き損ねたのだ。

ヒルベルトはつねに物腰穏やかで、優れた研究は惜しみなく讃えたが、無意味な決まり文句をまくし立てる人や嘘つきに対しては手厳しいこともあった。セミナーの席で学生が当たり前のことをくどくどと説明すると、ヒルベルトに「まったくもって単純な話だ!」と斬って捨てられるので、賢い学生であれば話をさっさと先へ進めるのだった。

1920年代にヒルベルトは、あらゆる人に門戸を開いた数学クラブを主宰し、週1回講演会を開いた。そこでは多くの著名な数学者が、「ケーキからレーズンだけを取り出して」説明するよう

指図されたうえで話をした。難しい計算に立ち入ってくると、ヒルベルトは話を遮って、「みんなその符号が正しいかどうかチェックしに来ているわけじゃないんだ」とぼやくのだった。

歳月が経つにつれてヒルベルトは頑固になっていった。アレクサンドル・オストロフスキーによると、ある招待講演者がきわめて重要で優れた研究成果について見事な講演をおこなうと、ヒルベルトは一言だけ「それが何の役に立つの？」と意地悪な質問をしたという。またこんなこともあった。「サイバネティクス」という言葉を作った優れたアメリカ人数学者のノーバート・ウィーナーがこのクラブで講演をおこなったあと、いつものとおり全員で夕食に出かけた。するとヒルベルトは過去の講演のことを話しはじめ、年々レベルが落ちているとこぼした。いわく、昔は誰しも講演内容と説明の仕方のことをちゃんと考えていたものだが、近頃の若い連中はひどい講演ばかりだ。「最近はとくにひどい。でも今日は特別だった」

ウィーナーは褒め言葉を待った。

するとヒルベルトは、「今日の講演がいままででいちばんひどかった！」と吐き捨てたのだった。

1933年、ナチスがゲッティンゲン大学の教授陣からユダヤ人をつまみ出して一掃しはじめた。標的となった一人が偉大な数理物理学者のヘルマン・ヴァイル（ワイル）、1930年にヒルベルトが退職したとき後継者となった人物である。ほかにも、エミー・ネーター（第20章）、数論学者のエドムント・ランダウ、ヒルベルトとともに数理論理学の共同研究をおこなったパウル・ベルナイスがいる。1943年には数学科のほぼ全員がナチス政権に協力

的な人物に入れ替えられ、かつての栄光は見る影もなくなった。その年、ヒルベルトは亡くなった。

　ヒルベルトはすべてを予見していた。この数年前、教育大臣ベルンハルト・ルストがヒルベルトに、ゲッティンゲン大学数学研究所からユダヤ人がいなくなって困ってはいないかと尋ねた。ばかげた質問だった。かつての教授陣のほとんどがユダヤ人かその配偶者だったからだ。ヒルベルトはぶっきらぼうに答えた。

「困っているって？　もう教授陣自体が存在しないじゃないか」

20

学問の慣例を覆す
エミー・ネーター

Overthrowing Academic Order
Emmy Noether

アマリエ・エミー・ネーター

生:ドイツ・エルランゲン、1882年3月23日
没:アメリカ・ペンシルヴァニア州ブリンマー、1935年4月14日

1913年、連続講義をおこなうためにウィーンに滞在していた名高い女性数学者エミー・ネーターは、さまざまな分野で研究したがとくに数論の業績で知られる数学者、フランツ・メルテンスのもとを訪ねた。そのときの様子を、のちにメルテンスの孫が次のように振り返っている。

> 女性なのに、田舎の教区からやって来たカトリックの司祭のように見えた。かかとくらいまであるかなり地味な黒いコートを着て、ショートヘアの頭に男物の帽子をかぶっていた。……そして、帝国時代の鉄道の車掌のようにショルダーバッグを斜め掛けしていた。かなり風変わりな外見だった。

その2年後、この目立たない人物が、数理物理学最大の発見を成し遂げた。発見したのは、対称性と保存則との基本的な結びつきである。これ以降、自然法則の対称性は物理学で中心的な役割を果たすこととなる。今日では量子論における素粒子の「標準モデル」の礎となっており、対称性に頼らずにそれを記述するのはほぼ不可能である。

ネーターは抽象代数学の発展を率い、さまざまな種類の数や式における計算を、それらの系が従う代数法則に基づいて一つにまとめた。特別な構造や式を重視していた19世紀から20世紀はじめの新古典時代と、一般性や抽象性や概念的思考を重視する1920年頃以降の現代とを画した変化に、おそらくほかのどんな数学者よりも貢献したのが、この、メルテンスの孫いわく「風変わりな人物」だった。のちにネーターをきっかけにして、おもに

フランス人の若き数学者グループが、数学を厳密で包括的なものに変えようとブルバキ運動を組織する。少なくとも一部の人の目には包括的すぎると映ったかもしれないが、それはよくあることだ。

著名な数学者の娘として生まれる

　エミー・ネーターは、バイエルン地方の町エルランゲンでユダヤ人一家に生まれた。父マックスは、代数幾何学と代数関数論を研究する著名な数学者だった。確かに才能はあったものの、当時の偉人たちと比べると少し専門に特化しすぎていた。一家は裕福で、所有する金属製品の卸売会社は繁盛していた。この生い立ちがエミーの人生と数学に対する態度に影響を与えたのは間違いない。はじめのうち教師を目指していたエミーは、フランス語と英語を教えるのに必要な資格を取得した。しかしむべなるかな、数学の虫に取りつかれて、父親の勤めるエルランゲン大学で学びはじめた。

　その2年前に大学の理事会が、共学教育は「学問のあらゆる秩序を覆す」と公言しており、全学生986人中、女性は2人しかなかった。ネーターは講義の聴講は認められたものの、正式に受講することはできず、しかも教授一人一人から出席の許可を得なければならなかった。しかし1904年に規則が改正され、女性も男性と同じ基準で入学できるようになった。

　その年にネーターは正式な学生となり、かつてのガウスの地であるゲッティンゲン大学へ移って、著名なゴルダンの指導のもと、

不変式論に関する博士研究をおこなった。その計算はとてつもなく複雑で、最終的には3変数の4次形式に対する331個の「共変式」のリストにまとめられた。根気強いゴルダンでさえ40年前にあきらめていた計算である。ネーターの手法はかなり古風で、革新的なヒルベルトの関心はほとんど、あるいはまったく惹かなかった。1907年、ネーターは最優等博士号を取得した。

もしネーターが男性だったら、当然次のステップへ進んで終身教授職をものにしていたことだろう。しかし女性はハビリタチオンに進むことが認められていなかったため、ネーターはエルランゲン大学に7年間無給で勤めた。身体が不自由になった父親を手伝いながら、自身の研究も続けた。そんななか、エルンスト・フィッシャーと何度か議論を交わしたことで、ネーターはもっと抽象的な方法へと視点を移していく。フィッシャーからヒルベルトの新しい手法に注目させられて、それを使ったらどうかと勧められ、その手法を見事に活用したのだ。その影響は、その後の研究者人生を通じて一貫して見て取れる。

女性にも数学の門戸が開かれはじめると、ネーターはいくつかの主要な数学会に入会を認められた。それが、先ほど触れたウィーン訪問とメルテンスの孫の回想へとつながったのだった。エルランゲン大学では博士課程の学生を2人指導したが、形式上はその2人は父親の学生として登録された。

その後ネーターは、ヒルベルトとクラインから、数学研究の世界的中心地となったゲッティンゲン大学に招かれた。1915年のことで、ヒルベルトはアインシュタインの相対論に触発されて数理物理学に転向しようとしていた。相対論は不変式の数学をもと

に構築されているが、ゴルダンやヒルベルトやネーターが研究していた代数不変式よりも、むしろ解析学的な使い方をしている。つまり、空間の曲率など、当時すでに基本的なものとなっていた物理的概念をはじめとした、微分不変式としてである。

ヒルベルトは不変式論の専門家を探していて、その条件にぴったりなのがネーターだった。ネーターは短期間のうちに2つの重要な問題を解決した。

一つめは、リーマン多様体上のベクトル場およびテンソル場の微分共変式、つまりリーマンの曲率テンソルに似た振る舞いを示す量を、漏れなく発見する方法を導いたこと。これがなぜ重要だったかというと、アインシュタインによる物理学の方法論が、「相対性」原理に基づいていたからである。相対性原理によると、どんな観測者にとっても、つまり一定速度で運動するどんな座標系で表現しても、物理法則は変わらない。そのため物理法則は、運動する座標系で定義される変換群のもとで不変でなければならない。

ネーターの二つめの成果は、この問題の副産物として生まれた。特殊相対論の自然な対称群であるローレンツ群は、空間と時間が混ざり合うが光速は保存されるような変換によって定義される。このことが相対論に独特の趣を与えている。ネーターは、このローレンツ群のそれぞれの「無限小変換」から、それに対応する保存則が導かれることを証明したのだ。

因習を打ち崩すヒルベルトの奇抜な解決策

　ネーターのアイデアを理解するには、もっと馴染み深いニュートン力学に当てはめてみるといい。それでも深い洞察を得ることができる。古典力学にはいくつかの保存則があり、そのなかでも最もよく知られているのがエネルギー保存則である。時間の経過とともにニュートンの運動法則に従って運動する物体の集まりを、ひとまとめに力学系という。力学系にはエネルギーという概念が存在し、それは、運動に伴う運動エネルギー、重力場との相互作用で生じる位置エネルギー、縮めたばねに蓄えられている弾性エネルギーなど、さまざまな形を取る。

　エネルギー保存則によると、摩擦がない場合、力学系がニュートンの運動法則に従ってどのように運動していたとしても、その全エネルギーは一定である、すなわち保存される。摩擦がある場合には、運動エネルギーが熱という別の形のエネルギーに変換され、やはり全エネルギーは保存される。熱の正体は振動している分子の運動エネルギーだが、数理物理学では剛体や棒やばねのエネルギーとは違う形でモデル化され、先ほど挙げたほかの種類のエネルギーとは違うふうに解釈される。古典力学におけるそのほかの保存則としては、運動量（質量×速度）の保存則と、角運動量（自転の勢いのことだが、少々専門的な定義なのでここでは取り上げない）の保存則がある。

　ガロア（第12章）やその後継者たちのおかげで、対称性の概念は変換群のもとでの不変性として理解されるようになっていた。

すなわち、何らかの数学的構造に対しておこなうことのできる操作のうち、その操作を施しても構造の見た目が変わらないようなものの集まりということである。方程式の解にそのような変換を施すと必ず別の解が得られる場合、その方程式は対称性を持っていることになる。

物理法則も、方程式で表現するとたくさんの対称性を持っている。たとえばニュートンの運動法則は、空間のあらゆる剛体運動からなるユークリッド群の対称性を持っている。それに加えて、時間並進（違う時刻を基準に測ること）のもとでの対称性と、条件によっては時間反転（時間の流れる方向を逆転させること）のもとでの対称性も持っている。

ネーターは、いくつかのタイプの対称性と保存則とのあいだに関係性が存在することを見抜いた。すべての連続対称性、つまり、連続的に変化する実数に対応するタイプの対称性から、それぞれ保存量が一つずつ導かれることを証明したのだ。

これだけではよくわからないので、いまから少しずつ説明していこう。対称性のなかには、そもそも連続的であるものがいくつかある。たとえば、平面の回転に対応する回転角は、すべての実数を取ることができる。それらの回転は一つの群を作り、その各要素は実数に対応する。ただし一つ技術的な問題として、1回転（360°、2πラジアン）のぶんだけ異なる実数どうしは、互いに同じ回転を定義することに注意してほしい。このような「1パラメータ群」はすべて、実数、すなわち角度と同一視できる。また、空間を形を変えずに好きな距離だけ平行移動させると、その方向での空間並進が得られ、これもまた連続的な対称性である。

一方、このようなグループに属さない独立した対称性もある。その一例が鏡映操作。鏡映を半分おこなうとか、10分の1おこなうとかいったことはできないので、鏡映操作は剛体運動の1パラメータ群には含まれない。ネーターが博士課程で研究した無限小変換を使うと、この1パラメータ群を別の方法でとらえることができる。そのもととなる概念が、ノルウェー人数学者ソフス・リーにちなんで名付けられているリー群と、それに関連したリー代数である。

ニュートン力学では、時間並進の1パラメータ群に対応する保存量が、実はエネルギーである。これはエネルギーと時間とのあいだの驚くべきつながりを物語っており、それは量子力学の不確定性原理にも表われている。不確定性原理のおかげで、量子系はエネルギーを借りることができる（一時的にエネルギーは保存されない）。ただし、自然がその食い違いに気づく前に返さなければならない（短時間後にはエネルギーは確かに保存される）。一方、空間並進の1パラメータ群に対応する保存量は、その方向における運動量であり、回転の1パラメータ群に対応するのは角運動量である。

要するに、ニュートン力学における基本的な保存量はすべて、ニュートンの運動法則の連続対称性、つまりユークリッド群の1パラメータ部分群に由来していることになる。これと同じことが、相対論にも、またある程度は量子力学にも当てはまる。

自分の名義では講義ができないとみなされ、この問題に取り組みはじめたばかりの数学者にしては、なかなかの成果である。

この成果やそのほかの成功を楯に取って、ヒルベルトとクライ

ンは大学に対し、女性教官に関する考え方を変えるよう迫った。しかし、学者間の政治的駆け引きや昔ながらの女嫌いの風潮が邪魔をしてきたし、哲学科の教授たちも猛烈に反対した。「女がハビリタチオンを取得して、講義で授業料を取るのを許してしまったら、さらに教授や大学理事になるのを食い止める手立てはあるだろうか？ そんなことは断じて許せない！」。第1次世界大戦の本格化も新たな口実に使われた。「大学に戻ってきた兵士が、自分は女のもとで学ぶことになるんだと知ったら、いったいどう思うだろうか？」

それに対してヒルベルトは痛烈な反論をぶつけた。「紳士たちよ、候補者の性別がプリバトドツェント（員外講師）として認めない理由にはならないと考える。そもそも理事会は風呂屋ではないのだ」。しかしそれでも、哲学者たちに強硬な立場を変えさせることはできなかった。すると、因習を打ち崩す主義で創意に富むヒルベルトはある解決策を思いついた。1916年／17年の冬学期に向けて、次のような開講通知をしたのだ。

> 数理物理学セミナー
> ヒルベルト教授、および助手としてE・ネーター博士
> 月曜日4時から6時、授業料無料

ネーターはヒルベルトの名を借りて講義をおこなう日々を4年間過ごしたすえに、ようやく大学当局を折れさせた。1919年にハビリタチオンが与えられ、プリバトドツェントの資格を取得したのだ。そして1933年まで、その学科に代表的な教官として留

まりつづけた。

ネーターの講義の腕がどの程度だったかは、あるときやけくそになった学生が仕掛けたいたずらから推し量ることができる。いつもは5人から10人しか出席していないのに、ある朝ネーターが講義室に顔を出すと、そこには100人もの学生がいた。「部屋を間違えていますよ」とネーターが言っても、学生たちはそんなことはないと言って聞かない。しかたなくネーターは、その大観衆の前で講義を始めた。

講義が終わると、いつも出席している学生の一人がネーターに1枚のメモを渡した。「初めて来た学生たちも、いつものメンバーと同じくらいしか内容を理解できませんでした」

ネーターの講義の問題点は、単刀直入すぎたこと。たいていの数学者と違い、ネーターは形式的に物事を考えるたちだった。ネーターにとっては記号こそが概念そのものだった。ネーターの講義を理解するにはそれと同じように考える必要があり、それは容易なことではなかったのだ。

それでも、そんなネーターと、その形式的構造を重視する姿勢が、今日の数学の大部分を拓くことになる。ときには難しいことにも立ち向かわなければならないのだ。

イデアルからネーター環へ

ハビリタチオンで地位を固めたネーターは、すぐに研究分野を替え、デデキントの残した研究を引き継いだ。デデキントは、クンマーによるイデアル数という漠然とした概念の代わりに、もっ

と単純だが抽象的なイデアルの概念を導いていた。この方法論はその土台そのものが抽象的だった。加法、減法、乗法が定義されていて、通常の演算規則を満たす（乗法の交換則$xy = yx$は満たさなくてもよい）代数体系、いわゆる環の理論である。整数や実数、そして一つまたは複数の変数を持つ多項式は、いずれも環を作る。

そのしくみをおおざっぱに理解するために、通常の整数を例に挙げよう。素数や整除性について考えるには、2や3や6といった具体的な整数で計算してみるのが従来の方法である。$6 = 2 \times 3$なので、6は素数ではない。一方、2や3をもっと小さい数に分解することはできないので、これらは素数である。しかしデデキントは、これを逆の方向からとらえることもできると気づいた。6や2や3の倍数からなる集合をそれぞれ考えて、それを次のように表わす。

$$[6] = \{\cdots\cdots, -12, -6, 0, 6, 12, 18, 24, \cdots\cdots\}$$
$$[2] = \{\cdots\cdots, -4, -2, 0, 2, 4, 6, 8, 10, 12, 14, 16, 18, 20, 22, 24, \cdots\cdots\}$$
$$[3] = \{\cdots\cdots, -6, -3, 0, 3, 6, 9, 12, 15, 18, 21, 24, \cdots\cdots\}$$

波括弧は集合の意味で、また負の倍数も認める。これを見ると、[6]のすべての要素は[2]の要素でもあることがわかる。それは当たり前で、6は2の倍数なのだから、6の倍数はすべて自動的に2の倍数である。同様に、[6]のすべての要素は[3]の要素でもある。言い換えると、与えられた数（この場合は6）の約数を見つけるには、このような集合のうち6の倍数をすべて含んでい

るのはどれなのかを調べればいいということになる。

　一方、[3] に含まれている要素のうちのいくつかは、[2] には含まれていない。逆もしかりだ。したがって、3は2では割り切れないし、2は3では割り切れない。

　この考え方に少し手を加えると、素数と整数の整除性の理論全体を、ある数の倍数の集合を使って構築しなおすことができる。その集合こそがイデアルの一例で、それは次の2つの主要な性質によって定義される。一つは、イデアルに含まれている数どうしの和や差が、やはりそのイデアルに含まれていること。もう一つは、イデアルに含まれている数と、そのイデアルが属する環に含まれている数との積が、やはりそのイデアルに含まれていることである。

　ネーターは、不変式に関するヒルベルトの諸定理をイデアルを使って書き替えて、まったく新たな方向へ一般化した。ヒルベルトによる不変式の有限基底定理は、結局のところ、不変式に伴うイデアルが有限生成であること、つまり、そのイデアルが有限個の多項式（基底）のすべての組み合わせから作られていることを示している。ネーターはこの結論を解釈しなおして、次々に大きくなっていくイデアルの鎖が必ず有限回のステップで途切れると表現した。つまり、多項式の環に含まれるすべてのイデアルは有限生成であるということである。

　この考え方をまとめた1921年の論文『環領域におけるイデアルの理論』は幅広い影響を与え、この論文によって可換環の包括的な理論が生まれた。ネーターはこの鎖の条件からいくつもの重要な定理を導き出したため、この「昇鎖条件」を満たす環はネー

ター環と呼ばれている。不変式に対するこの概念的な方法論は、博士論文のときの膨大な計算とはまったく対照的で、ネーターはその膨大な計算を「数式のジャングル」と呼んで切り捨てるに至った。

　今日、数学専攻の学部生なら誰しも、抽象的で公理論的な代数学の方法論を教わる。そこで最も重要となるのが、置換や代数方程式の解との関連性をすべて削ぎ落とした群の概念である。抽象的な群を構築するには、変換さえも必要ない。群は次のようにして定義される。群の要素（元）どうしを組み合わせると、その群の別の元が得られる。そのとき、いくつかの単純な条件が満たされていなければならない。その条件とは、結合則が成り立つこと、どの元と組み合わせてもその元を与える「単位元」が存在すること、そして、すべての元に対し、その元と組み合わせると単位元を与える「逆元」が存在することである。

　要するに、何も影響を与えない元が存在しており、またそれぞれの元に対し、その元の効果を打ち消す別の元が対応しており、さらに、3つの元を順番に組み合わせるとき、先にどの2つを組み合わせるかは関係ないということだ。

　この構造にもう少し手を加えると、四則演算の装備一式が働き出す。すでに説明した、環である。さらにもう一つ、除法もおこなうことができる、体というものがある。この抽象的な概念は複雑な経緯で編み出され、そこには何人もの人物が関わった。誰が最初に考え出したかはあまり定かでない。その正確な定義が固まった頃には、すでにほとんどの数学者が、体とはどんなものかをかなりはっきりと感じ取っていたからだ。しかしそのおおもとを

たどると、すべての数学的構造に対して公理論的に取り組むことが必要だと説いたネーターの発想に由来していると言えよう。

　1924年、オランダ人数学者のバルテル・ファン・デル・ウェルデンがネーターの仲間となってその方法論を率先して広め、1931年にそれをまとめた著書『現代代数学』を出版した。1932年、ネーターが国際数学者会議で基調講演をおこなったことで、その代数学の才能は世界中に認められた。ネーターは物静かで腰が低く、雅量があった。ファン・デル・ウェルデンはネーターの追悼文のなかで、その貢献を次のように総括している。

> 　エミー・ネーターが研究を通じて道しるべとした行動原理は、次のようにまとめられるだろう。「数や関数や演算どうしの関係性を明瞭にして、包括的に適用できるようにし、その生産性を最大限引き出すには、それを特定の対象から切り離して、普遍的に有効な概念として表現しなければならない」

ナチスのユダヤ人排除でアメリカへ

　ネーターは代数学以外の分野にも目を向けた。同じ発想をトポロジーにも持ち込んだのだ。初期のトポロジー学者は、互いに独立したサイクル（ある性質を持った閉じたループ）の個数といった、組み合わせ論的な概念をトポロジー不変量としてとらえていた。その後ポアンカレが、ホモトピーの概念によってさらなる構造を付け加えた。しかしネーターはトポロジー学者のやっていること

を見て、誰もが見逃している事柄にすぐに気づいた。それは、その根底にある抽象代数学的な構造である。サイクルはただ数えられるだけでなく、少し工夫すれば群に変えることもできるのだ。こうして、組み合わせ論的トポロジーは代数学的トポロジー（代数的位相幾何学）に変貌した。

ネーターのこの考え方はすぐに、ハインツ・ホップやパヴェル・アレクサンドロフなどから熱狂的に支持された。これと同様の考え方は、1926年から28年のあいだにオーストリアのレオポルト・ヴィートリスやヴァルター・マイヤーによっても独立に考え出され、トポロジー空間の基本的な不変量であるホモロジー群の定義へつながった。代数学が組み合わせ論に取って代わり、それまでトポロジー学者が利用できていたよりもはるかに豊かな構造を暴き出したのだ。

1929年にネーターはモスクワ国立大学を訪れて、アレクサンドロフと共同研究をおこない、また抽象代数学や代数幾何学の講義をおこなった。政治活動に関わることこそなかったが、科学や数学の機会を開くロシア革命に対しては控えめに支持を示した。しかしそれに対して大学当局はいい顔をせず、学生たちが、マルクス主義者に共感を寄せるユダヤ女が寮にいると苦情を申し立てると、ネーターは立ち退きを余儀なくされた。

1933年、ナチスが大学からユダヤ人を排除しはじめると、ネーターはまずモスクワで職を得ようとするも、結局はロックフェラー財団の支援を受けてアメリカのブリンマー大学へ移った。プリンストン高等研究所でも講義をおこなったが、アメリカでも「女性は何一つできない、男性のための大学」は居心地が悪いと不満

をこぼした。

　それでもアメリカでの生活を満喫したが、それも長くは続かなかった。1935年、ネーターは癌の手術ののちに合併症で亡くなった。アルベルト・アインシュタインは『ニューヨーク・タイムズ』に次のように寄稿している。

> 　存命中のきわめて有能な数学者たちが判断するところ、ネーター女史は、女性への高等教育が始まってからこれまでに輩出されたなかでも最も重要で創造的な数学の天才だった。何百年にもわたってきわめて優秀な数学者たちが取り組んできた代数学の分野において、彼女が発見した数々の手法は、今日の若い世代の数学者を育むうえでとてつもなく重要であることが明らかとなっている。

　それだけではない。ネーターは男性のフィールドで戦い、男性を打ち負かしたのだ。

21

公式人間
シュリニヴァーサ・ラマヌジャン

The Formula Man
Srinivasa Ramanujan

シュリニヴァーサ・ラマヌジャン

生：インド・タミルナードゥー州イーロードゥ、1887年12月22日
没：インド・タミルナードゥー州クンバコナム、1920年4月26日

1913年1月のことだった。トルコがバルカン半島で戦いを繰り広げ、ヨーロッパ全体が紛争に引きずり込まれようとしていた。戦争を忌み嫌っていたケンブリッジ大学の数学教授ゴッドフレイ・ハロルド・ハーディーは、自分がライフワークとしている純粋数学が軍事利用されていないことを大きな誇りにしていた。

　外では湿った雪がちらほら降るなか、外套を着た学生たちがキャンパスの大広場のぬかるみを小走りに抜けていた。しかしハーディーの部屋のなかでは、暖炉の火が勢いよく燃えていて、冷気は感じられなかった。テーブルにはまだ封を切っていない朝の郵便の束が置かれていた。ハーディーは封筒にちらりと目をやった。すると、見慣れない切手が貼られた1通の手紙に視線が止まった。インドからだ。消印には「1913年1月16日　マドラス」とあった。長旅でかなり傷んだそのマニラ紙の封筒を開くと、論文の束が出てきた。添え状には見慣れない筆跡で次のように書かれていた。

> 拝啓
> 　自己紹介させていただきます。私は、マドラスの港湾管理事務所の会計課で年俸わずか20ポンドで働く事務員です。現在およそ23歳です。大学で学んだことはありません。……学校卒業後、余暇の時間を使って数学の研究をしています。……自力で新たな道に進みたいと考えています。

「やれやれ、また変人からか。円の正方形化をやってのけたとでも思っているんだろうな」。ハーディーはその手紙をゴミ箱に放り投げようとしたが、改めて手に取ってみると、数学の記号がび

っしり書かれた紙に目が釘付けになった。どれも興味深い公式だ。そのうちのいくつかはハーディーにも理解できた。しかしそれ以外は……尋常じゃない。

「もし変人だったとしても、少なくともおもしろおかしいたわごとくらいは証明しているかもしれない」。ハーディーは読み進めた。

> つい先日、私は貴殿が著された『無限の階層』を入手し、その36ページに、与えられた任意の数よりも小さい素数の個数を正確に与える式はまだ見つかっていないという文章を見つけました。しかし私は、真の値にきわめて近く、誤差を無視できるような式を一つ見つけています。

「これは驚いた。この男は素数定理を再発見したんだ」

> 同封した論文に目を通していただきたく存じます。私は貧乏人ですが、もし少しでも価値があるとご納得されたら、私の定理を発表させていただけないでしょうか。……未熟者ですが、何か助言をいただけたならきわめて重く受け止めるつもりです。お手間をおかけしたことをお許しください。
> ご返事をお待ちしております。
> 敬具
> Ｓ・ラマヌジャン

「そこいらの変人とは違うな」とハーディーはつぶやいた。「た

いていの変人は、もっと押しが強いし思い上がっている」。ハーディーは手紙を置き、同封されていた論文を手に取って読みはじめた。そして30分後、不思議そうな表情を浮かべて椅子に身を沈めた。「なんて奇妙なんだ」。ハーディーは興味をそそられた。しかし学部の解析学の講義を始める時間だったため、チョークの粉まみれのガウンを脱ぎ、部屋を出て後ろ手にドアを閉めた。

　その晩、食堂の教官用テーブルで、耳を傾けてくれる教授たちに例の奇妙な手紙のことを話して聞かせた。そのなかに、近しい同僚で共同研究者のジョン・リトルウッドがいた。リトルウッドは、1時間だけ割いて友人の気を楽にさせてやろうと買って出た。チェスの部屋が空いていたので、2人揃ってその部屋に入り、ハーディーが薄い紙の束を取り出した。そして、「この人物は変人か天才のどっちかだ」と告げた。

　1時間後、ハーディーとリトルウッドは判断を下して部屋から出てきた。
「天才だ」

早世した独学の天才

　断わっておくが、以上の話は脚色してある。ハーディーの心の内を言葉で表現してしまっている。しかし残されている文書を見ると、彼の心にそれとほぼ同じことが去来したのは明らかだし、話の大まかな流れは記録に沿っている。

　手紙を書いたシュリニヴァーサ・ラマヌジャンは、1887年にバラモン（聖職者階級）の家に生まれた。父親のK・シュリニヴ

ァーサ・アイヤンガーは、サリーを売る店の店員、母親のコマラタンマルは管領の娘だった。生まれた場所は、インド南部タミルナードゥー州の町イーロードゥにあった祖母の家。父親が働くクンバコナムで育てられた。しかし、若妻は夫だけでなく自分の両親とも時を過ごすのが一般的だったため、ラマヌジャンはしょっちゅう母親に連れられて、400キロほど離れたマドラス近郊の祖父の家で暮らした。

一家は貧しく、家は小さかった。基本的には幸せな子供時代を過ごしたが、とても頑固だった。3歳までほとんど言葉を発せず、母親は、口がきけないのではないかと心配した。5歳のときには、先生が嫌いで学校に行きたがらなくなった。自分であれこれ考えるのが好きで、「雲はどのくらい遠くにあるの？」といった質問をぶつけて周囲の人を困らせた。

ラマヌジャンは幼いうちから数学の才能を見せはじめ、11歳のときにはすでに、自宅に下宿していた2人の大学生を凌いでいた。二次方程式の解法を身につけ、またπやeの数字をある程度の桁までそらんじることができた。1年後、上級の教科書を借りて、傍目には何一つ苦労もせずにそれを完全に修得してしまった。13歳のときには、サインとコサインの無限級数展開について論じたシドニー・ローニー著『三角法』を読みふけり、自分でいくつか新たな結論を導いた。この数学の才能ゆえ学校では数々の賞を獲得し、1904年には校長から、満点を超える点数にふさわしいと評された。

15歳のとき、のちに人生を変えることとなるある出来事が起こったが、そのときはたいしたことには思えなかった。国立大学

図書館でジョージ・カー著『純粋数学における初歩的な結論の一覧』を借りてきたのだ。控えめに言っても風変わりな本で、1000を超えるページにおよそ5000の定理がいっさい証明なしに列挙されている。カーが学生を教えるときに出した問題を集めた本である。

　そこでラマヌジャンも自分に向けて問題を出した。この本に出ているすべての公式を証明するという問題だ。手掛かりもなければほかに当たる本もなかった。要するに、5000ものテーマの研究計画を自分に課したわけだ。貧しくて紙が買えなかったため、石板の上で計算して、結果だけを何冊かのノートに書き留めた。そのノートは一生使いつづけることになる。

　1908年に母コマラタンマルは、20歳になった息子ラマヌジャンに結婚相手を見つけてやることにした。そして、クンバコナムから100キロほど離れたところに住む親戚の娘、ジャナキを選んだ。そのときジャナキは9歳だった。見合い結婚と幼な妻が一般的な社会では、年齢差は大きな障害ではなかった。ラマヌジャンは見た目こそごくありふれた若者だったが、実際には仕事もお金も将来の見通しもない無精なダメ人間だった。しかしジャナキは5人姉妹、一家は財産をほとんど失っていて、両親は優しくしてくれそうな夫が見つかっただけでも嬉しかった。コマラタンマルにとってもそれで十分で、ふつうならこれで丸く収まるはずだった。ところがこの期におよんで、夫が怒りを爆発させた。

「息子はもっと良い人生を送れるはずだ！」

　実は2年前にも結婚が決まりそうになったが、相手の家で不幸があって破談になっていたのだった。父親は何よりも、まず自分

に相談がなかったことに腹を立てた。そしてあろうことか、花嫁一家を無視して結婚式への出席を拒否した。

　結婚式当日、花婿もその一家も姿を現わす気配がなかった。花嫁の父親ランガスワミーは参列者全員に、もしラマヌジャンがすぐに現われなければ、この場でジャナキを誰か別の人と結婚させると宣言した。やがてクンバコナムからの列車が何時間も遅れて到着し、ラマヌジャンとその母親（父親はついてこなかった）が牛車で村に着いた頃には深夜0時を優に過ぎていた。コマラタンマルはランガスワミーの脅しを手際よくあしらい、5人の娘を持つ貧しい父親が誠実な申し出を断わろうものなら身を滅ぼすことになるとおおっぴらに言ってのけた。

　しきたりどおり5日間から6日間の披露宴のすえ、ジャナキはラマヌジャンと結婚した。年頃になるまで一緒に暮らすことはなかったが、2人とも生活が一変した。ラマヌジャンは仕事を探しはじめた。数学の家庭教師もしてみたが、教える相手が見つからなかった。

　あるとき、おそらく以前に受けた手術のせいで病に倒れ、牛車に乗って友人のR・ラドハクリシュナ・アイヤーの家に姿を現わし、医者を呼んでもらってからクンバコナム行きの列車に乗せられた。出発際にラマヌジャンは、「僕が死んだら、これをシンガラヴェル・ムダリアー教授かイギリスのエドワード・ロス教授に渡してくれ」と言いながら、あっけにとられた友人の手に、数学のことがびっしり書かれた2冊の分厚いノートをむりやり渡した。

　それはラマヌジャンの遺産というだけでなく、仕事探しの道具でもあった。ただの無精な穀潰しではなかったという証拠だ。ラ

マヌジャンは、自分の数学研究の成果を書いたノートを小脇に抱えて有力者のもとを訪ねはじめた。ロバート・カニーゲルは著作『無限の天才』のなかで、「ラマヌジャンは結婚から1年半、外交セールスマンになった。商品は自分自身だ」と書いている。しかし難しい商売だった。当時のインドでは、仕事に就くいちばんの道は強いコネだったが、ラマヌジャンにはコネがいっさいなかった。持っていたのはノートと、あと一つ重要なもの。親しみやすさである。ラマヌジャンは誰にでも好かれた。陽気で、冗談も飛ばした。

やがて、そのあきらめない態度と気取らない魅力が報われた。1912年、数学教授P・V・セシュ・アイヤルの紹介で、ネロールの町の地区徴税官を務める役人R・ラマチャンドラ・ラオとの面会が叶ったのだ。ラオはそのときのことを次のように振り返っている。

> 私は寛容にも、ラマヌジャンを部屋に入れてやった。背が低く野暮ったい風貌、ずんぐりしていて無精髭を生やし、身だしなみが良いとは言えなかったが、目立った特徴が一つあった。輝く瞳だ。……私はすぐに、この男はどこか違うと見抜いた。しかし私の知識では、彼の話すことに意味があるのか、はたま無意味なのか、判断しかねた。……彼は私に、もっと単純な結果をいくつか示してきた。それらの結果は世に出ている本を凌いでいて、彼は並外れた男だと確信した。さらに、彼に導かれて楕円積分や超幾何級数へと一歩一歩進み、最後には、世界にまだ発表されていない発散級数に関する彼の理論に帰依していた。

ラオはラマヌジャンを、マドラス港湾管理局での月給30ルピーの仕事に就けた。研究を続けるだけの余暇の時間が取れる仕事だった。しかも、使用済の包装紙を持ち帰って数学の用紙に使うことができた。

　ラマヌジャンがあの控えめな手紙をハーディーに送ったのも、やはりラオからの強い勧めによるものだった。まもなくして励ましの返事が届くと、ラマヌジャンは再びハーディーに、奨学金を得るため「好意的な手紙」を送ってくれないかと頼んだ。しかしハーディーはもっと大胆な先手を打っていた。ロンドンのインド人学生担当大臣に、ラマヌジャンがケンブリッジ大学で学べるよう手を打ってほしい旨の手紙を送っていたのだ。

　ところが、ラマヌジャンはインドに留まりたがっていることが漏れ伝わってきた。そこでケンブリッジの人脈が功を奏す。ちょうどマドラスを訪れることになっていた、同じくトリニティー・カレッジの数学者ギルバート・ウォーカーがマドラス大学に手紙を書き、ラマヌジャンを特別奨学生として認めてもらったのだ。こうしてラマヌジャンは、ようやくすべての時間を自由に数学に捧げられるようになった。

　ハーディーはラマヌジャンに、イギリスへ来てくれるよう説得を続けた。ラマヌジャンの心も揺らぎはじめたが、いちばんの障害は母親だった。ところがある朝、その母親が、夢のなかに女神ナマギーリが現われて、息子に天職を全うさせてやりなさいと言われたと告白し、一家を驚かせた。そうしてラマヌジャンは、生活費と旅費をまかなえる奨学金を手にイギリスへ向けて旅立ち、1914年4月にトリニティー・カレッジに身を落ち着けた。かなり

居心地悪く感じたはずだが辛抱し、ハーディーとの重要な共同研究を含め数多くの研究論文を発表した。

ラマヌジャンが属するバラモンの階級では、生き物を傷つけることが禁じられていた。イギリス人の友人たちの目には、信仰心のためでなく社会的慣習のせいだと映ったが、ラマヌジャンは戦時中のイギリスでもできるかぎりの宗教儀礼をおこなった。またベジタリアンだったことで、大学の料理人が肉製品をいっさい使っていないかどうか信用できず、自力でインド料理の作り方を学んだ。友人によると、かなりの腕を身につけたという。

1916年頃、ケンブリッジ大学でインド政府の国家奨学生として学んでいた友人のギャネーシュ・チャンドラ・チャッタージが結婚することになり、ラマヌジャンはチャッタージとその婚約者を夕食に招いた。約束どおり、チャッタージとその婚約者、そして付き添いの女性がやって来たので、ラマヌジャンはスープを出した。きれいに平らげると、ラマヌジャンがおかわりを勧めてきたので、3人とも2杯目をもらった。すると3杯目もどうかと言ってきた。チャッタージはもらったが、女性2人は断わった。

しばらくするとラマヌジャンの姿が見えなくなった。

3人はラマヌジャンが戻ってくるのを待った。1時間が過ぎたので、チャッタージが階段を降りていくと、掃除夫がいた。「ええ、ラマヌジャンさんなら見かけましたよ。タクシーを呼んで出て行かれました」。チャッタージは部屋に戻り、3人で門限の夜10時まで待ちつづけた。しかしラマヌジャンは姿を現わさなかった。それから4日間、何の音沙汰もなかった……。何があったのだろう？　チャッタージは心配になった。

5日目、オックスフォードから1通の電報が届いた。「5ポンド送金してくれないか？」(当時としては大金で、現在の数百ポンドに相当する)。チャッタージがお金を送って待っていると、ラマヌジャンが現われた。何があったのかと聞くと、ラマヌジャンはこう答えた。「僕が出した食事を女性たちが口にしてくれなかったから、プライドを傷つけられたんだ」

　心の不安が表に現われたのだろう。ラマヌジャンは限界寸前に達していた。イギリスでの生活にけっして馴染んではいなかったのだ。もともと良くなかった健康状態がさらに悪化し、結局入院してしまう。そこにハーディーが見舞いに来たことで、同じくタクシーが登場するもう一つの逸話が生まれた。あちこちで語り尽くされてしまっている話だが、何度も紹介する価値はある。

　ハーディーが言うには、ラマヌジャンはあらゆる自然数と親しい友達になっていたという。それを物語る例として、病院のラマヌジャンを訪ねたときの話を引き合いに出している。
「乗ってきたタクシーのナンバーが1729で、私にはどうもつまらないナンバーに思えるから、縁起が悪くなければいいなと話した。するとラマヌジャンは『そんなことはないです』と答えた。『とてもおもしろい数です。2つの立方数の和として2通りに表わすことのできる最小の数なんです』」

　きちんと説明すると、
$$1729 = 1^3 + 12^3 = 9^3 + 10^3$$
であり、この数はこのような性質を持つ最小の正の整数である。

　かなり正鵠を射た逸話だが、私にはどうしても、ハーディーが病気の友人を鼓舞して元気づけようとした小細工ではなかったの

かと思えてしかたがない。たいていの人は1729という数のこの性質にもちろん気づかないだろうが、ラマヌジャンなら間違いなく即座に気づいただろう。それを言うなら、多くの数学者、とくにハーディーのように数論に関心を持つ数学者であれば誰でも気づいたはずだ。数学者が1729という数を見たら、12の3乗である1728という数を思い浮かべないはずがない。さらに、1000が10の3乗で、729が9の3乗であることにも当然気づくだろう。

ともあれ、ハーディーのこの話からは、数論におけるちょっとした興味深い概念が誕生した。タクシー数である。2つの立方数の和として n 通りで表わすことのできる最小の数のことを、n 番目のタクシー数という。1729に続く2つのタクシー数は、

87,539,319

6,963,472,309,248

である。

タクシー数は無限に存在するが、最初の6つしかわかっていない。

1917年にラマヌジャンは退院し、何もかも忘れて数学に没頭した。昼夜ぶっ通しで研究しては、疲れきって20時間眠るという生活だった。それが健康をむしばみ、しかも常食としていた果物や野菜が戦争のせいで不足した。春には、診断は確定しないがおそらく不治の病にかかり、トリニティー・カレッジの患者のための小さな私立病院に入院した。それから2年間で8人以上の医者にかかり、5カ所以上の病院や療養所を転々とした。医師らはまず胃潰瘍を、次に癌を、さらには敗血症を疑ったが、結局はおそらく結核だろうと診断し、おもにそれに合わせた治療を施した。

あまりにも遅すぎたが、ようやく第一級の学者たちが手を差し伸べはじめる。ラマヌジャンはインド人として初めて王立協会会員に選出され、トリニティー・カレッジの特別研究員にも選ばれた。元気を取り戻したラマヌジャンは再び数学に取り組んだ。しかし依然として健康が思わしくなく、イギリスの気候のせいだと考えたラマヌジャンは、1919年4月、インドへ帰国した。しかし長旅に耐えられず、マドラスに到着した頃には再び衰弱していた。そして1920年、妻を残し、しかし子供はいないまま、マドラスで世を去った。

独創的な直感

ラマヌジャンの数学について知ることのできるおもな資料は4つある。発表された論文、3冊の綴じられたノート、マドラス大学での四半期ごとのレポート、そして未発表の原稿である。1976年、4冊目の「失われた」ノート、実際には綴じられていない紙の束がジョージ・アンドリューズによって発見されたが、原稿の一部はいまだに見つかっていない。ブルース・バーントが、ラマヌジャンの導いたすべての公式に証明を付して、『ラマヌジャンのノート』全3巻を編纂している。

ラマヌジャンは型破りな経歴で、正式な教育は受けていない。その数学が少々特異だったのもさほど驚きではない。ラマヌジャンの最大の強みは、流行遅れの分野、すなわち、巧妙で複雑な公式を編み出すことにあった。卓越した「公式人間」だったラマヌジャンに太刀打ちできるとしたら、オイラーやヤコビといった

数えるほどの巨匠だけだろう。「ラマヌジャンの公式一つ一つに、必ずその見た目以上の深みがある」とハーディーは書いている。ラマヌジャンの導いた結果の大部分は、無限級数、積分、連分数に関するものである。連分数とはたとえば、

$$\cfrac{x}{1+\cfrac{x^5}{1+\cfrac{x^{10}}{1+\cfrac{x^{15}}{1+...}}}}$$

というもの。これはラマヌジャンの手紙の最後のページに出ているもので、とても奇妙だが正しい公式に使われている。ラマヌジャンは自分の導いた公式のいくつかを数論に応用し、とくに解析的整数論に関心を示した。解析的整数論は、与えられた上限未満の素数の個数（ガウスの素数定理〔第10章〕）や、与えられた数の約数の平均個数といった値を、単純な式で近似することを目的とする。

ケンブリッジ大学でラマヌジャンが発表した何編かの論文は、ハーディーと出会ったことによる影響を受けて、厳密な証明をつけた型どおりのスタイルで書かれている。しかし、ノートに書き込んだ結果の数々はそれとはまったく違う趣を持っている。独学で学んだラマヌジャンが考える証明の概念は、厳密なものではなかった。数値的な証拠と形式的な論証を混ぜ合わせてもっともらしい結論が出てきたら、正しい答えが得られたものと直感で判断した。ラマヌジャンにとってはそれで十分だったのだ。

ほとんどの結果は正しかったが、証明には欠陥があることが多

かった。そこそこの専門家なら欠陥を埋められるものもあれば、まったく異なる論証を必要とするものもある。稀に結果が間違っているものもある。バーントは言う。「もしラマヌジャンが十分に訓練を積んだ数学者のように思考していたら、証明したと思った公式の多くを書き留めてはいなかっただろう」。そして数学はいまほど豊かにはなっていなかっただろう。

その好例が、ラマヌジャン自ら「最上の公式」と呼んだ結果である。ラマヌジャンによるその証明には、級数展開や、和と積分の順序の入れ替えなど、いくつかの巧妙な手法が使われている。無限プロセスが使われているため、どのステップにも間違いの危険が潜んでいた。19世紀の大半をかけて偉大な解析学者たちが、どのような場合にこのような手法を使うことができるかを解き明かしている。ラマヌジャンは、自らの公式が成り立つための条件としてはそれで十分だと言っているが、実際には著しく不十分である。それでも、ラマヌジャンがこの最上の公式から導いた結果のほとんどは正しい。

驚くべき分割数の理論

ラマヌジャンの研究成果のなかでも最も目を惹くのが、数論の一分野である分割数の理論に関するものである。ある自然数が与えられたとして、それを分割する、つまりもっと小さい自然数の和として表わす方法が何通りあるかを考える。たとえば、5という数は次の7通りに分割できる。

  5 4 + 1 3 + 2 3 + 1 + 1 2 + 2 + 1

　　　　2＋1＋1＋1　　　1＋1＋1＋1＋1

これを、$p(5) = 7$と表現する。$p(n)$の値は、nが大きくなるにつれて急激に増大していく。たとえば$p(50) = 204,226$、$p(200)$はなんと$3,972,999,029,388$だ。$p(n)$を与える単純な公式は存在しない。しかし、$p(n)$のおおよその桁数を与える近似式なら考えることができる。それは解析的整数論の問題で、攻略がきわめて難しい。

1918年にハーディーとラマヌジャンは、さまざまな技術的困難を克服してある近似式を導いた。それはかなり複雑な級数で、1の複素24乗根が使われている。そうして2人は、$n = 200$の場合、この級数の最初の項だけでも、有効数字6桁で正確な値と一致することを見出した。さらに7つの項を足し合わせると、$3,972,999,029,388.044$という値が得られ、この整数部分は正確な値に等しい。「この結果から考えるに、$p(n)$の式として、その桁数と傾向を与えるだけでなく、任意のnに対して正確な値を計算するのに利用できるようなものが得られることが、強くうかがわれる」と2人は見解を示し、まさにそのとおりであることを証明した。近似式を探していて正確な式にたどり着くなどというのは、めったにないことだ。

ラマヌジャンは分割数の持つ驚くべきパターンも発見した。1919年に、$p(5k+4)$は必ず5で割り切れ、$p(7k+5)$は必ず7で割り切れることを証明したのだ。1920年には同様の結果として、たとえば、$p(11k+6)$は必ず11で、$p(25k+24)$は必ず25で、$p(49k+19)$と$p(49k+33)$と$p(49k+40)$と$p(49k+47)$は必ず49で、$p(121k+116)$は必ず121で割り切れることを示した。$25 = 5^2$、$49 = 7^2$、$121 = 11^2$であることに注目してほしい。ラマヌジャンは、わかって

いるかぎりこのような性質は$5^a7^b11^c$という形の除数に対してしか成り立たないと述べたが、それは間違っていた。アーサー・アトキンが、$p(17303+237)$ は13で割り切れることを発見し、2000年にはケン・オノが、あらゆる素数の法に対してこのような合同式が存在することを証明した。さらにその1年後にオノとスコット・アールグレンは、6で割り切れないすべての法に対して同様の合同式が存在することを証明した。

弦理論にも役立つ「テータ関数」

ラマヌジャンが導いた結果のなかには、いまだに証明されていないものもある。約40年前に決着がついた象徴的な例を一つ紹介しよう。ラマヌジャンは1916年の論文のなかで、$\tau(n)$ という関数について論じた。$\tau(n)$ は、

$$x[(1-x)(1-x^2)(1-x^3)\cdots\cdots]^{24}$$

という式の展開式におけるx^nの係数として定義される。たとえば$\tau(1)=1$, $\tau(2)=-24$, $\tau(3)=252$などとなる。この式は、楕円関数に関する19世紀の美しくも深遠な研究に由来している。ラマヌジャンは、nの約数の累乗に関するある問題を解くために、$\tau(n)$がどれだけ大きいかを知る必要に迫られた。そしてその大きさはn^7以下であることを証明し、さらに、$n^{11/2}$以下であるという予想を示した。そのうえで、

mとnが公約数を持っていなければ、$\tau(mn)=\tau(m)\tau(n)$
すべての素数pに対して、$\tau(p^{n+1})=\tau(p)\tau(p^n)-p^{11}\tau(p^{n-1})$

という2つの公式を予想した。これらが正しければ、任意の n に対して $\tau(n)$ を簡単に計算することができる。1919年にルイス・モーデルがこれらの公式を証明したが、$\tau(n)$ の大きさに関する予想のほうはあらゆる証明の取り組みをはねのけた。

1947年、かつてガウスが導いた結果に目を通していたアンドレ・ヴェイユは、それらの結果をさまざまな方程式の整数解に応用できることに気づいた。そして自らの直感や、トポロジーとの興味深い類似性を頼りに、ヴェイユ予想と呼ばれるかなり専門的な一連の予想を打ち立てた。この予想は代数幾何学の中心的な位置を占めることとなる。そして1974年にピエール・ドリーニュがそれらの予想を証明し、その1年後にドリーニュと伊原康隆がそこからラマヌジャンの予想した結論を導いた。一見したところ何ということのない予想が、重要で大きなブレークスルーを引き起こしたすえに解決に至ったというのは、ラマヌジャンの洞察力がいかに優れていたかを物語る何よりの証しである。

ラマヌジャンの考え出した概念のなかでもさらに謎めいているものの一つが、1920年にハーディーへの最後の手紙に記した「擬テータ関数」である。その詳細はのちにあの「失われたノート」のなかで発見された。テータ関数は、ヤコービが楕円関数の別の導き方として考案したものである。無限級数であるテータ関数は、その変数に適切な定数を足すときわめて単純な形で変換され、一つのテータ関数を別のテータ関数で割ることで楕円関数を作ることができる。ラマヌジャンはそれに似た級数をいくつか定義し、それらに関係する公式を数多く示した。

当時それは、複雑な級数を単にいじくり回しているだけで、そ

れ以外の数学とは何の関連性もないと思われていた。ところがいまでは、そうでないことがわかっている。数論から生まれ、楕円関数とも密接に関係している、モジュラ形式の理論と重要な形で結びついているのだ。

これと似ているが異なる概念であるラマヌジャンのテータ関数は、最近になって、相対論と量子力学を統一しようという試みのなかでも最も人気のある弦理論にも役立つことが明らかとなった。

年月とともにますます高まる影響力

研究のスタイルがあまりにも型破りで、厳密でない方法から正しい結果がいくつも導かれただけに、ラマヌジャンは特別な、あるいは異常な思考パターンを持っていたと言われることが多い。本人は、夢のなかで女神ナマギーリが教えてくれるのだと語ったという。しかしそれは、面倒な説明を避けるための言い逃れだったのかもしれない。

未亡人のS・ジャナキ・アンマル・ラマヌジャンは、「夫はいつも数学に取りつかれていたから、寺院へ行く時間などいっさいありませんでした」と言っている。「ラマヌジャンは、どんな数学者も心の底では自分と同じように考えていて、自分は特別ではないと信じていた」とハーディーは書いているが、そのあとにこう付け加えている。「ラマヌジャンは、一般化の能力、形式に対する感覚、そして仮説を素早く修正する能力を合わせ持っていて、そのいずれもがまさに驚くほどのものだった」

ラマヌジャンは、数学者として当時最も偉大でもなければ、最

も多作でもなかったが、その名声は、驚くべき経歴や琴線に触れる成功物語だけによるものではない。ラマヌジャンのアイデアは存命中からも影響をおよぼしたし、歳月が経つにつれてますます影響力を増している。ブルース・バーントは、ラマヌジャンは時代遅れどころか時代を先取りしていたと考えている。ラマヌジャンが驚きの公式をどうやって考え出せたのかを解明するよりも、その公式を証明するほうがまだたやすい。そして、ラマヌジャンの深遠なアイデアのなかには、最近になってようやく正しく理解されはじめたものも多い。

最後はハーディーに締めてもらおう。

> 一つ、誰にも否定できない（数学に関するラマヌジャンの）才能がある。深遠さと無敵の独創性だ。もし若い頃に見出されて少しでも指導を受けていたら、もっと偉大な数学者になっていたかもしれない。新しくて、間違いなくもっと重要な事柄を、もっと数多く発見していただろう。だがその一方で、もっとラマヌジャンらしくなく、もっとヨーロッパの教授のようになっていて、得るものよりも失うもののほうが多かったかもしれない。

22

不完全で決定不可能
クルト・ゲーデル

Incomplete and Undecidable
Kurt Gödel

クルト・フリードリヒ・ゲーデル

生:オーストリア=ハンガリー、ブリュン、1906年4月28日
没:アメリカ・ニュージャージー州プリンストン、1978年1月14日

数学者のお決まりのイメージといったら、男性で歳を取っている以外には、少し変わっているというあたりだろう。もちろん浮世離れしていて、たいていは変人。ときには、完全にいかれていると言われることもある。

　ここまで見てきたように、ほとんどの数学者はこのイメージに当てはまらないし、男性だというイメージもここ数十年で劇的に変わっている。確かに数学者は歳を取ってから引退することが多いが、そもそもそうでない人なんているだろうか？　それを避けるには、ガロアのように若いうちに世を去るしかない。名声と責任は歳とともに大きくなるものだから、年上の人のほうが分野を代表する人物になる割合は高くて当然だ。

　研究に集中している数学者はどうしても浮世離れして見えるものだが、私の同僚の生物学者がいつも口を酸っぱくして言っているとおり、けっして上の空になっているわけではなく、どこか別のところに精神を集中させているだけだ。数学の難しい問題を解きたいなら、集中するしかない。

　数学者のなかには、現実世界への意識を欠くあまりに本当にいかれてしまう人もいる（けっして数学者に限ったことではないが）。その最もわかりやすい例が、一度も研究職に就かず、自分の家も持たなかったポール・エルデシュだろう。エルデシュは同業者の家を渡り歩いては、ソファーで一晩、あるいは空いている部屋で何カ月も過ごした。それでも1500編もの並外れた研究論文を書き、500人もの数学者と共同研究をおこなった。

　いかれているということで言えば、人生のどこかの段階で精神を病んでしまった人もいる。カントールは深刻な鬱の発作に悩ま

された。小説および映画『ビューティフル・マインド』の主人公ジョン・ナッシュは、1994年のノーベル経済学賞を受賞した（もっと正確に言うとノーベル記念賞だが、たいていは本来のノーベル賞と同等に扱われる）。しかし妄想型統合失調症と診断される症状に長年悩まされ、電気ショック療法を受けた。そして、人格の変化を自覚してそれに屈しないよう意識することで、自力でなんとか回復した。

クルト・ゲーデルも明らかに変人で、ときにはそれだけで済まないこともあった。研究分野に選んだ数理論理学は、当時は数学の主流ではなく、その点だけでもほとんどの同業者よりも少なからず浮世離れしていた。それを埋め合わせるように、この分野におけるゲーデルの発見は、論理学と数学の基礎、そしてそれらの関わり合いに対する我々の考え方を覆した。ゲーデルは優れた独創性を発揮し、驚くほど深い思索を進めたといえる。

ゲーデルが論理学に関心を持ったきっかけは、アドルフ・ヒトラーがドイツの権力の座に就いた1933年、論理実証哲学とウィーン学派を打ち立てた哲学者モーリッツ・シュリックのおこなったセミナーだった。のちの1936年にシュリックは、元教え子ヨハン・ネルベックに殺害される。ウィーン学派のメンバーの多くはユダヤ人に対する迫害を恐れてすでにドイツを後にしていたが、オーストリアにいたシュリックはウィーン大学に留まっていた。そしてあるとき、講義のために階段を上っていたところ、ネルベックにピストルで撃たれた。ネルベックは殺人は認めた一方で、裁判の場を借りて自らの政治的信念を主張した。形而上学と相容れないシュリックの哲学的立場に反対するあまり、道徳的自制心

を失ったのだという。その一方で、ネルベックが同級生のシルヴィア・ボロヴィッカに夢中だったのが真の理由だと勘ぐる人もいた。片思いが募るあまり、シュリックのことを恋敵と妄想してしまったのだという。

ネルベックは懲役10年の判決を受けたが、この事件をきっかけにウィーンではユダヤ人嫌いの風潮が高まった。ところが実際には、シュリックはユダヤ人ではなかった。ポスト真実の政治はけっしていまに始まったものではないのだ。さらにひどいことに、ドイツがオーストリアを併合すると、ネルベックはたった2年間の刑期で釈放されたのだった。

我が心の師が殺されたことに、ゲーデルは大変な影響を受けた。ネルベックと同じく偏執症の兆候を見せはじめたのだ。ただしどちらかというと、「偏執症だといっても誰かに狙われているほどじゃない」という古いジョークが当てはまる程度だった。

ゲーデルもまたユダヤ人ではなかったが、ユダヤ人の友人は大勢いた。ナチスの支配下で生きていくとしたら、偏執症こそが究極の正気だ。それでもゲーデルは、毒を盛られる妄想に取りつかれ、何カ月にもわたって精神障害の治療を受けた。その妄想が人生最後の数年間にぶり返し、再び精神障害と偏執症を発症する。そして、妻が調理した食事以外はいっさい口にしなくなった。

1977年、その妻が2度にわたって脳卒中を起こして長期入院し、ゲーデルの料理を作ってやれなくなったことで、ゲーデルは食べるのをやめ、餓死した。20世紀最大の思索家にしては恐ろしくもむなしい最期である。

アメリカに渡りアインシュタインと交流

　ゲーデルの父ルドルフは、オーストリア＝ハンガリー帝国のブリュン、現在のチェコ共和国のブルノで織物工場を経営していた。ゲーデルは幼い頃から、成人してかなり経つまで、母親のマリアンヌ（旧姓ハントシューフ）にべったりだった。ルドルフはプロテスタント、マリアンヌはカトリックで、クルトはプロテスタントとして育てられた。敬虔なキリスト教徒と自覚して、人格神の存在は信じたが、組織立てられた宗教は信じなかった。「宗教はたいてい悪だが、信仰はそうではない」と書き残している。日頃から聖書は読んだが、教会には通わなかった。ゲーデルの未発表論文のなかには、様相論理を使って神の存在を数学的に証明しようとしたものまである。

　子供の頃は家族から「ヘル・ヴァルム」（「なぜ君」）というあだ名で呼ばれていた。理由はおわかりだろう。6歳か7歳のときにリウマチ熱にかかり、完全に回復はしたものの、この病気のせいで心臓が悪くなったと信じつづけた。そして、たびたび健康を損ねる状態は生涯にわたって繰り返された。

　1916年にゲーデルはドイツ国立実科ギムナジウムに入学し、すべての教科、とくに数学と語学と神学で優れた成績を収めた。第1次世界大戦の終結によってオーストリア＝ハンガリー帝国が崩壊すると、ゲーデルは自動的にチェコスロバキア国民となり、1923年にウィーン大学へ入学した。しばらくは数学と物理学のどちらを学ぼうか迷っていたが、バートランド・ラッセルの『数

理哲学概論』を読んで数学を選び、おもに数理論理学に焦点を定めた。

　人生の大転機が訪れたのは1928年、第1次世界大戦終結を受けてボローニャで開催された第8回国際数学者会議の折に、ダフィット・ヒルベルトの講演を聴きに行ったときのことだった。その席でヒルベルトは、公理系、とくにその無矛盾性と完全性に関する自らの見解を説いた。それらの問題の解決を目指した研究計画の技術的骨子は、ヒルベルトとヴィルヘルム・アッカーマン共著の『理論論理学概論』で論じられていた。

　それを読んだゲーデルは、1929年、ハンス・ハーンの指導のもとでおこなう博士研究にそのテーマを選んだ。そうして、述語計算（第14章）は完全であるという、いまではゲーデルの完全性定理と呼ばれている定理を証明する。これはすなわち、真である定理はすべて証明できて、偽である定理はすべて反証でき、それ以外の選択肢は存在しないという意味である。しかし述語計算はかなり非力で、数学の基礎としては不十分だった。ヒルベルトの研究計画は、もっとずっと豊かな公理系を前提としていたのだった。

　この年、ゲーデルはオーストリア市民となり（1938年にドイツがオーストリアを併合すると、自動的にドイツ国籍に切り替わる）、1930年には博士号を取得した。そして1931年、ヒルベルトの研究計画を粉々に打ち砕く。論文『「プリンキピア・マテマティカ」およびそれと類似の系における形式的に決定不可能な命題について』のなかで、数学を体系化するのに十分なほど豊かな公理系は論理的に完全ではありえず、またそのような公理系が無矛盾であ

ることを証明するのも不可能であると証明したのだ（『プリンキピア・マテマティカ』についてはすぐあとで説明する）。

ゲーデルは1932年にハビリタチオンを取得し、1933年にウィーン大学でプリバトドツェントとなった。先ほど述べた痛ましい出来事が起こったのは、この頃のことである。ゲーデルはナチスの支配するオーストリアから逃れるために、アメリカを訪れた。そしてアインシュタインと出会い、友情を結んだ。

1938年、ゲーデルはアデレ・ニムバースキー（旧姓ポーカート）と結婚した。11年前にウィーンのナイトクラブ「デア・ナハトファルター」（「夜の蛾」）で出会った相手だ。アデレは6歳年上で結婚歴があり、ゲーデルは両親から結婚を反対されるものの我を通した。

1939年に第2次世界大戦が勃発すると、ドイツ軍に徴兵されるのではないかと心配しはじめた。病弱で徴兵免除になるはずだったが、以前からユダヤ人と間違われていたうえに、健康体だと勘違いされる恐れがあったからだ。そこでなんとかしてアメリカのビザを取得し、妻とともにロシアと日本を経由してアメリカへ向かい、1940年に到着した。そしてその年、カントールの連続体仮説が数学の通常の集合論的公理系と矛盾しないことを証明した。ゲーデルはプリンストン高等研究所の一般研究員の職に就き、のちに終身研究員となって、1953年には教授となった。1946年以降は論文を発表することはなかったが、研究自体は続けた。

1948年にゲーデルはアメリカ市民となった。合衆国憲法の論理的欠陥を発見したと思い込んでいて、そのことを審査官に説明しようとしたが、審査官は聞き流すふりをしてくれた。

アインシュタインと近しかったことで、相対論の研究にも手を染めた。とくに、閉じた時間的曲線、つまりタイムマシンの数学的からくりが存在する時空を発見した。誰かが時空のなかをその曲線に沿ってたどると、その人にとっての未来と過去は一つになる。ちょうど、1900年のロンドンから未来へ向かって20年分旅したら、再び1900年のロンドンに戻ってきてしまったという感じだ。近年、閉じた時間的曲線は議論のテーマになっている。実用的なタイムマシンにつながるからではなく、一般相対論の限界を暴いて、新たな物理法則の必要性をうかがわせているからである。

もともと思わしくなかったゲーデルの健康状態は、晩年になってさらに悪化した。兄のルドルフは次のように語っている。

> クルトはどんなことにも、かなり独特な凝り固まった意見を持っていた。……残念なことに、自分は数学だけでなく医学についても絶対に正しいと生涯信じていて、医者にとってはとても厄介な患者だった。十二指腸潰瘍で大量出血を起こすと、……とてつもなく厳しい（厳しすぎる？）食事制限を続け、そのせいで徐々に体重が減っていった。

その後どうなったかはすでにお話ししたとおり。死亡証明書には、死因は「人格障害による栄養失調および飢餓衰弱」と記されている。飢餓衰弱とは、食事を取らなかったことによる心身消耗のこと。死亡時の体重はわずか30キロだった。

数学全体の公理化

　古代からずっと数学は、単純に真であるもの、つまり「もし」や「しかし」のない絶対的真理の模範とされていた。2＋2が4であることは、そのまま受け入れるしかない。言い訳は利かない。絶対的真理に対抗できるのは宗教（もちろん信者は宗派を選べるが）だけだが、数学は宗教さえもひそかに脅かした。テリー・プラチェットの言葉を借りると、宗教は「与えられた真理値に対しては」真である。しかし数学は、それ自体が真であることを証明できるかもしれない。

　それを目指す哲学者や論理学者や数学者は、そのようなたぐいの絶対的真理の成り立ちについてさらに深く考えはじめ、実はそれが幻想に近いことに気づいた。自然数では確かに2足す2イコール4だが、そもそも数とは何だろうか？　もっと言うと、「足す」とか「イコール」とは何だろうか？　数学者はこの疑問に答えるために実数連続体を形式的に構築したが、クロネッカーは、神から与えられたのは整数だけだと信じて、実数を「人間の産物」とみなした。人間が頭のなかで好き勝手に作り出したものが、絶対的真理になるとは考えにくい。せいぜい言ってただの約束事でしかないはずだ。

　数学は必然的な真理から構成されているという考え方は捨てられ、代わりに数学は、明示されたいくつかの前提からある特定の論理体系に従って導かれるものであると考えられるようになった。そのためには、エウクレイデスに倣って、それらの前提と論理規

則を一つの公理系としてはっきりと示さなければならない。それが超数学、すなわち、数学的な原理を数学自体の内部論理構造に当てはめるという営みである。

バートランド・ラッセルとアルフレッド・ノース・ホワイトヘッドは、1910年から13年にかけて出版した著作『プリンキピア・マテマティカ』(ニュートンに敬意を表して意識的につけたタイトル)でその道筋をつけた。この本では、数百ページを費やしたすえにようやく「1」という数を定義している。そこから先はペースを上げて、もっと高度な数学的概念が次から次へと登場し、最後には、ここから先は同様に導けるとして匙を投げている。

この本ではいくつかのパラドックスを避けるために、「型」の理論という技術的な対策が取られているが、のちにその代わりに集合論の別の公理系が使われるようになった。そのなかでも最もよく使われているのが、エルンスト・ツェルメロとエイブラハム・フレンケルによる公理系である。

このような背景を踏まえてヒルベルトは、論理の環を完成させるために、そのような公理系が論理的に無矛盾（どんな証明からも矛盾が導かれない）で完全（意味のあるどんな命題も証明または反証できる）であることを証明したいと考えた。無矛盾であることは絶対に欠かせない。というのも、矛盾を含む公理系では「$2+2=5$」を証明できてしまうからだ。それどころか、どんな命題でも証明できてしまう。一方、公理系が完全であれば、「真」は「証明がある」と同じで、「偽」は「証明がない」と同じことになる。『プリンキピア・マテマティカ』では算術の公理系から数学全体を導いていたため、ヒルベルトもその公理系に狙いを定めた。ク

ロネッカーの言葉を再び拝借すると、神から整数を与えられさえすれば、人間はそれ以外のものを作ることができるという算段だ。ヒルベルトはこの目標を達成させるために、対象とする命題の論理的複雑さに応じたいくつかのステップを研究計画として示し、そのうちのいくつか単純なケースを解決した。すべてうまくいきそうに思われた。

真偽が定まらないような命題が存在する

　この計画全体に対して、ゲーデルは何か哲学的な胡散臭さを嗅ぎ取ったのだろう。というのも、数理論理学の公理系を使って、その公理系自体の無矛盾性を証明しようとしているからだ。「君は無矛盾かい？」「もちろん無矛盾さ！」「そうかそうか……でもどうして君の言うことを信じなきゃいけないんだ？」

　ともかくゲーデルはいくつかの疑念に基づいて、2つの衝撃的な結論を証明した。それが、不完全性定理と無矛盾性定理である〔訳注：一般には前者を「第一不完全性定理」、後者を「第二不完全性定理」と呼んでいる〕。

　無矛盾性定理は不完全性定理に基づいている。矛盾を含む論理体系ではどんな命題でも証明できてしまうのだから、「この論理体系は無矛盾である」という命題も証明できるだろう（もちろん「この論理体系は矛盾を含んでいる」という命題も証明できるが、それは無視する）。しかし、そのような証明がどんな真理を裏付けているというのだろうか？　何も裏付けてはいない。直感的に「そうかそうか」と言っているだけだ。ヒルベルトの研究計画をこの

罠から逃がしてやれそうな方法は一つだけ。形式的な公理系では、「この体系は無矛盾である」という命題には意味がないのかもしれない。そもそも、どう見ても算術の命題には見えないし。

それに対してゲーデルは、この命題を算術に変えてしまった。形式的な数学体系は記号から構成されていて、何らかの命題の証明（証明とされるもの）は単なる記号の列である。それらの記号にコード番号を割り振れば、記号列にそれぞれ固有の数値コードを与えることができる。その方法としてゲーデルは、コード番号の列$abcdef$……を、素数の累乗の積、

$$2^a 3^b 5^c 7^d 11^e 13^f \cdots\cdots$$

で定義される一つの数に変換した。この数を再びコード番号の列に戻すには、素因数分解の一意性を使えばいい。

記号列を数にコード化する方法はほかにもいくつもあるが、この方法は数学的に簡潔である一方で、まったく実用にはならない。しかしゲーデルに必要だったのは、そのような方法が存在することだけである。

数にコード化できるのは命題だけではない。証明は命題が単に並んでいるだけなので、証明も数にコード化できる。そのような数のうちのどれが論理的に有効な証明に対応するかは、それぞれの命題をその前の命題から導くための論理規則によって決まる。そのため、「Ｐは命題Ｓの有効な証明である」という命題自体も、「Ｐを数の列に復号化すると、その最後の数はＳに対応する数である」という算術的命題としてとらえることができる。ゲーデルのコード化の方法を使うと、ある証明が存在するかどうかという超数学的命題を、それに対応する数に関する算術的命題に変換で

きるのだ。

　ゲーデルはこのからくりを、「この命題は偽である」という命題に当てはめたかったが、この命題は算術的でないので直接当てはめることはできない。しかし、ゲーデル数を使って算術的命題に書き換えることはできて、そうすれば「この命題には証明がない」という命題に変わる。すべて筋が通るようにするためにはいくつか技術的な工夫が必要だが、おおまかにはそのようにすればいい。

　そこで次に、ヒルベルトの言うとおり算術の公理系は完全であると仮定しよう。すると、「この命題には証明がない」という命題には、証明があるかないかのどちらかである。ところが、そのどちらであったとしても矛盾が生じてしまう。もし証明があるとすれば、もちろん矛盾である。もし証明がないとすれば、この命題は偽であり（ヒルベルトが正しいと仮定すれば）、したがってこの命題には証明があるということになってしまって矛盾する。つまりこの命題は自己矛盾している。算術の命題のなかには証明も反証もできないものが存在するのだ。

　ゲーデルはこの結論をもとに、「算術の公理系が無矛盾であれば、その無矛盾性を証明することはできない」という、いわゆる無矛盾性定理〔訳注：第二不完全性定理〕を導いた。これは、先ほどの「そうかそうか」を形式的に表現したことに相当する。算術が無矛盾であることを誰かが証明したら、そこから即座に、算術は無矛盾でないという結論を導けてしまうのだ。

　ヒルベルトやその支持者たちは当初、ゲーデルのこの定理は単に、『プリンキピア・マテマティカ』で構築された特定の公理系

に技術的欠陥があることを示しているだけだろうと高をくくっていた。何か別の公理系であれば、この罠を逃れられるかもしれないと考えていたのだ。ところがまもなくして、これと同じ論法が、算術を構築できるほど豊かなすべての公理系で成り立つことが明らかとなった。算術はもとから不完全だったのだ。ほとんどの数学者は、算術は論理的に無矛盾だと信じているし、誰もがそれを作業仮説として決めつけているが、もしそうだとしたら、それを証明することはけっしてできないのだ。

　ゲーデルは、数学に対する人類の哲学的見方を一気に変えてしまった。数学の真理は絶対ではありえない。数学の論理体系では真偽が定まらないような命題が存在するのだ。

　リーマン予想のような未解決予想は真か偽のどちらかであって、証明か反証のどちらかが存在するはずだと、ふつうは決めつけられている。しかしゲーデル以降は、そこにもう一つの可能性を付け加えなければならない。集合論の公理系からリーマン予想へ至る道筋が存在しないと同時に、その同じ公理系からリーマン予想の否定へ至る道筋も存在しないというケースがありうるのだ。もしそうだとしたら、リーマン予想が真であることの証明も、偽であることの証明も存在しない。たいていの数学者なら、リーマン予想は決定可能であるというほうに賭けるだろう。それどころかほとんどの人は、リーマン予想は真であって、いつかその証明が見つかるだろうと考えている。もし真でなかったら、臨界線上にない零点という反例が見つかるにちがいない。どちらなのかまだわからないというだけだ。「意味のある」定理には証明と反証のどちらかが存在していて、決定不可能な定理は少々不自然で人工

的なものに限られると、我々は思い込んでいる。ところが次の章で説明するように、理論計算科学における自然で意味のある一つの疑問が、実は決定不可能だった。

　古典論理は、真と偽を明確に区別していて中間はなく、二値的である。しかしゲーデルの発見を踏まえると、数学には、真と偽と決定不可能という三値の論理のほうがふさわしいのかもしれない。

23

この機械は停止する
アラン・チューリング

The Machine Stops
Alan Turing

アラン・マティソン・チューリング
生:イギリス・ロンドン、1912年6月23日
没:イギリス・チェシャー州ウィルムズロー、1954年6月7日

ブレッチリー・パークで同僚だったジャック・グッドによると、アラン・チューリングは花粉症だったという。自転車で出勤していたチューリングは、6月になると毎年、花粉から身を守るためにガスマスクを付けていた。自転車自体にも問題があって、たびたびチェーンが外れた。そこで、チェーンを付け直したあとで手をきれいにするために、オイルとぼろ布を携帯していた。

　何度もチェーンを付け直すのにうんざりしてきたチューリングは、合理的に問題を解決することにした。手始めに、一度外れてから次に外れるまでにペダルが何回回転したかを数えてみた。するとその回数は驚くほど一定していた。そこでその回数を、チェーンのリンクの個数および後輪のスポークの本数と比べたところ、チェーンと後輪がある特定の位置関係になるときにチェーンが外れることがわかった。その後はつねに回転数を数え、チェーンが外れる頃合いになったら巧みな操作で外れるのを防いだ。もうオイルとぼろ布を携帯する必要はなくなった。そして最終的には、わずかに曲がったスポークが傷ついたリンクと接触してチェーンが外れることを発見した。

　確かに合理的思考のなせる業だが、ほかの人なら自転車屋に持っていってその場で直してもらっただろう。しかしチューリングはそれをしなかったことで、修理代を節約したし、自分以外誰もその自転車には乗れないようにした。ほかの多くの事柄と同じく、自分なりの理由があったのだ。その理由がほかの人と違っていただけである。

アルゴリズム全般の定式化を考えはじめる

　アラン・チューリングの父親ジュリアスは、インド行政府の職員だった。母エセル（旧姓ストーニー）は、マドラス鉄道の主任技師の娘。2人は子供をイギリスで育てたいと思い、ロンドンへ移り住んだ。アランは2人息子の2人目。6歳で海岸沿いの町セント・レナーズの学校に入学すると、すぐにその並外れた賢さが女性校長の目にとまった。

　13歳になると、シャーボーンにある私立の「パブリック」スクールに入学した。おもに金持ちの子供が有償で通う私立学校のことを、イギリスでは古風にパブリック・スクールと呼ぶ。ほとんどのパブリック・スクールと同じく、この学校でも古典が重視されていた。チューリングは字が下手で国語の成績が悪く、また大好きな数学でも、教師の求める答えでなく独自の答えを出すことが多かった。それが良かったのか悪かったのか、チューリングは数学の賞を総なめにした。化学も好きだったが、やはり自分なりのやり方を好んだ。校長は、「科学の専門家になるつもりなら、パブリック・スクールは時間の無駄である」と書き記している。まさにそのとおりだ。

　教師たちは気づいていなかったが、チューリングは空き時間に、アインシュタインの論文から相対論を、アーサー・エディントン著『物理世界の性質』から量子論を学んでいた。1928年には1学年上のクリストファー・モーコムと近しい友達になり、科学に対する興味を語り合うようになった。ところがそれから2年もせず

にモーコムが亡くなってしまう。チューリングは打ちひしがれたが、めげずに乗り切り、ケンブリッジ大学キングスカレッジで数学を学ぶ機会を勝ち取った。そして、学部の講義よりもはるかに進んだ、あるいは逸脱した教科書を何冊も読みつづけた。そうこうして1934年に卒業した。

　チューリングはとんでもなくみすぼらしい恰好をしていた。スーツもめったにアイロンがかかっていなかった。ベルト代わりにネクタイを、あるいはときにはひもを使っていたともいう。笑い声は騒々しく響いた。言語障害があったが吃音というほどではなく、頭のなかで適切な単語を探そうと突然口ごもって、「あーあーあーあー」と言うくらいだった。髭剃りもいい加減で、夕方には口元が青くなった。神経質で社交性のないオタクだったと評されることが多いが、実際にはかなりの人気者で人付き合いもよかった。チューリングの突飛さはおもに、考える事柄でなくその考え方が独特だったことによる。何か問題に取り組むときには、誰も気づかないような角度から攻めたのだった。

　1年後、チューリングは大学院でマックス・ニューマンによる数学基礎論の科目を取り、ヒルベルトの研究計画とそれがゲーデルによって否定された経緯を学んだ。そして、ゲーデルの不完全性定理は実はアルゴリズムに関する定理であることに気づいた。ある問題が解決可能であるのは、それに答えるためのアルゴリズムが存在する場合である。そのようなアルゴリズムを見つければ、その与えられた問題が決定可能であることを証明できる。決定不可能であるのを証明するのはもっと難しく、そのようなアルゴリズムが存在しないことを証明しなければならない。

しかしその前に、アルゴリズムとは何であるのかを正確に定義しなければどうしようもない。ゲーデルは実のところ、公理系における証明をアルゴリズムとしてとらえることで、この問題に取り組んでいたことになる。そこでチューリングは、アルゴリズム全般を定式化するにはどうしたらいいのだろうかと考えはじめた。

チューリングマシンの汎用性

1935年にチューリングは、確率論の中心極限定理を独立に発見したことで、キングスカレッジの特別研究員となった。統計的推測をおこなう場合、この中心極限定理のおかげで、「鐘型曲線」いわゆる正規分布を利用することができる。しかしチューリングは、1936年になるとゲーデルの定理のことを何よりも考えはじめ、先駆的な論文『計算可能数とその決定問題への応用について』を発表した。そのなかでは、現在チューリングマシンと呼ばれている形式的な計算モデルにおける決定不可能性定理を証明している。すなわち、計算が停止して答えが出るかどうかを前もって判断できるようなアルゴリズムは存在しないということである。その証明はゲーデルのものより単純だが、どちらも準備段階にいろいろと巧妙な仕掛けが必要となる。

チューリングマシンといっても、理想的な機械を数学的に表現した抽象的なモデルにすぎない。チューリングはそれをA－マシンと名付けた。「A」は「オートマチック」の略。1本の細長いテープがいくつものマス目に分かれていて、それぞれのマス目は空白か、または記号が1つ書き込まれている。このテープがマシン

のメモリーに相当し、その長さは決まっていないが有限。端まで来たらさらにいくつかマス目を付け足せばいい。最初のマス目の上には読み取りヘッドがある。ヘッドはまずそのマス目の記号を読み取り、指示表（ユーザーが与えるプログラム）を参照してそのマス目に記号を書き込み（すでに記号が書かれていたら上書きして）、テープ上を1マス分移動する。そして指示表とテープ上の記号に基づいて、そこで停止するか、またはそのマス目の記号を見て指示に従う。

チューリングマシンにはさまざまなタイプがありえるが、同じものを計算できるという意味ではすべて同等である。この原始的なマシンは、進化した高速なデジタルコンピュータで計算できるあらゆることを原理的には計算できる。たとえば、0から9までの記号と、あと何種類かの記号を使うチューリングマシンをうまくプログラムすれば、πの数字を好きな桁数だけ計算し、それをテープ上に書き連ねてから最後に停止するよう仕向けることもできる。

こんなに単純な装置がこれほどの汎用性を持っているというのは驚きかもしれないが、その計算の複雑さは指示表のなかに備わっているのであって、その指示表はかなり複雑にすることができる。ちょうど、コンピュータの動作がソフトウエアに基づいているのと同じだ。しかし、チューリングマシンはしくみの単純さゆえにきわめて遅く、単純な計算にも膨大なステップが必要となる。実用的ではないが、単純なだけに、計算の限界に関する理論的な問題を考察するのには向いている。

チューリングが証明した一つめの重要な定理は、どんな具体

なチューリングマシンでもシミュレートできる、汎用チューリングマシンが存在するというものである。その汎用マシンのテープ上には、計算を始める前にあらかじめ具体的なマシンのプログラムをコード化しておく。指示表には、そのプログラムを実際の指示へ復号化して実行する方法が記されている。この汎用マシンの基本設計は、プログラムをメモリーに保存する実際のコンピュータに近い。きわめて特別な用途を除けば、ふつうは問題ごとに、プログラムを直接組み込んだ新たなコンピュータを作ることなどしないものだ。

チューリングの二つめの重要な定理は、ゲーデル張りに、チューリングマシンの停止問題は決定不可能であるというもの。停止問題とは、あるチューリングマシンのプログラムを与えられて、そのマシンが（いずれ）停止して答えをはじき出すか、それとも永遠に動きつづけるかを判定するアルゴリズムを見つけよ、というものである。

そのようなアルゴリズムは存在せず、停止問題は決定不可能であることを、チューリングは証明した。そのためにまず、そのようなアルゴリズムが存在すると仮定したうえで、そのアルゴリズムを走らせるマシンにそれ自身のプログラムを入力することを考えた。しかしそのアルゴリズムには巧妙な細工がされていて、もとのマシンが停止しないときに限ってそのシミュレーションが停止するようになっている。すると矛盾が生じる。このシミュレーションは、もし停止すれば停止しないことになり、もし停止しなければ停止することになってしまうのだ。

前の章で説明したように、ゲーデルの証明はつまるところ、「こ

の命題は偽である」という形の命題をコード化したものだった。チューリングの証明はもっと単純で、いわば1枚のカードの両面に、

　　裏面の命題は真である。
　　裏面の命題は偽である。

と書かれているのに近い。このどちらの命題も、2ステップを介して自らを否定していることになる。

　チューリングはこの論文を『ロンドン数学会会報』に投稿したが、実はその数週間前にアメリカ人数理論理学者のアロンゾ・チャーチが、『アメリカ数学ジャーナル』で『初等数論におけるある解決不可能問題』という論文を発表していた。そのチャーチの論文には、算術は決定不可能であるというゲーデルの定理に対する、さらにもう一つの証明が与えられていた。チャーチの証明はきわめて複雑だったが、それでもチューリングのものより先に出版されていた。しかしニューマンは、チューリングの証明のほうが概念的にも構成的にもはるかに単純だとして、チューリングの論文を掲載するよう雑誌編集部を説得した。

　結局、チャーチの論文に言及するようチューリングが手直ししたうえで、1937年に論文は掲載された。これをきっかけに、チューリングはプリンストン大学へ移ってチャーチの指導のもと博士号を取得し、一件は丸く収まった。その博士論文は1939年、『順序数に基づく論理体系』というタイトルで発表された。

第2次世界大戦での暗号解読に貢献

　不吉な1939年、第2次世界大戦が勃発した。開戦を予期し、現代の戦争では暗号が重要な役割を持つことを理解していた秘密諜報部（SIS、またの名をMI6）の上層部は、暗号術の養成所として活用できる敷地をすでに確保していた。そのブレッチリー・パークには、235ヘクタールの土地に、さまざまな建築様式が奇妙に混じり合った大きな館が建っていた。住宅団地の建設のために取り壊されることが決まっていた館である。その館は仮兵舎など付属の建物とともに現存しており、ブレッチリー・パークはいまでは戦時中の暗号解読者たちをテーマとした観光地になっている。

　政府暗号学校（GC&CS）の作戦司令官アラステア・デニソンは、一流の暗号解析者(コードブレーカー)たちをブレッチリー・パークに集めた。そのなかには、チェスプレイヤー、クロスワードの達人、言語学者、さらにはエジプトのパピルスの専門家も1人含まれていた。デニソンが人員を拡充するために見つけてきた「教授タイプの人物」たちだ。

　当時、枢軸軍が次々に活用しはじめていたメッセージ暗号化マシンには、回転歯車からなる複雑な機構が使われており、しかもプラグの抜き差しで日々設定を変えることができた。そのため連合国側にも高度な専門知識が必要で、数学者に白羽の矢が立てられた。そうして、ニューマンやチューリングなど何人かがチームに加わった。彼らは事務職員や行政官の助けを借りながら、厳重な秘密のもと任務に当たった。1945年前半には職員数は1万人に

達した。

　枢軸軍がおもに使っていたのが、エニグマとローレンツという名前の暗号装置。どちらの暗号システムも解読不可能だとされていたが、その暗号化アルゴリズムの数学的構造にわずかな弱点があった。使用者が面倒くさがって規則を破り、たとえば2日連続で同じ設定を使ったり、同じメッセージを2度送ったり、メッセージの冒頭に決まり文句を使ったりすると、その弱点があらわになってくる。チューリングは、政府暗号学校のディリー・ノックスのもとでエニグマ暗号の解読に挑むチームの中心人物だった。

　1939年、ポーランド軍が実際のエニグママシンを1台入手し、イギリス側にそのしくみ、つまり回転歯車の連結機構を伝えた。さらにポーランドの暗号解析者たちは、ドイツ軍がメッセージの前に、マシンをテストするための短い文を送信していることを利用して、エニグマ暗号を破る方法まで編み出していた。たとえば前のメッセージに続くメッセージの冒頭には、FORT（Fortsetzung「続き」の略）のあとに最初のメッセージを送信した時間を加え、それを2度繰り返したものの前後にYという文字を添えていた。ポーランド人暗号解析者たちは、解読を高速でおこなうために「ボンバ」という機械も開発した。

　チューリングとノックスは、ドイツ軍がいずれこの弱点を取り除いてしまうだろうと踏んで、もっと確実な解読法を探すとともに、解読のための機械も必要だと判断し、それを「ボンブ」と名付けた。チューリングは、盗聴した手掛かりを用いる汎用的な解読法を実装できるよう、そのボンブの仕様を決定した。その解読法は、先ほど紹介したFORTのように、メッセージの一部に対応

する平文(ひらぶん)が推測できる場合に有効となる。その種のメッセージとしては、「報告なし」や「気象観測（時刻）」といったものがあった。驚くことに、陸軍元帥エルヴィン・ロンメルの補給係将校は、元帥に送信するすべてのメッセージの冒頭にまったく同じ形式的なフレーズを使っていた。

チューリングによるボンブの設計に基づいて、ブリティッシュ・タビュレーティング・マシン社（いわばイギリス版のIBM）の技師ハロルド・キーンが実際の装置を組み立てた。ボンブの役割は、（たいていは）毎日変更されるエニグママシンの基本設定の一部を特定するために、高速で試行錯誤をおこなうことだった。考えられる設定を一つずつ試しては、矛盾があるかどうかを調べていく。矛盾があったら次の設定に進み、計17,576通りの組み合わせを、正解と思われるものが見つかるまで調べ尽くしていく。そして停止した時点で人間がその設定を読み取る。

チューリングはそのプロセスを統計解析によって改良した。また、ドイツ海軍が使用していた、さらに解読が難しい仕様のエニグマ暗号にも挑んだ。1942年には、ワシントンDCのイギリス合同職員使節団に一時派遣され、ボンブとその使用法についてアメリカ側に助言した。チューリングが導入した数々の手法によって、必要なマシンの台数は336から96に減り、計算も高速化された。

枢軸軍の通信を解読できるようになったことで、一つ戦略的な問題が出てきた。解読できることが敵に気づかれたら、暗号化の手順を厳しくされかねない。そのため、たとえ連合国側が敵の意図を見抜いても、毎回直接的にそれを叩く行動を取ってはならない。連合国の暗号解読能力を、たびたび敵を欺きながら巧みに利

用することが、多くの主要な交戦、なかでも大西洋海戦の勝利に貢献した。チューリングとその同僚たちの取り組みによって、戦争が4年は短縮されたといわれている。

　戦後になってわかったことだが、ドイツの暗号解析者たちも、原理的にはエニグマ暗号を破ることができると気づいていた。それでも、解読に必要な膨大な作業を本当にやる人なんていないだろうと高をくくっていたのだ。

女性数学者との婚約解消と一流の長距離走者

　解読作業は休みなく集中的に続けられたが、ブレッチリー・パークでの生活にも息抜きできるひと時はあった。チューリングはスポーツやチェスでくつろぎ、限られた休憩時間内で同僚たちと打ち解けた。1941年には、聡明な女性数学者ジョアン・クラークと親交を深めていった。ジョアンは、ケンブリッジ大学で数学の優等卒業試験(トライポス)の第3段階に向けて勉強をしていたが、それをあきらめてブレッチリー・パークのチームに加わっていた。2人は一緒に映画に行ったり、互いの仲間たちと楽しんだりした。2人の関係はどんどん親密になり、やがてチューリングはプロポーズした。ジョアンはその場で受け入れた。

　チューリングは自分に同性愛的傾向があることを白状したが、それでジョアンが思いとどまることはなかった。おそらく、チェスや数学や暗号など、共通するものがたくさんあったからだろう。当時、数学の天才を妻にしたがる男性などほとんどいなかったが、チューリングにとってはそんなことは問題ではなかった。自分が

同性愛者であることも、少なくともはじめのうちは問題ではなかった。当時の多くの人にとっては性的指向よりも人格のほうが重要だったし、妻のいちばんの役割は家事であるとされていた。ジョアンも、チューリングには同性愛的傾向があるだけで、実際にそのような行為をしているわけではないと信じた。

2人は何の問題もなく互いの両親と会い、チューリングは婚約指輪を買ってあげた。ジョアンはそれを仕事に着けていくことはなく、同僚のなかで2人が婚約したことを正式に知っていたのはショーン・ワイリー1人だけだったが、ほかの人たちも勘ぐってはいた。

しかし月日が経つにつれ、チューリングは考えなおすようになっていった。2人は1週間の休暇を北ウェールズで散歩やサイクリングをして過ごしたが、宿の予約で一悶着あり、またチューリングが、食料を買うための臨時配給カードを手配しておくのを忘れていた。休暇から戻ってまもなくチューリングは、2人とも結婚は望んでいないと判断し、婚約は解消された。ジョアンが自分のせいだと思わないようチューリングが気を遣ったおかげで、2人は一緒に仕事を続けたが、以前より頻度は下がった。

チューリングは一流の運動選手で、とくに長距離走では、スピードに劣るぶんを並外れた持久力で補って余りあった。キングスカレッジの特別研究員時代には、ケンブリッジからイーリーまでの往復50キロをたびたび走ったし、戦時中は会合出席のためにロンドンとブレッチリー・パークのあいだをよく走った。雑誌『アスレティックス』の1946年の号には、ウォールトン・アスレティッククラブの3マイル競走でチューリングが15分37秒8で優勝

したと記されている。そこそこの記録だが飛び抜けて速いわけではない。クロスカントリー競走については、この翌年のケント20マイル・ロードレースで、優勝者から4分遅れの2時間6分18秒で第3位、AAAマラソンでは2時間46分3秒で第5位だった。クラブの秘書は次のように記している。

「彼は姿が見えるよりもその音のほうが目立った。ブーブーと嫌な音を立てて走っていたが、声をかける間もなく弾丸のように駆け抜けていった」

1948年にイギリスでオリンピックが開催されることになると、チューリングはイギリスのマラソンチームの選考会で第5位に入った。金メダリストのタイムは、チューリングの自己ベストより11分速いだけだった。

プログラム内蔵方式のコンピュータの設計とチューリングテスト

戦後、チューリングはロンドンへ移り、国立物理学研究所で世界初のコンピュータACE(「自動計算エンジン」)の設計に携わった。1946年前半には、プログラム内蔵方式のコンピュータの設計について発表をおこなっている。その設計仕様は、少し前にアメリカ人数学者のジョン・フォン・ノイマンが設計したEDVAC(「電子式離散変数自動計算機」)よりもはるかに詳細だった。しかし、ブレッチリー・パークに関する秘密保持の影響でACE計画の進展が滞ったため、チューリングは1年間ケンブリッジ大学に戻り、次の大きな研究テーマである機械知能に関する論文を書いた(未発表)。

1948年には、マンチェスター大学計算機械研究所の副所長となり、準教授(リーダー)のポストにも就いた。1950年には論文『計算機械と知能』を書き、いまでは有名な、機械の知能を評価するためのチューリングテストを提案した。チューリングテストとは、何か好きなテーマで長い会話を交わし、相手が人間でないかどうかを判断できなければ合格というものである（相手の姿は見えない）。論争の的になっている方法ではあるが、このたぐいの提案としては初の本格的なものだった。

　チューリングはまた、仮想的なマシンのためのチェス・プログラムに関する研究も始めた。そのプログラムをフェランティ・マーク1というコンピュータで走らせようとしたが、メモリーの容量が小さすぎたため、手計算でプログラムのシミュレーションをおこなった。そのマシンは現存していない。しかしそれからわずか46年後に、IBMのディープブルーがチェス名人のガルリ・カスパロフを破り、さらに1年後には、改良版のプログラムがカスパロフに2勝1敗3引き分けで勝利した。チューリングは時代を先取りしすぎていただけなのだ。

　1952年から54年までチューリングは、数理生物学、とくに動植物の形やパターンの形成、いわゆる形態形成の研究に転向した。研究したのは葉序学、すなわち、植物の構造にフィボナッチ数が関係しているという驚きの傾向について。フィボナッチ数とは、2, 3, 5, 8, 13……というように、各項が前の2つの項の和になっている数のこと。チューリングの最大の業績は、パターン形成をモデル化した微分方程式を書き下したことである。その基本的な考え方は次のとおり。

胚のなかでモルフォゲンという化学物質が目に見えない「プレパターン」を作り、個体が成長するとともにそれが雛形となって色素のパターンができあがる。そのプレパターンは、化学反応と、分子が細胞から細胞へ広がる拡散との組み合わせによって作られる。そのような系を数学的に解析すると、一様な（すべての化学物質の濃度がどこでも同じ）状態が不安定になることで起こる、対称性の破れと呼ばれるメカニズムによってパターンが作られることがわかる。

　チューリングはこの作用を次のように説明している。「重心より少し上のところで吊り下げた棒は、安定な平衡状態を保つ。しかしその棒をネズミが登っていったら、やがて平衡状態が不安定になり、棒は揺れはじめる」。揺れている棒は、垂直にぶら下がっている棒よりも対称性の低い状態にある。

　しかし生物学者は、胚の成長と形成に関してそれとは異なる、位置情報と呼ばれる考え方を好んで使うようになった。その考え方では、動物の身体をいわば地図としてとらえ、DNAは指示書の働きをするとみなす。発生中の生物の細胞は、その地図を見て自分がどこにあるかを知ったうえで、指示書に当たり、その場所で自分が何をすればいいかを判断する。地図上での座標は化学物質の濃度勾配によって示される。たとえばある化学物質は、動物の後端近くで最も濃度が高く、前方へ行くにつれて徐々に薄まっているという具合。細胞はその濃度を「測る」ことで、ここがどこなのかを知ることができる。

　この位置情報説を支持する証拠が、成長中の胚の組織を別の場所に移し替える移植実験によって得られている。たとえば、マウ

スの胚は縞模様のようなパターンを形成し、それがやがて指になる。その組織の一部を移植すれば、周囲の細胞から受け取る化学シグナルについて探ることができる。このような実験の結果は位置情報説と合致し、この説は裏付けられたと広くみなされていた。

　ところが2012年12月、ルシケシュ・セス率いる研究チームがさらに複雑な実験をおこなった。そして、マウスの指の本数がある特定の遺伝子群から影響を受けることを明らかにした。それらの遺伝子の活性を下げると、マウスは通常より多くの指を持つようになる。ちょうど、ヒトの指が5本でなく6本や7本になるのに相当する。この実験結果は、位置情報と化学勾配の理論とは相容れないが、チューリングの反応＝拡散理論を踏まえると完全に筋が通る。

　同じ年、ジェレミー・グリーン率いる研究グループは、マウスの口腔内の盛り上がりのパターンがチューリング・プロセスによって制御されていることを証明した。[*11]それに関与するモルフォゲンは、線維芽細胞成長因子とソニックヘッジホッグの2種類。ソニックヘッジホッグという名前は、この物質を持たないショウジョウバエの身体に、まるでヤマアラシ(ヘッジホッグ)のように毛が多いことから名付けられている。

同性愛者として断罪された数学の天才への謝罪

　同性愛者だったチューリングは、同性愛行為がまだ違法だった1952年、アーノルド・マレーという19歳の無職の少年と関係を持ちはじめた。するとマレーを知る人物がチューリングの家に押

し入り、警察の捜索によって同性愛関係がばれてしまう。チューリングとマレーは重大猥褻罪で起訴された。弁護士の勧めでチューリングは罪を認め、マレーは条件付きで釈放された。チューリングは、禁固刑か、または執行猶予となって合成エストロゲンのホルモン治療を受けるかのどちらかを選ばされた。チューリングの甥で弁護士のダーモット・チューリングは、著作『教授：アラン・チューリング解読』のなかで、この判決は「手続き上の問題があり、一部違法で無効だった」と論じている。何よりも、同じ頃に起訴されたほかの人たちはもっと寛大な判決を受けているし、チューリングとともに罪を犯した相手は事実上何ら罰せられていない。

ともあれチューリングは執行猶予とホルモン治療を選択した。「もちろんすべて払拭して違う男になるだろうが、どんな男になるかはまったくわからない」。そのとおりだった。勃起不能になって乳房が膨らんできたのだ。

どうやらこの判決は、政府が慌てふためいたことによるものらしい。その少し前にガイ・バージェスとドナルト・マクレインがKGB（ソ連国家保安委員会）の二重スパイだったことが明らかとなり、ソ連の工作員が同性愛者に、秘密をばらされたくなければスパイになれと脅しているのではないかという疑いが強まっていた。政府暗号学校を前身として組織された政府通信本部（GCHQ）は、ただちにチューリングの機密事項取扱許可を剝奪し、アメリカもチューリングの入国を拒否した。

こうして、第2次世界大戦を何年も短縮させた（それによって大英帝国四等勲位を授かった——最高位のナイトに叙せられてもおかし

くなかった）数学の天才アラン・チューリングは、大西洋の東西両岸で「好ましからざる人物」となってしまった。

1954年6月、家政婦がチューリングの死体を発見した。検死がおこなわれ、死因はシアン化物中毒と報告された。かたわらにはかじりかけのリンゴがあり、それにシアン化物が含まれていたと断定されたが、奇妙なことにそのリンゴは検査にかけられていない。検死官は自殺と判断した。

もう一つの可能性は無視したらしい。チューリングは空き部屋で電気メッキの実験をおこなっており、それで発生したシアン化物を吸い込んだのかもしれない。寝る前にリンゴを食べるのはいつものことで、食べかけのままのことも多かった。ホルモン治療のせいで落ち込んだ様子もなかったし、祝日明けに研究室でやるべき仕事のリストを作ったばかりだった。したがって事故死だったということもありえる。

2009年にゴードン・ブラウン首相は、インターネット上でのキャンペーン活動を受けて、チューリングに対する「ぞっとするような」処置を公式に謝罪した。さらにキャンペーンは続けられ、2013年には女王エリザベス2世が死後恩赦を与えた。2016年にイギリス政府は警察犯罪法を改正して、すでに廃止されている性犯罪で有罪となったすべての同性愛者および両性愛者に恩赦を与えた。その改正法は俗に「チューリング法」と呼ばれている。しかし、恩赦は犯罪を起こしたことを前提としているとして、恩赦でなく謝罪を要求するキャンペーンがいまだ続けられている。

24

フラクタルの父
ブノワ・マンデルブロ

Father of Fractals
Benoit Mandelbrot

ブノワ・B・マンデルブロ

生:ポーランド・ワルシャワ、1924年11月20日
没:アメリカ・マサチューセッツ州ケンブリッジ、2010年10月14日

1944年、第2次世界大戦による混乱のために、パリの2つの有力大学、エコール・ノルマル・シュペリウール（高等師範学校）とエコール・ポリテクニーク（理工科学校）の入学試験は6カ月延期された。1カ月間も試験が続くかなりの難関だったが、若きブノワ・マンデルブロは2校とも合格した。教師の一人は、きわめて難しいある数学問題に答えられたのが全受験者のなかで1名だけだったことに気づいた。それはマンデルブロにちがいないと思って調べてみると、確かにそのとおりだった。その教師は、計算に「とてつもなく厄介な三重積分」が含まれていて、自分には解けないと白状した。

　するとマンデルブロは笑った。「とても簡単ですよ」。そして、その積分は実は球の体積が姿を変えているだけだと説明した。「適切な座標系を使えば自明のことです。球の体積の公式なら誰でも知っています。それを使いさえすればいいのです」。秘訣を聞いてみれば、確かにマンデルブロの言うとおりだった。教師はショックを受けて慌てふためき、「確かに、確かに」とつぶやくしかなかった。どうして気がつかなかったのだろう。

　それはその教師が、幾何学的でなく記号的に考えていたからだった。

　マンデルブロは視覚的な直感力に優れていて、いわば生まれつきの幾何学者だった。ユダヤ人だったことで、子供時代には、占領下のフランスでナチスに逮捕されてほぼ間違いなく死の収容所送りになる危険につねにさいなまれていた。しかしその後、型破りだがきわめて創造的な数学者人生を自力で切り拓いた。その最盛期が、ニューヨーク州ヨークタウン・ハイツにあるIBMのトー

マス・J・ワトソン研究所での特別研究員時代だった。この研究所でマンデルブロは、各言語の単語の頻度から河川の氾濫水位に至るまで、さまざまなテーマの論文を書いた。そして直感力をほとばしらせ、それらの多様で興味深い研究結果をたった一つの幾何学的概念にまとめ上げた。それがフラクタルである。

　数学がそれまで対象としていた、球や円錐や円筒といった物体は、きわめて単純な形をしている。近くで見れば見るほど、滑らかで平らに見える。全体的な特徴は失われ、のっぺらぼうの平面そっくりに見える。しかしフラクタルはそれとは違い、どんなに拡大しても細かい構造を持っている。いわば無限にうねうねしているのだ。

「雲は球ではないし、山は円錐ではない。海岸線は円ではないし、木の皮は滑らかではないし、稲妻は直線には走らない」とマンデルブロは述べている。

　従来の数理物理学ではとらえられない自然の側面を、フラクタルでは表現することができる。フラクタルは、科学者が現実世界をモデル化する方法を根本から変え、物理学や天文学、生物学や地質学、言語学や国際金融などさまざまな分野に応用されている。また、純粋数学の面でも深遠な特徴をいくつも持っているし、カオス力学とも深い結びつきがある。

　数学の分野のなかには、まったく新しいというわけではないものの、20世紀後半に研究が本格化して新たな手法や視点を生み出し、数学とその応用との関係性を変えさせたものがいくつかある。フラクタルもそんな分野の一つ。フラクタル幾何学の源流は、解析学の論理的厳密性の探求にまでさかのぼることができる。そ

の探求によって1900年頃、単純な直感的議論が間違っていることを示すためのさまざまな「病的な曲線」が考え出された。

　たとえばヒルベルトは、正方形のなかのすべての点を通る曲線を定義した。すべての点に近づくだけでなく、正確にすべての点を通る曲線だ。それは空間充填曲線という何のひねりもない名前で呼ばれていて、次元の概念について考えるさいには慎重にならなければならないことを教えてくれている。空間の次元は連続変換によって増や̇す̇ことができ、この場合には1から2に増える。そのほかの例としては、長さは無限だが有限の面積内に収まるヘルゲ・フォン・コッホの雪片曲線や、すべての点で自己交差するヴァツワフ・シェルピンスキーのガスケットなどがある。

　しかしこれらの初期の研究成果は、専門分野以外ではほとんど重要性がなく、単なる興味の対象にすぎないとみなされていた。一つの研究分野が「生まれる」ためには、誰かが断片的な結果を集めてその根底にある統一性を理解し、必要となる概念を十分な包括性を備えた形で定義してから、表に出て世界にそのアイデアを売り込まなければならない。マンデルブロはけっして従来の意味で言うところの数学者ではなかったが、まさにそれをおこなう先見性と粘り強さを備えていた。

数学者の叔父シュレムの影響と叔父への反感

　ブノワは2つの大戦のあいだに、ワルシャワでリトアニア系ユダヤ人学者一族に生まれた。母ベラ（旧姓ルリエ）は歯科医だった。父親のカール・マンデルブロイトは正規の教育を受けておらず、

服の製造と販売を営んでいたが、家系が何世代も前まで学者ばかりだったため、ブノワは学問に囲まれて育った。カールの弟シュレムはのちに優れた数学者となった。

　以前に伝染病で子供を1人亡くしていたベラは、ブノワが何らかの病気にかからないよう、何年も学校に通わせなかった。おじのロターマンが自宅でブノワを教えたが、あまりいい教師とは言えなかった。チェスを身につけさせ、古代の神話や物語を読み聞かせたが、それ以外はほとんど何も教えなかった。アルファベットや九九さえも教えなかった。しかしブノワは視覚的思考の能力を伸ばした。チェスの手は、ゲームの形、つまり盤面上の駒のパターンで把握した。また、地図収集に熱心な父親から受け継いだのか、地図が大好きだった。壁じゅうに地図が貼られていた。さらにブノワは、手に入る本を片っ端から読みあさった。

　1936年、一家は経済および政治難民としてポーランドを離れた。母親が医者を続けられなくなり、父親の事業も失敗したためだった。移住先は、父親の妹が住むパリ。のちにマンデルブロは、その妹が生活を助けて苦境から救ってくれたと感謝している。

　シュレム・マンデルブロイトは数学界で頭角を現わし、ブノワ5歳のときにクレルモン＝フェラン大学の教授となった。さらにその8年後、パリのコレージュ・ド・フランスの数学教授の地位へ昇進した。憧れたマンデルブロは自分も数学の道へ進もうと考えるようになったが、父親はそんな役に立たない仕事には反対だった。

　マンデルブロは10代のとき、叔父シュレムから勉強を教わった。そしてパリのリセ・ロランに入学した。しかしユダヤ人にとって

占領下のフランスは厳しい地で、子供時代のマンデルブロは貧しく、絶えず暴力や死の恐怖にさらされていた。1940年に一家は再び逃れ、叔父の別荘がある南フランスの小さな町チュールへ移り住んだ。ところが南フランスもナチスに占領され、マンデルブロはそれから18カ月間、捕まらないよう身を隠しつづけた。のちにこの時期のことを、次のように淡々と語っている。[*12]

> 何カ月か、ペリグーで鉄道会社の工具製作工見習いをした。その経験は、のちに平和な時代になってから、戦時中にやっていたもう一つの仕事である馬番よりも役に立った。しかし、見た目も話し方も見習い工や馬番のようではなかったため、逮捕や移送をかろうじて逃れたこともあった。やがて何人かの親友の計らいで、リヨンのリセ・デュ・パルクへ入学した。世界中が混迷していたが、教室ではいつもどおり、「グランドゼコール」という一流大学の難しい入学試験に向けて勉強するのが日課だった。リヨンで過ごしたその後の数カ月間が、私の人生で最も重要な時期の一つだった。ひどく貧しく、また町を支配するドイツ人（のちにクラウス・バルビーという名前だとわかった）を心底恐れていたため、ほとんどの時間、机にかじりついていた。

その男バルビーは忌まわしきヒトラー親衛隊（SS）の大尉で、ゲシュタポ（秘密警察）の一員でもあった。逮捕したフランス人を自らの手で拷問したことで、のちにリヨンの虐殺者と呼ばれるようになる。戦後ボリビアへ逃亡したが、1983年にフランスへ引き渡され、人道に対する罪で収監された。

1944年リヨンで、マンデルブロは数学を勉強している最中に、自分の優れた視覚的直感力に気づいた。教師から方程式など記号形式の難しい問題を出題されると、即座にそれを幾何学的な問題に置き換え、たいていはそのほうがはるかに簡単に解くことができたのだ。

　マンデルブロは数学を学ぶために、パリのエコール・ノルマル・シュペリウールへ入学した。しかしそこで教えられていた数学のスタイルは、ブルバキ学派と同様、抽象的で総体的、しかも純粋数学に特化していた。叔父シュレムも同様の考え方で、ブルバキが厳密かつ抽象的な方向性で数学を体系的に再構築しはじめる以前には、その初期メンバーの一人でもあった。図や具体的な応用を排除して形式的に考えるというこのスタイルに、マンデルブロは魅力を感じなかった。そうして入学の数日後、ここは自分がいるべき場所ではないと判断して退学し、代わりにもっと実学志向のエコール・ポリテクニークに居場所を見つけた（エコール・ノルマルだけでなくこの大学の入学試験にも合格していた）。そしてもっとずっと自由にさまざまな分野を学んだ。

　叔父からは相変わらずもっと抽象的な数学を学ぶようけしかけられ、博士研究の題材にも、1917年にガストン・ジュリアが発表した複素関数の研究に関係するテーマを勧められた。しかしマンデルブロはその気にはならなかった。のちにウルフ賞を受賞したとき、次のように語っている。[*13]

> 　叔父が好きだったテイラー級数とフーリエ級数は、何世紀も前に物理学との関わりのなかで生まれたが、20世紀になって、「洗

練されている」あるいは「厳格である」と自称する解析学へ発展した。叔父の導いた定理のなかには、前提条件が何ページにもおよぶものもあった。叔父の説くその利点があまりにも漠然としていたし、必要かつ十分な条件など一つとしてなかった。叔父が誇りとしていたそれらの問題の長い伝統は、若い私にとっては反感の種だった。

いまだ研究テーマを探していたマンデルブロは、ある日シュレムに、地下鉄で何か読むものはないかと尋ねた。すると叔父は、ゴミ箱に捨てた一編の記事のことを思い出し、「とんでもない記事だが、おまえはとんでもないものが好きだろう？」と言ってそれを拾い上げた。その記事は、言語学者のジョージ・ジップがすべての言語に共通するある統計的性質を論じた本の書評だった。誰もその性質を理解できていなかったようだが、マンデルブロは即座に、いまではジップの法則と呼ばれているこの性質に解釈を与えようと決めた。そしてこのあと説明するように、ちょっとした進展を成し遂げる。

マンデルブロは、1945年から47年までエコール・ポリテクニークでポール・レヴィとガストン・ジュリアに師事し、その後カリフォルニア工科大学へ移って航空学の修士号を得た。そしてフランスへ戻って1952年に博士号を取得し、国立科学研究センターで働いた。また1年間、ニュージャージー州のプリンストン高等研究所にジョン・フォン・ノイマンの支援のもと滞在した。1955年にはアリエット・カガンと結婚してジュネーヴへ移り住んだ。さらに何度か訪米したすえ、1958年に夫婦でアメリカへ

移住し、ヨークタウン・ハイツにあるIBMの研究所で働きはじめた。IBMには35年間勤め、特別研究員、さらに名誉研究員となった。そして、レジオン・ドヌール勲章（1989年）、ウルフ賞（1993年）、日本国際賞（2003年）など数々の賞を受賞した。著書としては、『フラクタル——形、確率、次元』（1977年）や『フラクタル幾何学』（1982年）などがある。2010年、癌で世を去った。

自然界をフラクタルでモデル化

　ジップの法則に関する研究をおこなったことで、その後におけるマンデルブロの研究活動の方向性が定まった。まるでチョウが不思議な花から花へと飛び回るように、マンデルブロはいくつもの奇妙な統計的パターンを互いにあたかも無関係であるかのように研究している、しばらくのあいだはそう受け止められていた。それが、IBM在籍中にようやく一つにまとまりはじめたのだ。

　ジップの法則をきっかけにマンデルブロは、冪乗則という、統計学における単純だが有用な（そして軽んじられていた）概念を知った。アメリカ英語の標準的な文例集に最も多く登場する単語の上位3つは、

　　　　the ——全単語の7%
　　　　of ——同3.5%
　　　　and ——同2.8%

となっている。

　ジップの法則によると、第n位の単語の登場頻度は、第1位の単語の登場頻度をnで割った値となる。上の例だと、$\frac{7}{2} = 3.5$、

$\frac{7}{3}=2.3$。後のほうの値は実際の数値より小さいが、この法則は完璧ではなく、一般的な傾向を定量化したにすぎない。第 n 位の単語の登場頻度は $\frac{1}{n}$ に比例し、この式は n^{-1} とも書くことができる。これと同様のパターンを示す例がほかにもあるが、ただし指数が-1ではない。たとえば1913年にフェリックス・アウエルバッハは、都市の規模の分布が同様の、ただし $n^{-1.07}$ に比例するという法則に従うことに気づいた。一般的に、c を何らかの定数として第 n 位の事物の頻度が n^c に比例することを、c 次の冪乗則という。

従来の統計学では冪乗則分布に関心が払われることはほとんどなく、代わりにまっとうな根拠を含めさまざまな理由から、もっぱら正規分布（鐘型曲線）が対象として扱われる。しかし自然は冪乗則分布を使うことが多いように思える。ジップの法則に似た法則は、都市の人口、各テレビ番組の視聴者数、一人一人の収入にも当てはまる。その理由はいまだ完全にはわかっていないが、マンデルブロが学位論文のなかでその手掛かりを示し[*14]、李問天が統計的な説明を与えている。

それによると、アルファベットの各文字（および単語を区切るスペース）が互いに同じ頻度で登場する言語では、単語の頻度分布が近似的にジップの法則に従うのだという。ヴィトルド・ベレヴィッチは、これと同じことがさまざまな統計分布に当てはまることを証明した。ジップ自身の説明によると、時代とともに言語は最小の（発話または聞き取りの）労力で最適に理解できるよう進化するものであって、その原理から1乗という指数が出てくるのだという。

その後マンデルブロは、富の分配、株式市場、熱力学、心理言語学、海岸線の長さ、流体の乱流、人口統計、宇宙の構造、島の面積、河川網の統計値、液体の浸透、高分子、ブラウン運動、地球物理学、ランダムノイズなど、互いにまったくかけ離れたテーマに関する論文を発表した。少々一貫性を欠いているようにも見える。しかし1975年、ある一瞬のひらめきですべてが一つにまとまった。マンデルブロのほぼすべての研究を貫く共通テーマがあったのだ。それは幾何学的なテーマである。

　自然のプロセスでできる形が、球や円錐や円筒など滑らかな曲面の標準的な数学モデルに従うことなどめったにない。山はぎざぎざで不規則。雲はふわふわで、膨らみや切れ端がいくつもある。木は、幹から大枝、さらに小枝へと、繰り返し枝分かれしている。シダの葉は、たくさんの小さい葉が対をなして連なっているように見える。煤を顕微鏡で見ると、たくさんの小さな粒子が隙間を空けながらくっつき合っていて、それらの粒子は球のような滑らかで丸い形からはほど遠い。自然は直線を嫌うし、ユークリッド幾何学や微積分の教科書に出てくるようなそのほかの概念にもあまり気を使わない。

　マンデルブロはこのようなタイプの構造に、「フラクタル」という名前をつけた。そして、自然界の不規則な構造をモデル化するうえではフラクタルを使うよう、科学者たちに対して力を込めて熱心に説いた。

　ここでキーワードとなるのが、「モデル」である。地球はおおよそ球形に見えるし、もっと精確を期したいなら回転楕円体と考えてもかまわない。そのような形を使って物理学者や天文学者は

潮汐や自転軸の傾きなどを解明してきたが、数学的物体はあくまでもモデルであって現実の物体ではない。モデルは自然界のいくつかの特徴を、人間の頭で解析できる程度に単純かつ理想化された形で表現している。

　しかし地球の表面はでこぼこで不規則だ。地図は地形そのものではない。むしろ地形そのものであっては困る。オーストラリアの地図は畳んでポケットに入れ、必要なときに取り出して使うことができるが、本物のオーストラリアでそれをすることはできない。地図は、地形よりも単純でありながら、地形に関する有用な情報を与えてくれるものでなければならない。数学的な球はどれだけ拡大しても完璧に滑らかだが、実際の球は原子レベルで見ると素粒子の集合体に変わる。しかしそれは惑星の重力場とは関係ないので、それを考える場面では無視できるし、無視すべきだ。同様に、水は無限に分割できる連続体としてモデル化すると都合がいいが、実際の水は分子のレベルになるとばらばらになる。

　フラクタルにもそれと同じことが言える。数学的なフラクタルは、単なるでたらめな形ではなく、どんな拡大スケールでも細かい構造を持っている。すべてのスケールでほぼ同じ構造を持っていることも多い。そのような形を自己相似的という。シダのフラクタルモデルでは、一枚一枚の葉はもっと小さい葉からできていて、その小さい葉はさらに小さい葉からできている。そしてこのプロセスはけっして終わらない。実際のシダではせいぜい4段階から5段階で終わりだ。それでもこのフラクタルモデルは、たとえば三角形よりも優れている。ちょうど、地球のモデルとしては球よりも回転楕円体のほうが優れているのと同じである。

マンデルブロも十分に気づいていたとおり、フラクタルの概念が生まれる前段階では、ポーランド人数学者の小さなグループが重要な役割を果たした。彼らはルヴーフ（現在のリヴィフ）にあるスコティッシュ・カフェに定期的に集い、解析学と幾何学とトポロジーに対するきわめて抽象的な方法論を編み出した。そのなかには、関数解析の分野を打ち立てたステファン・バナッハや、マンハッタン計画で原子爆弾の製造に深く関わり、また水爆の基本概念を考え出したスタニスワフ・ウラムもいた。彼らと同じような考え方を持っていたワルシャワ大学のヴァツワフ・シェルピンスキーは、「カントール的であると同時にジョルダン的でもあり、すべての点が枝分かれ点である図形」を考案した。これはつまり、すべての点で自己交差する連続曲線という意味である。

シェルピンスキーのガスケットを作る最初の数ステップ

のちにマンデルブロはその図形を、自動車のシリンダーヘッドとエンジンをつないでいる、穴がたくさん空いたパッキングに似ていることから、シェルピンスキーのガスケットと名付けた。前に述べたようにこのシェルピンスキーのガスケットは、20世紀前半に誕生した、ひとまとめに病的な曲線と呼ばれている何種類かの図形の一例だが、自然界にとってみれば、さらに数学にとってみても、けっして病的ではない。このガスケットに似た模様は貝殻にも見られる。

ともかくこのガスケットは、正三角形に対してある反復操作を施すことで作図できる。まずその正三角形を、大きさがその半分で互いに合同な4つの正三角形に分割し、中央の上下逆さまの正三角形を消す。そうして残った3つの正三角形に同じ操作を施し、それを際限なく続けていく。このように、上下逆さまの正三角形を、辺を残してすべて消すことでできあがるのが、シェルピンスキーのガスケットである。

いまではフラクタルの初期の例とみなされているこのような曲線を見て、マンデルブロはあることを思いついた。のちにそのことを楽しげに振り返っている。[*15]

> 叔父は20歳の頃にフランスへ発った。政治的や経済的でなく、純粋に知的なイデオロギーを理由とする亡命者だった。当時、ヴァツワフ・シェルピンスキー（1882–1969）が過激なまでに抽象的な分野として構築しようとしていた「ポーランド数学」に、反感を覚えていたのだ。なんとも皮肉なことであろうか、それからずっとのちに私がフラクタル幾何学を構築するための道具を探し

たとき、その豊かな猟場となったのは、はたして誰の研究だったか？　シェルピンスキーだ！　シェルピンスキーのイデオロギーから逃れてきた叔父は、1920年代のパリを牛耳るポアンカレの後継者グループに加わった。一方、私の両親はイデオロギー的でなく経済的および政治的な亡命者で、のちにフランスで叔父と合流したことで命を救われた。私はシェルピンスキーに会ったことはないが、彼が私の家族に（知らず知らずのうちに）与えた影響はほかと比べようがないほど大きい。

このような考え方を引き継いだ何人かの純粋数学者が、フラクタルのでこぼこ具合を「次元」という1つの数で表わせることに気づいた。直線や、内部を含む正方形や、中身の詰まった立方体など、標準的な形の場合には、その数は通常の次元と一致し、それぞれ1, 2, 3という値になる。しかしフラクタルの次元は整数とは限らず、「互いに独立した方向がいくつあるか」という解釈はもはや通用しない。代わりに重要となるのが、拡大したときにその形がどのような振る舞いを見せるかである。

1本の線分を2倍に拡大すると、その長さは2倍になる。正方形を2倍に拡大すると面積は4倍、立方体を2倍に拡大すると体積は8倍になる。これらの数はそれぞれ$2^1, 2^2, 2^3$と、2の次元乗になっている。一方、シェルピンスキーのガスケットを2倍に拡大すると、もとと同じ大きさのコピーが3つ現れる。したがって、2の次元乗が3に等しくなければならず、次元は$\frac{\log 3}{\log 2}$、約1.585となる。

自己相似フラクタルに限定せずもっと汎用的に定義した次元をハウスドルフ＝ベシコヴィッチ次元といい、それをもっと実用的

に定義したものをボックス次元という。この次元は応用にも役立ち、フラクタルモデルが成り立つかどうかを実験的に検証する方法の一つとなっている。たとえば、雲はフラクタルで十分にモデル化することができ、雲の写真画像（取り扱いと測定を容易にするために平面に投影した像）の次元は約1.35であることが示されている。

抽象的な事柄と具体的な事柄をつなぐ論理の鎖

　最後に、数学では軽々に価値判断を下すと危険であることを物語る意外な例を紹介しよう。1980年、フラクタル幾何学の新たな応用法を探っていたマンデルブロは、叔父に勧められながらも抽象的すぎるとして遠ざけていたジュリアの1917年の論文に再び目をやった。ジュリアと、やはり数学者のピエール・ファトゥが解析したのは、複素関数が反復操作のもとで示す奇妙な振る舞いだった。ある数からスタートし、それにその関数を適用して2つめの数を求め、その数に同じ関数を適用して3つめの数を求める。これを際限なく続けていく。

　ジュリアとファトゥは、自明でない最も単純なケースとして、$f(z) = z^2 + c$ という形の二次関数に着目した（c は複素定数）。この関数写像の振る舞いは、複雑な形で c に左右される[*16]。2人はこの特定の反復操作に関する深遠で難解な定理をいくつか証明していたが、そのいずれもが記号的なものだった。そこでマンデルブロは、それを図に描くとどんなふうになるのだろうかと考えた。

　その計算は手でやるにはあまりに長すぎた。ジュリアとファト

ゥが幾何学的性質を調べなかったのもそのためだろう。しかしこの頃になるとコンピュータが真価を発揮しはじめていたし、何よりマンデルブロはIBMに勤めていた。そこでマンデルブロは、その計算をおこなって図を描くようコンピュータをプログラムした。おおざっぱで汚らしい（プリンターのインクが切れかけていた）図だったが、ある驚きの事実が浮かび上がってきた。ジュリアとファトゥが考えた複雑な力学系は、実はたった一つの幾何学図形から構成されていて、しかもその図形、正確に言うとその図形の境界線が、フラクタルになっていたのだ。その境界線は次元が2で、「ほぼ空間充填」である。このフラクタルにエイドリアン・ドゥアディーがマンデルブロ集合という名前をつけ、いまではそのように呼ばれている。

左：マンデルブロ集合　　右：その一部分の拡大図

例に漏れず、この成果にもいくつかの先駆けとなる発見や関連した研究があり、なかでも1978年にはロバート・ブルックスとピーター・マテルスキーがこれと同じ集合の図を描いていた。いまではマンデルブロ集合は、数々の複雑で美しいCG画像に使われている。また数学的にも盛んに研究されていて、フィールズ賞を少なくとも2つ生み出している。
　このように、マンデルブロが一度は遠ざけた純粋数学の抽象的な論文に、実はフラクタル理論の中核をなす概念が潜んでいた。ところがそのフラクタル理論は、マンデルブロが、自然界と関係があって抽象的でないからこそ編み出したものだった。数学は全体が複雑にからまり合っていて、抽象的な事柄と具体的な事柄がとらえがたい論理の鎖で結びついている。どちらか一方の考え方が優れているわけではない。大きなブレークスルーは、ときにその両方を生かすことで達成されるのだ。

25

裏返しにする
ウィリアム・サーストン

Outside In
William Thurston

ウィリアム・ポール・サーストン
生:ワシントンDC、1946年10月30日
没:ニューヨーク州ロチェスター、2012年8月21日

数学者が何よりも好きなのは、ほかの数学者と話をすること。いま挑んでいる問題のヒントとなる新しいアイデアが得られはしないかと、互いの研究について語り合ったり、キャンパスのそばにオープンしたばかりのタイ料理屋や、家族や共通の友人についておしゃべりしたりするのだ。たいていは小人数でコーヒーを飲みながら。かつてレーニ・アルフレードは、「数学者とはコーヒーを定理に変える機械である」と言った。これはドイツ語のだじゃれになっていて、ドイツ語で"Satz"という単語には「定理」と「コーヒーかす」の両方の意味がある。

　このような打ち解けた会話が、もっと正式な場面で交わされることも多い。セミナー（専門家向けの講義）、コロキウム（他分野の職業研究者や大学院生向けの、そこまで専門的ではない講義とされているが、セミナーと区別できないこともある）、ワークショップ（小規模の専門学会）、サンドピット（さらに小規模で非公式）、カンファレンス（もっと大規模で、分野の幅が広いこともある）といったものだ。

　1971年12月、カリフォルニア大学バークレー校で、力学系に関するセミナーが開かれた。ちょうどこの研究テーマが盛り上がりを見せはじめたばかりで、スティーヴン・スメールとヴラディミール・アルノーリト、およびバークレーとモスクワのその同僚や学生たちが、ポアンカレの産み落としていったカオスの概念を引き継ぎ、解決不可能に思われていた古くからの問題に挑むための新たなトポロジー的手法を編み出しつつあった。力学系とは、ランダムでない特定の規則に従って時間とともに変化するものの総称である。連続的な力学系が従う規則である微分方程式は、そ

の系の現在の状態に基づいて次の瞬間の状態を決定する。これと似た概念に離散的な力学系というものがあり、そこでは時間は1, 2, 3……と飛び飛びに刻まれていく。

例のセミナーの講演者は、ある問題を平面上の有限個の点の性質に帰着させるという、画期的な解決法を発表した。そのポイントとなるのは、与えられた任意の個数の点を互いに近距離に保ったままで、近くの場所に移動させるにはどうすればいいか（ほかにも従わなければならない条件はいくつかある）。3次元以上の空間についてはこの定理は簡単に証明できるが、長年探し求められていた2次元における証明がついに見つかったと、その講演者は言いきった。そして、力学系に関する興味深い結論を次々に示していった。

部屋の後ろのほうに、あごひげを蓄えて髪を伸ばしたヒッピー風の内気な若い大学院生が座っていた。するとその学生は立ち上がって、かなり遠慮がちに、その証明は間違っていると思うと言った。そして黒板の前へ進み、2枚の平面の図を描いてそれぞれに点を7個打ち、講演者が説明した方法を使って一つめの配置の点を二つめの配置の位置へ動かしはじめた。それぞれの点が移動する経路を線で描いていくと、線どうしが互いに邪魔になりはじめた。障害物を避けるには次の経路はもっと長くしなければならず、それがますます長い障害物になってしまう。やがて線がギリシャ神話に登場するヒドラの頭のようにはびこって、学生の言うとおりだということがあらわになっていった。

その場にいたデニス・サリヴァンは次のように記している。「あれほど包括的で独創的な反例があれほど素早く示された場面など、

それまで一度も目にしたことがなかった。さらに輪をかけて、そこから現われた幾何構造のとんでもない複雑さには畏れを抱いた」

　その学生の名はウィリアム・サーストン、友人や仲間からは「ビル」と呼ばれていた。サーストンにまつわるこのようなエピソードは何十とある。サーストンは生まれつきの幾何学的直感力を備えていて、とくにきわめて複雑な事柄にかけては抜きん出ていた。そして、新たに発展しつつあった4次元、5次元、6次元など多次元の幾何学を舞台にその驚異の能力を発揮して、数々の専門的な問題を視覚的な形に変えては解決していった。複雑な事柄の本質を見抜いて、その根底にある単純な原理を暴き出す術をわきまえていたのだ。

　サーストンは当時を代表するトポロジー学者の一人となり、数々の重要な問題を解決するとともに、その桁外れの才能をもってしても歯が立たないいくつかの重要な予想を立てた。現代純粋数学の真の偉人であるビル・サーストンは、数学者という人種の代表としてまさにふさわしい人物である。

一つの分野を完全に片付けてしまう

　皮肉なことにサーストンは目が悪かった。先天性斜視で、近くのものに両目の焦点を合わせることができなかったのだ。そのせいで距離感がつかめず、2次元の画像から3次元の物体の形をイメージすることが難しかった。母マーガレット（旧姓マルット）は腕の立つ裁縫師で、サーストンもその父ポールも理解できないような複雑な模様を縫い上げることができた。ポールはベル研究

所の工学者兼物理学者で、いろいろな道具を実際に作るのが好きだった。あるとき幼いビルに、手の熱で水を沸騰させる様子を見せた（真空ポンプを使って沸点を室温より少し高い温度まで下げておいてから、手を触れて温めた）。

マーガレットはビルの斜視を何とかしようと、ビルが2歳のとき、カラフルなパターンがたくさん描かれた本を何時間も一緒に眺めた。のちにビルがパターンをこよなく愛し、また何でも作ってしまう器用さを備えたのは、このような幼児体験がもとになったのだろう。

サーストンは型破りな教育を受けた。ニュー・カレッジ・フロリダという学校は、飛び抜けた才能を持つ少数の生徒を受け入れて、学ぶ内容や、さらには住む場所にもほとんど制約を掛けなかった。サーストンはときには、森のなかにテントを立てて暮らしたり、用務員に見つからないよう校舎に寝泊まりしたりした。しかし18カ月後、教師の半数が退職して学校は事実上閉鎖に追い込まれてしまった。

バークレー校ではサーストンはもっと地に足の着いた学生生活を送ったが、当時はやはり波乱の時代で、ほとんどの学生がベトナム戦争に反対していた。サーストンも、軍から研究資金を受け取らないよう数学者を説得する委員会に加わった。そのときにはすでにレイチェル・フィンドリーと結婚して、最初の子供が生まれていた。レイチェルいわく、子供を作ったのは、サーストンが徴兵されないようにするためでもあった。博士号の資格認定考査がたまたま出産と重なって出来は良くなかったが、いつものとおり独創性を発揮した。博士論文のテーマは、当時注目されていた

葉層構造論におけるいくつかの特別な問題に関するものだった。葉層構造論とは、多次元空間（多様体）を互いにぴったり重なり合った何枚もの「葉」に分解するというもので、本が何枚ものページに分かれているのに似ているが、重なり方はそこまで規則的ではない。

　この研究テーマは、力学系に対するトポロジー的な方法論と関係していた。サーストンの博士論文はいくつもの重要な結果を収めたものだが、出版されてはいない。葉層構造論はサーストンにとって最初の大きな研究分野で、1972年から73年にはプリンストン高等研究所で、73年から74年にはMITでも研究を続けた。そしてこの分野の基本的な問題をあまりにも数多く解決したため、ほかの数学者にとってみると、最終的にこの分野はサーストンによってほぼ完全に片付けられてしまったといえる。

3次元多様体におけるポアンカレ予想

　1974年、サーストンはプリンストン大学の教授となった（プリンストン高等研究所と混同しないように。高等研究所には学生はいない）。そして数年後、研究対象を、トポロジーのなかでも最も難しい分野の一つである3次元多様体に鞍替えした。3次元多様体は曲面に似ているが、次元が1つ多い。その研究は100年以上前のポアンカレ（第18章）にまでさかのぼるが、サーストンが取り組みはじめるまではかなり不可解な代物と受け止められていた。

　高次元多様体のトポロジーは興味深い分野である。最も簡単なのは1次元（簡単すぎてつまらない）と2次元（曲面、かなり以前に

解決されていた)。次に簡単なのは実は5次元以上で、それはおもに、高次元のほうが複雑な操作をおこなえる余裕が大きいためである。それでも難しいことには変わりない。それよりさらに難しいのが4次元多様体で、いちばん難しいのが3次元多様体。とてつもなく複雑になる余地がありながら、正攻法でそれを単純化できるほどの余地はないのだ。

n次元多様体を作る標準的な方法は、n次元空間の小さな切れ端をたくさん用意して、それらを決められた規則に従ってつなぎ合わせていくというものである。ただし、実際にやるのではなく頭のなかでやるだけだが。第18章で、この方法が曲面や3次元多様体にどのように通用するかを説明した(276ページ参照)。また、3次元多様体のトポロジーに関する基本的な問題、いわゆるポアンカレ予想についても触れた。ポアンカレ予想とは、あらゆるループを点に縮められるという単純なトポロジー的性質によって、3次元球面を特徴づけるというものだった。

このような問題に迫る常套手段としては、もっと高次元でそれに相当するものへ一般化する。一般的な問題のほうが簡単に解ける場合があり、そうすればもとの特別なケースも解決する。はじめのうちはうまくいきそうだった。1961年にスティーヴン・スメールが、7次元以上のすべての次元におけるポアンカレ予想を証明した。その後、ジョン・スターリングが6次元を、クリストファー・ジーマンが5次元を攻め落とした。しかしそれらの証明法は3次元と4次元には通用せず、トポロジー学者は、この2つの次元はほかと違う振る舞いをするのではないかと考えはじめた。そうして1982年にマイケル・フリードマンが、まったく異なる

手法を使って4次元のポアンカレ予想のきわめて複雑な証明を導いた。

これでポアンカレ予想は、もともとポアンカレが提起した次元を除くすべての次元で証明された。しかしそれらの手法からは、手強い最後のケースについては何の手掛かりも得られなかった。

そこにサーストンが登場し、この分野全体をひっくり返す。

トポロジーはいわゆるゴムシートの幾何学で、ポアンカレ予想はトポロジーに関する問題である。当然誰しも、トポロジー的手法を使ってこの問題に挑んでいた。ところがサーストンはゴムシートの考え方を捨て、実はこれは幾何学の問題ではないかと考えた。サーストンはそれを証明できなかったが、何年かのちに若きロシア人グリゴリ・ペレルマンが、その発想をヒントに証明をやってのけることとなる。

幾何には、ユークリッド幾何、楕円幾何、双曲幾何の3種類があったのを思い出してほしい（第11章）。これらはそれぞれ、曲率が0、曲率が正の一定値、曲率が負の一定値を取る空間の自然な幾何である。

サーストンはまず、ほとんど偶然にも思えるある興味深い事実に着目した。第18章で説明したように、曲面を、球面、トーラス、2-トーラス、3-トーラスなどに分類するという方法を改めて取り上げ、そこからどんな種類の幾何が現われるかを考えたのだ。球面は曲率が正の一定値なので、その自然な幾何は楕円幾何である。一方トーラスは、対辺どうしを同じものとみなした正方形、すなわち平坦なトーラスとして表現できる。正方形は平面上の平らな図形なので、その自然な幾何はユークリッド幾何。したがって、

辺どうしをつなぎ合わせるルールを備えた平坦なトーラスも、正方形と同じタイプの幾何を持つ。最後に、もっとわかりにくいが、穴を2つ以上持つトーラスの自然な幾何はすべて双曲幾何である。曲面の柔らかいトポロジーが硬い幾何へ行き着いて、考えられる3種類の幾何がすべて現われるのだ。

　もちろん曲面はかなり特別な代物だが、サーストンは、これと似たようなことが3次元多様体にも当てはまるのではないかと考えた。そして驚異の幾何学的直感力を発揮して、話はそこまで単純ではないはずだと即座に見抜いた。3次元多様体のなかには、平坦なトーラスのようにユークリッド的なものもある。3-球面など、楕円幾何的なものもある。双曲幾何的なものもある。しかし、ほとんどの3次元多様体はそのいずれでもない。

　サーストンはひるむことなくその理由を探り、2つの原因を見つけた。第一に、3次元多様体には理にかなった幾何が8種類ある。たとえばそのうちの一つは円筒に似ていて、いくつかの方向には平坦だがそれ以外の方向には正に湾曲している。第二の原因はもっと深刻で、3次元多様体の多くがいまだ特定されていないことである。しかし、ジグソーパズルのような方法を使えばうまく特定できそうだった。どの3次元多様体もいくつかのピースが組み合わさってできていて、それらのピースは、8種類の自然な幾何のいずれかを持っているらしい。しかもそれらのピースは昔ながらのピースとは違い、かなり厳格な方法に従って組み合わさるように選ばれるはずだ。

　これらのアイデアをもとにサーストンは、1982年、次のようないわゆる幾何化予想を提唱した。「すべての3次元空間は、8種

類のうちいずれか一つの自然な幾何構造を持つピースへと、基本的に一通りの方法で分割することができる」。もしこれが正しければ、そこから3次元多様体におけるポアンカレ予想を簡単に導くことができる。しかしここで行き詰まってしまった。クレイ数学研究所はミレニアム賞問題の一つにポアンカレ予想を選び、証明した人に賞金100万ドルを贈ると決めた。

　2002年にペレルマンは、リッチフローという概念に関する論文の予稿をarXiv（「アーカイブ」と発音する）というウェブサイトに投稿した。リッチフローは、重力は時空のゆがみの影響であるとする一般相対論に関係した概念である。以前にリチャード・ハミルトンが、リッチフローを使えばポアンカレ予想を単純な形で証明できるのではないかと考えていた。そのアイデアとしてはまず、あらゆる閉じた曲線を点に縮められるような仮想的な3次元多様体を思い浮かべる。そしてその多様体を、アインシュタインの言う意味で湾曲した3次元空間ととらえる。実はこのアイデアは、リーマンのハビリタチオンの論文に端を発している（第15章）。

　この次が巧妙なポイントである。その空間の曲率をもっと一様になるように均してみるのだ。

　シャツにアイロンをかけるのをイメージしてほしい。まずアイロン台にシャツを何気なく置くと、あちこちにでこぼこができる。曲率の大きい場所だ。一方、それ以外の場所では、シャツは平らで曲率は0。ここでアイロンをかけてでこぼこを平らにしようとしても、布地がさほど伸び縮みしないので、でこぼこが別のところに移動したり、しわが寄ったりしてしまう。それを防ぐ方法としてもっと簡単で効果的なのは、シャツの端を持って引っ張るこ

とだ。そうすれば、布地の自然な力学によってでこぼこが平らになる。

　リッチフローはこれと似たことを3次元多様体でおこなう。曲率の大きい場所から曲率の小さい場所へ曲率を分配しなおして、空間が自ら曲率を均すようにするのだ。すべてうまくいけば、曲率が流れつづけて最終的にはすべての場所で等しくなる。そうしてできる空間は平坦かもしれないし平坦でないかもしれないが、いずれにしてもすべての点で曲率は同じになるはずだ。

　ハミルトンは、2次元ではこのアイデアがうまくいくことを示した。あらゆる閉じた曲線を点に縮められるようなでこぼこの曲面に、リッチフローを使ってアイロンをかけると、最終的には正の一定の曲率を持った曲面、すなわち球面になる。しかし3次元の場合には障害物があって、多様体の切れ端が集まっている場所で流れが滞り、しわが寄ってしまうことがある。それを回避する方法をペレルマンは見つけた。簡単に言うと、シャツのその部分を切り取って別にアイロンをかけてから、縫い合わせてもとに戻すのだ。ペレルマンの予稿とその続編の論文には、この方法でポアンカレ予想とサーストンの幾何化予想の両方を証明できるという主張が示されていた。

　何か重要な予想を証明したという主張は、はじめのうちは疑いの目で見られるのが常である。ほとんどの数学者には、関心のある難しい問題に対する証明を見つけたと思ったのに、後からちょっとした間違いを見つけてしまったという経験があるものだ。しかしペレルマンの主張に対しては、当初から、これで一件落着かもしれないという雰囲気が広がっていた。

ポアンカレ予想に対してはその証明法でうまくいきそうに思われたが、幾何化予想のほうは問題がありそうだった。しかし何となくの印象だけでは十分でなく、証明はチェックしなければならない。しかもarXivに投稿された予稿（ほかに資料はまったくなかった）には、自明であるとして読者に委ねられた論理の飛躍が数多く残されていた。それらを埋めて論理をチェックするには何年もかかってしまった。

　ペレルマンは人並み外れた才能の持ち主で、ペレルマンには自明に思えた事柄も、証明をチェックしようとする数学者たちにとってはけっして自明ではなかった。公平を期すために言っておくが、彼らはそれまでこの問題をペレルマンとは違う方法で考えていたか、またはペレルマンほど長いあいだ考えていたわけではなかったため、どうしても不利な立場にあった。しかもペレルマンは人間嫌い。最終的に大偉業と称されるこの成果に対して、誰一人はっきりしたことを言わないまま歳月が過ぎていくにつれ、徐々にいらいらして幻滅するようになった。そして証明が受け入れられた頃には、数学から完全に足を洗っていた。

　その証明は広く認められた学術雑誌に発表されていなかったため、厳密にはミレニアム賞の要件を満たしていなかったものの、ペレルマンにはミレニアム賞が授けられることになった。ところがペレルマンは受賞を拒否してしまう。数学のノーベル賞とみなされている（賞金はずっと少ないが）フィールズ賞も拒否した。クレイ数学研究所は結局その賞金を使って、パリのポアンカレ研究所に優れた若手数学者のための短期ポストを設けた。

数学的概念を視覚化する能力

　今日では多くの数学者がコンピュータを使っている。Eメールやウェブ、あるいは大規模な数値計算のためだけでなく、問題を探るためのいわば実験道具としても利用している。ときには、ペンと紙と人間の頭脳を使う従来の方法では歯が立たなかった重要な問題に対して、コンピュータの助けを借りた証明が発表されることもある。

　このようにコンピュータが受け入れられるようになったのは、わりと最近になってから。数学者が新技術を拒否する保守的な人間だからではなく、以前のコンピュータがスピードの面でも記憶容量の面でもあまりに非力だったからだ。ある重要な数学問題などは、世界最速のスーパーコンピュータでさえ歯が立たず、最近はじき出された計算結果をもしプリントアウトしたとすると、マンハッタン島くらいの分量になってしまうほどである。

　サーストンは3次元の双曲幾何を改めて取り上げたことで、幾何学の最先端研究にコンピュータを活用する先駆けとなった。1980年代後半にアメリカ国立科学財団は、学会の開催や一般向けの活動をおこなう新設のミネソタ大学幾何学センターに資金を提供した。このセンターはコンピュータ・グラフィックスの利用も推し進め、作成した動画のうち2本はかなりの人気を博した。センター自体はすでに閉鎖されているが、動画はいまでもウェブ上で見ることができる。

　1本目の"Not Knot"は、サーストンが発見したさまざまな3次元

双曲多様体をあちこち飛び回るというもの。その複雑で魅力的なグラフィックスはあまりにサイケデリックで、その一部がロックバンド、グレートフル・デッドのコンサートにも使われた。もう1本の動画"Outside In"は、スメールが大学院生時代の1957年に発見した驚きの定理をアニメーションで表現している。その定理とは、球面を裏返しにできるというものである。[*17]

　外側を金色に、内側を紫色に塗った球面をイメージしてほしい。もちろん、穴を開ければその穴を通してひっくり返すことができるが、それではトポロジー的な変形にならない。風船のような実際の球面をトポロジー的にひっくり返すのは明らかに不可能だが(ただしその証明は完全に自明とはいえない)、数学的な球面なら、自分自身をすり抜けさせるという、風船にはできない技を使って変形させることができる。

　たとえば球面を両側から押していって、金色の面から紫色の膨らみが2つ突き出すようにしてみると、金色のチューブ状のリングが残って、それがどんどんすぼまっていく。そのリングが円にまで縮まると、曲面は滑らかでなくなってしまう。しかしスメールの定理によると、それを回避することができる。自分自身をすり抜けながらも、どの段階でも空間内に滑らかに埋め込まれたままであるような、球面の変形方法が存在するのだ。

　長いあいだそれは単なる存在証明でしかなく、誰も実際の方法を考えつけなかった。しかしその後、さまざまなトポロジー学者がそれぞれ異なる方法を編み出した。そのうちの一人ベルナール・モランは、6歳のときから目が見えない。最もエレガントで対称的な変形方法がサーストンによるもので、動画"Outside In"で「星

として紹介されている。

　サーストンはそのほかにもいろいろな方法で、数学に対する人々の見方を大きく変えた。数学者であるとは実際どういうもので、研究上の問題に対してどのように思考をめぐらせていくかを文章に綴ることで、外部の人が内幕を覗けるようにしたのだ。また、ファッション・デザイナーの藤原大（だい）は、8種類の幾何のことを聞きつけてサーストンに声をかけ、その交流から女性用のさまざまなファッションを生み出した。

　サーストンは、トポロジーから力学系に至るまで幾何学の多くの分野に幅広く貢献した。その研究の特徴は、複雑な数学的概念を視覚化する驚きの能力にあった。証明を求められると図を描くのが常で、その図の多くは、それまで誰も気づかなかった隠されたつながりを暴き出した。もう一つの特徴は、証明に対するサーストンの姿勢にあった。自明だからとして詳細を省くことが多かったのだ。誰かに「わからないから説明してくれ」と頼まれると、その場で別の証明を考え出して、「こっちのほうが気に入るだろう」と言うのだった。

　サーストンにとって数学はすべて一体につながったものであって、ふつうの人が自分の家の裏庭のことを知っているように、数学のなかを歩き回る術を知っていたのだ。

　サーストンは2012年、黒色腫の手術で右目を失ったのちに世を去った。治療中も研究を続け、複素平面の有理写像の離散力学における新たな基本的結論をいくつか証明した。数学の学会にも顔を出し、自分の愛する分野に若者が興味を持ってくれるよう取り組んだ。どんな障害があろうがけっしてあきらめなかったのだ。

数学的な人々

多種多様な先駆者たち

　彼ら偉人たちは、新たな数学の展望を開く先駆的な発見を成し遂げた。そこから私たちは何を学べただろうか？
　まずすぐに読み取れるのは、多様性である。数学を切り拓いた人たちは、あらゆる時代、あらゆる文化、あらゆる階級におよんでいる。本書に選んだ物語は2500年もの期間にわたっている。
　その主人公たちは、ギリシャ、エジプト、中国、ペルシャ、インド、イタリア、フランス、スイス、ドイツ、ロシア、イギリス、アイルランド、アメリカに暮らしていた。フェルマーやエイダやコワレフスカヤなど、裕福な家に生まれた人も何人かいる。多くは中流階級だった。ガウスやラマヌジャンなど、貧しい家に生まれた人もいる。カルダーノやマンデルブロなど、学者一家の出身の人もいる。ガウスやラマヌジャン、ニュートンやブールなど、そうでない人もいる。オイラーやフーリエ、ガロアやコワレフスカヤ、ゲーデルやチューリングなど、困難な時代に生きた人もいる。マーダヴァやフェルマー、ニュートンやサーストンなど、幸いにももっと安定した社会、あるいは少なくとも安定した社会の一角に生きた人もいる。フーリエやガロアやコワレフスカヤなど、

政治活動に取り組んだ人もいる。最初の2人はそれによって投獄された。また、オイラーやガウスなど、自らの政治思想を内に隠していた人もいる。

　一部の人だけに当てはまる傾向も見られる。多くの人は知的な家庭で育った。音楽一家だった人もいる。手先が器用だった人もいる一方で、自転車すら直せない人もいた。多くの人は早熟で、小さい頃から並外れた才能を見せつけた。寝室の壁紙や何気ない会話、借りてきた本など、ちょっとした偶然がきっかけで数学に興味を持ち、人生が変わった人もいる。多くの人ははじめのうち、とくに弁護士や聖職者など別の職業を目指していた。立派な両親から応援された人もいれば、数学を学ぶのを禁じられた人もいれば、天職を目指すのをしぶしぶ許された人もいた。

　変わり者だった人もいる。1人はぺてん師だった。何人かは狂気じみていた。ほとんどの人は、我々が見るかぎりはふつうだった。ほとんどの人は結婚して家庭を持ったが、ニュートンやネーターは生涯独身だった。文化的偏見のせいで、ほとんどは男性だった。

　最近まで、女性は生物学的特徴や気質ゆえ、数学には向いていない、それどころかどんな科学にも向いていないとみなされることが多かった。女性は家事を学ぶべきだとされていた。微積分なんかじゃなくて編み物を学べということだ。社会によってその見方はさらに強まり、女性自らが男性と同じく、数学は女性がやるにはふさわしくないと声を上げることも多かった。女性が数学を学びたくても、講義に出席したり、試験を受けたり、卒業したり、学界に名を連ねたりすることは禁じられていた。

本書で紹介した女性開拓者たちは、2本の道を切り拓いたといえる。数学のジャングルを抜ける道と、男性優位社会のジャングルを抜ける道だ。2本目の道を切り拓かなければならなかったせいで、1本目はますます困難を極めた。教育や書物や考える時間を十分に与えられたとしても、数学は難しい。ましてや、戦わなければそれらを手に入れられなかったとしたら、数学をするのなんてほぼ不可能だ。そうした困難をよそに、何人かの偉大な女性数学者は障害物を切り崩し、ほかの人たちがたどる道を切り拓いた。

　今日もなお、数学や科学の世界では女性は比較的少ない。しかし、傑出した何人もの男性が意に反して気づかされたとおり、それが能力や知性の違いのせいだという見方はもはや社会的に受け入れられない。そうした見方を裏付ける証拠さえもいっさい存在しない。

　並外れた数学の才能は神経学で説明できるのではないか、そう思いたくなってくる。骨相学の草創期にフランツ・ガルは、重要な能力と脳の特定の部位とのあいだには関連性があって、頭蓋骨の形を測ることで能力を見積もれると提唱した。数学が得意な人の頭部には、数学に対応する膨らみがあるというのだ。確かに脳の特定の部位が特定の役割を果たしているケースはいくつかあるが、いまでは骨相学は疑似科学とみなされている。

　遺伝学やDNAがもてはやされている今日では、「数学遺伝子」なるものが存在するのではないかとも思いたくなる。しかしそれは考えにくい。数学はたった数千年の歴史しかないのだから、進化によって数学の才能が選択されるだけの時間などなかったにち

がいない。ちょうど、戦闘機を操縦する能力が進化的に選択されていないのと同じだ。

　おそらく数学の才能は、もっと生存に役立つ別の能力、たとえば鋭い視力や記憶力、あるいは木々を飛び移る技能などが転用されたものだろう。ベルヌーイ家のように数学の才能が代々受け継がれたように見える例もあるが、たいていはそんなことはない。たとえ受け継がれたとしても、それは生まれつきのものではなく、数学者の叔父や壁紙の数式など、育ち方によることが多い。遺伝学者でさえ、DNAで何もかも決まるわけではないと気づきはじめているくらいだ。

視覚的に考える数学者

　先駆的な数学者にはいくつか共通の特徴がある。独創的で想像力豊か、そして型破り。パターンを探し出し、難しい問題を解くことを楽しむ。論理の細部に注意を払う一方で、たとえ裏付けがなくてもこの線を攻めるべきだと信じて、創造的に論理を飛躍させる。強い集中力を持っているが、ただしポアンカレが念を押したように、集中しすぎてレンガ塀に頭を何度もぶつけないよう気をつけなければならない。そして必ず、無意識の心であらゆることをじっくり考える。優れた記憶力の持ち主も多いが、ヒルベルトなど何人かはそうでもなかった。

　ガウスのように計算の速い人もいる。あるとき、複雑な級数の和の小数第50位をめぐって2人の数学者が言い争いをしていると、オイラーはそれを暗算ではじき出してその場を収めてしまったと

いう。一方、計算が苦手でもそれがいっさい足枷にならなかった人もいる（計算の速い人はたいてい、四則演算より高等な数学は苦手なもの。ガウスはやはり例外だ）。

彼らは、それまでの膨大な研究結果からエッセンスを絞り出して自分のものにする能力を持っているが、それと同時に従来の型どおりの道筋をいっさい無視することもできる。クリストファー・ジーマンはよく、問題に取り組む前に研究論文を読むのは間違いだと言っていた。ほかの人がはまった轍に足を取られてしまうからだ。トポロジー学者のスティーヴン・スメールは駆け出しの頃、誰もがとてつもなく難しいと思っていた問題を解いてしまった。その問題が難しいなんて誰にも教わらなかったおかげだった。

数学者はほぼ全員、形式的または視覚的な鋭い直感力を持っている。視覚的といっても、脳の視覚野のことであって視力のことではない。オイラーは目が見えなくなってからますます創作力を高めたくらいだ。

ジャック・アダマールは著作『数学における発明の心理』のなかで、何人もの代表的な数学者に、研究のさいには問題を記号的に考えているのか、それとも心のなかに何らかのイメージを描いているのかと尋ねた。するとごく少数の人を除いて、たとえ記号ばかりの問題や解の場合であっても視覚的なイメージを使っていた。たとえばアダマールは、素数は無限個存在するというエウクレイデスの証明について考えるときに、代数式をイメージすることはなかった。既知の素数を表わす点がぐちゃぐちゃとかたまっていて、そこから遠く離れた場所に新たな素数を表わす点が1つ

あるというイメージだ。ほとんどの人は漠然とした比喩的なイメージを思い浮かべるもので、エウクレイデスのような形式的な図を思い浮かべる人は稀だった。

　視覚的な（または触覚的な）イメージに頼るという傾向は、古くはアル＝フワーリズミーの著作にもはっきりと見て取れる。そのタイトルにある「アル＝ジャブル」とは「釣り合わせる」という意味で、そこから浮かんでくるイメージは、今日でも教師が頻繁に使っている。方程式の両辺を、天秤のそれぞれの皿に置いた何個かの物体の集まりとみなして、その天秤が釣り合っていなければならないと考えるのだ。天秤が傾かないようにするには、両辺に同じ代数演算を施さなければならない。そして最終的に、一方の皿には未知数が、もう一方の皿には数が来るようにする。するとそれが答えになる。数学者は方程式を解くさいには、記号があちこち動き回るとイメージすることが多い（いまだに黒板とチョークが好まれているのはそのためである。消したり書きなおしたりすることで同じような効果が得られるのだ）。

　アル＝フワーリズミーの著作には、もっとあからさまな幾何学的考え方も使われている。正方形を完成させることで二次方程式を解くプロセスを表わした図である。言い伝えによると、ある数学者は代数幾何学に関するきわめて専門的な講義の最中、黒板に「生成点」を意味する点を1個だけ打った。そしてその点を何度も指差したおかげで、その講義ははるかにわかりやすくなったという。世界中の黒板やホワイトボード、そしてもちろんナプキンや、ときにテーブルクロスには、難解な記号や奇妙ないたずら書きがぎっしり書き込まれている。そうしたいたずら書きは、10次元

多様体から代数的数体まであらゆるものを表わしているのかもしれない。

アダマールの推算によると、数学者のうちおよそ90パーセントは視覚的に考え、10パーセントは形式的に考えているという。私の知り合いに一人、3次元の形をイメージするのが苦手な一流のトポロジー学者がいる。万人に共通する「数学的知性」など存在しない。みな服のサイズが違うのと同じだ。

ほとんどの数学者は、一歩ずつ論理を進めていくわけではない。そうなっているのは完成した証明だけだ。たいていの場合、第一段階では、全体的な問題について漠然と考えてうまいアイデアを思いつき、そこから何らかの戦略的な見通しを立てる。次の段階では、それを実行に移す戦術を考え出す。そして最後の段階で、すべてを形式的に書き替え、すっきりした論理的なストーリーとして提示する（ガウスのように足場を取り外す）。

実際には、ほとんどの数学者はこの2通りの思考方法を行き来する。どうやって進めればいいかはっきりしないときやシンプルな全体像を知りたいときにはイメージに頼るが、何をすべきかはわかっていてもその先が見えないときには記号的な計算に頼る。しかしなかには、何があろうが記号だけを使ってこつこつと進めていく人もいる。

数学を愛し、突き進んでいた人たち

数学の並外れた才能とそれ以外の特徴とのあいだに強い相関関係はない。無関係のように思える。ガウスなど何人かは、3歳で

数学を「理解」した。ニュートンなど何人かは、子供時代は無駄に過ごしたものの成長してから花開いた。幼児はたいてい数や形やパターンに惹かれるものだが、多くの人は大きくなるにつれて興味を失う。ほとんどの人は高校レベルまでの数学なら学ぶことができるが、その先に進める人はごくわずかだ。数学をいっさい理解できない人もいる。

多くの本職の数学者が強く感じているとおり、数学の才能については誰もが生まれつき平等なんてことはけっしてない。ほかの人が基本的な事柄にさえ四苦八苦するなか、学校数学なんて簡単でわかりやすいと感じながら生きてきた人だったら、当然そう思えるはずだ。簡単な概念に面食らう生徒がいる一方で、難しい概念でも即座に理解してしまう生徒がいたら、そうした思いはますます強くなる。

しかし、そうしたエピソード的な証拠は間違っているかもしれない。大勢の教育心理学者がそうだと考えている。心理学ではかつて、子供の心は「まっさらな石板」であるという考え方が流行した。誰もがどんなことでもでき、必要なのは教育とたくさんの訓練だけだ。どうしてもなりたいと望めば、何にでもなれる（なれなかったとしたら、それは望まなかったから。スポーツ評論家がしょっちゅう使う循環論法だ）。

それがもし本当だったら素晴らしいが、スティーヴン・ピンカーは著書『人間の本性を考える』のなかで、この手の政治的に正しい希望を徹底的に打ち砕いている。また多くの教育者が、読み書きに影響のある失読症のように、数学の学習を妨げる計算障害の存在に気づいている。この両方の主張が同時に成り立つかどう

かは定かでない。

　身体的には誰しも生まれつき違っている。ところが知的にはみな同じだと、多くの人が何らかの理由で感じている、あるいは感じたがっているようだ。それは筋が通らない。身体の構造が身体的能力に影響を与えるのと同じように、脳の構造は知的能力に影響を与える。あらゆる事柄を詳細に覚えられる直観的記憶力を持っている人がいる。しかし、誰でも訓練と練習だけで直観的記憶力を身につけられるなんてことはありえないだろう。「まっさらな石板」説を裏付ける証拠としてよく挙げられるのが、何らかの分野で大成功を収めた人はほぼ決まってたくさんの訓練を積んだというものである。確かにそのとおりだが、だからといって、何らかの分野でたくさんの訓練を積んだ人がみな大成功を収められるということにはならない。アリストテレスやブールも十分にわかっていたとおり、「AゆえにB」と「BゆえにA」は同じではないのだ。

　お叱りを受ける前に言っておくが、私はけっして、すべての人に数学を（あるいはどんな教科でも）教えるのには反対だと言っているわけではない。どんな活動であれ、優れた指導を受けてたくさん練習を積めばほぼ誰でも上達できる。だからこそ教育には価値がある。ポーヤ・ジェルジ（ジョージ・ポリア）は著書『いかにして問題を解くか』のなかで、いくつか役に立つ秘訣を教えてくれている。これは数学の問題を解くことを踏まえた本だが、「いかにして超人的な記憶力を身につけるか」といったたぐいの、ものを覚えるためのテクニックを教える本に似ているところもある。

だが、直観的記憶力の持ち主は記憶術など使っていない。思い出そうとすると即座に頭のなかに現われるのだ。それと同じように、たとえポーヤの秘訣をすべて身につけたところで、どんなに努力しても第二のガウスにはなれないだろう。現代のガウスたちは、特別な秘訣など教わる必要はない。ゆりかごのなかにいるうちに自分で編み出してしまうのだ。

たいていの人は、あまり興味のないことに本気で取り組んでも成功はしない。人が懸命に訓練を積むのはなぜか？　たとえ生まれつき才能があっても、それを維持するには練習を重ねなければならないからという理由もあるが、それよりも何よりも、やりたいからやる。たとえ難しかったり退屈だったりしても、どこか楽しんでいる。生まれつきの数学者に数学をやめさせるには、牢屋に閉じ込めるくらいしかないが、それでも壁を引っかいて数式を書くだろう。

本書で紹介した偉人たちは、つまるところその点でみな共通している。彼らは数学を愛していた。数学に取りつかれていた。ほかのことはいっさいできなかった。もっと稼げる仕事をあきらめ、家族の忠告に背き、多くの仲間から変人扱いされても気にせずに努力を重ね、評価も見返りも得られずに死んでいくことも厭わなかった。第一歩を踏み出すためだけに、何年ものあいだ無給で講義をおこなった。偉人たちは、突き進んでいたからこそ偉人なのだ。

では、何が彼らをかき立てたのだろう？

それはわからない。

原注

* 1 George Gheverghese Joseph. *The Crest of the Peacock*, I.B. Tauris 1991.
* 2 Alexandre Koyré. An unpublished letter of Robert Hooke to Isaac Newton, *Isis* 43 (1952) 312–337.
* 3 1942 年に王立協会はアイザック・ニュートン生誕 300 周年の記念式典を計画したが、第 2 次世界大戦によって 1946 年まで延期された。ケインズは「ニュートン、その人となり」という講演の原稿を用意していたが、式典の直前に亡くなった。そこで弟のジェフリーが代読した。
* 4 Richard Aldington. *Frederick II of Prussia, Letters of Voltaire and Frederick the Great*, Letter H7434, 25 January 1778, Brentano's 1927.
* 5 厳密に言うと、その多項式は既約でなければならない。つまり、係数が整数であるもっと次数の低い 2 つの多項式の積であってはならない。n を素数とすると、$x^{n-1} + x^{n-2} + \cdots\cdots + x + 1$ は必ず既約である。
* 6 ボイオティアとはギリシャ中央部の一地方の名前。古代、アテナイの人々は、ボイオティア人のことをのろまで頭が悪いとみなしていた。そのためこの言葉は、のろまでばかを指すようになった。
* 7 Tony Rothman. Genius and biographers: the fictionalization of Évariste Galois, *American Mathematical Monthly* 89 (1982) 84-106.
* 8 イギリス英語では、コンピュータ・プログラムは program とアメリカ綴りで書き、それ以外のプログラムは programme と書いて区別する。それが産業界の標準にもなっている。
* 9 June Barrow-Green. *Poincaré and the Three Body Problem*, American Mathematical Society, Providence 1997.
* 10 ラマヌジャンの「最上の公式」とは以下のようなもの。

$$f(x) = \sum_{k=0}^{\infty} \frac{\varphi(k)}{k!}(-x)^k$$

が複素値関数であれば、オイラーのガンマ関数を $\Gamma(s)$ として、

$$\int_0^\infty x^{s-1} f(x) dx = \Gamma(s)\varphi(-s)$$

が成り立つ。
* 11 Andrew Economou, Atsushi Ohazama, Thantrira Porntaveetus, Paul Sharpe, Shigeru Kondo, Albert Basson, Amel Gritli-Linde, Martyn Cobourne, and Jeremy Green. Periodic stripe formation by a Turing mechanism operating at growth zones in the mammalian palate, *Nature Genetics* (2012); DOI: 10.1038/ng.1090.
* 12 Benoit Mandelbrot. *A Maverick's Apprenticeship, The Wolf Prizes for Physics*, Imperial College Press 2002.
* 13 注 12 を見よ。
* 14 Benoit Mandelbrot. Information theory and psycholinguistics, in R. C. Oldfield and J.C. Marchall (eds.), Language, Penguin Books 1968.
* 15 注 12 を見よ。
* 16 $c = x + iy$ を複素数とする。$z_0 = 0$ からスタートして関数 $z^2 + c$ を繰り返し適用すると、
  $z_1 = z_0^2 + c$
  $z_2 = z_1^2 + c$
  $z_3 = z_2^2 + c$
  などとなる。このとき、すべての点 z_n が複素平面上の何らかの有限領域内に含まれる、つまり、

反復によって得られる数列が有界であるような c のみが、マンデルブロ集合に属する。

* 17 https://www.youtube.com/watch?v=wO61D9x6lNY.

参考文献

全編

- Eric Temple Bell. *Men of Mathematics*, Simon and Schuster 1986. (First published 1937.) ［邦訳、E・T・ベル『数学をつくった人びと』〈I・II・III〉田中勇・銀林浩訳、ハヤカワ文庫 NF］
- Carl Benjamin Boyer. *A History of Mathematics*, Wiley 1991. ［邦訳、カール・B・ボイヤー『数学の歴史』〈1・2・3・4・5〉加賀美鐵雄・浦野由有訳、朝倉書店］
- Morris Kline. *Mathematical Thought from Ancient to Modern Times*, Oxford University Press 1972.
- MacTutor History of Mathematics archive: http://www-groups.dcs.stand.ac.uk/~history/
- Wikipedia: https://en.wikipedia.org/wiki/Main_Page

1 __ アルキメデス

- Eduard Jan Dijksterhuis. *Archimedes*, Princeton University Press 1987.
- Mary Gow. *Archimedes: Mathematical Genius of the Ancient World*, Enslow 2005.
- Thomas L. Heath. *The Works of Archimedes* (reprint), Dover 1897.
- Reviel Netz and William Noel. *The Archimedes Codex*, Orion 2007. ［邦訳、リヴィエル・ネッツ／ウィリアム・ノエル『解読! アルキメデス写本』吉田晋治訳、光文社］

2 __ 劉徽

- George Gheverghese Joseph. *The Crest of the Peacock*, I.B. Tauris 1991. ［邦訳、ジョージ・G・ジョーゼフ『非ヨーロッパ起源の数学』垣田高夫・大町比佐栄訳、講談社ブルーバックス］

3 __ ムハンマド・アル＝フワーリズミー

- Ali Abdullah al-Daffa. *The Muslim Contribution to Mathematics*, Croom Helm 1977. ［邦訳、アリー・A・アル＝ダッファ『アラビアの数学』武隈良一訳、サイエンス社］
- George Gheverghese Joseph. *The Crest of the Peacock*, I.B. Tauris 1991. ［邦訳、前出］
- Roshdi Rashed. *Al-Khwarizmi: The Beginnings of Algebra*, Saqi Books 2009.

4 __ サンガーマグラーマのマーダヴァ

- George Gheverghese Joseph. *The Crest of the Peacock*, I.B. Tauris 1991. ［邦訳、前出］

5 __ ジローラモ・カルダーノ

- Girolamo Cardano. *The Book of My Life*, NYRB Classics 2002. (First published 1576.) ［邦訳、ジェローラモ・カルダーノ『カルダーノ自伝』清瀬卓・澤井繁男訳、平凡社ライブラリー］
- Girolamo Cardano. *The Rule of Algebra (Ars Magna)* (reprint), Dover 2007. (First published 1545.)

6 __ ピエール・ド・フェルマー

- Michael Sean Mahoney. *The Mathematical Career of Pierre de Fermat, 1601 – 1665* (second

edition), Princeton University Press 1994.
- Simon Singh. *Fermat's Last Theorem — The Story of a Riddle that Confounded the World's Greatest Minds for 358 Years* (second edition), Fourth Estate 2002.［邦訳、 サイモン・シン 『フェルマーの最終定理』 青木薫訳、 新潮文庫］

7 __アイザック・ニュートン

- Richard S. Westfall. *The Life of Isaac Newton*, Cambridge University Press 1994.
- Richard S. Westfall. *Never at Rest*, Cambridge University Press 1980.［邦訳、 リチャード・S・ウェストフォール 『アイザック・ニュートン』〈1・2〉田中一郎・大谷隆昶訳訳、 平凡社］
- Michael White. *Isaac Newton: The Last Sorcerer*, Fourth Estate 1997.

8 __レオンハルト・オイラー

- Ronald S. Calinger. *Leonhard Euler — Mathematical Genius in the Enlightenment*, Princeton University Press 2015.
- William Dunham. *Euler — The Master of Us All*, Mathematical Association of America 1999.［邦訳、 ウィリアム・ダンハム 『オイラー入門』 黒川信重・若山正人・百々谷哲也訳、 丸善出版］

9 __ジョゼフ・フーリエ

- Ivor Grattan-Guinness. *Joseph Fourier 1768 — 1830*, MIT Press 1972.
- John Hervel. *Joseph Fourier — the Man and the Physicist*, Oxford University Press 1975.

10 __カール・フリードリヒ・ガウス

- Walter K. Bühler. *Gauss — A Biographical Study*, Springer 1981.
- G. Waldo Dunnington, Jeremy Gray, and Fritz-Egbert Dohse. *Carl Friedrich Gauss: Titan of Science*, Mathematical Association of America 2004.［邦訳、 G・ウォルド・ダニングトンほか 『ガウスの生涯』 銀林浩・小島穀男・田中勇訳、 東京図書］
- M.B.W. Tent. *The Prince of Mathematics — Carl Friedrich Gauss*, A.K. Peters / CRC Press 2008.

11 __ニコライ・イワノヴィッチ・ロバチェフスキー

- Athanase Papadopoulos (editor). *Nikolai I. Lobachevsky, Pangeometry*, European Mathematical Society 2010.

12 __エヴァリスト・ガロア

- Laura Toti Rigatelli. *Évariste Galois 1811 — 1832* (Vita Mathematica), Springer 2013.

13 __オーガスタ・エイダ・キング

- Malcolm Elwin. *Lord Byron's Family: Annabella, Ada and Augusta, 1816 — 1824*, John Murray 1975.
- James Essinger. *Ada's Algorithm — How Lord Byron's Daughter Ada Lovelace Launched the Digital Age*, Gibson Square Books 2013.
- Anthony Hyman. *Charles Babbage — Pioneer of the Computer*, Oxford University Press 1984.
- Sydney Padua. *The Thrilling Adventures of Lovelace and Babbage — The (Mostly) True Story of the*

First Computer, Penguin 2016.

14 ジョージ・ブール

- Desmond MacHale. *The Life and Work of George Boole* (second edition), Cork University Press 2014.
- Gerry Kennedy. *The Booles and the Hintons: Two Dynasties That Helped Shape the Modern World*, Atrium 2016.
- Paul J. Nahin. *The Logician and the Engineer: How George Boole and Claude Shannon Created the Information Age*, Princeton University Press 2012.［邦訳、ポール・J・ナーイン『0と1の話』松浦俊輔訳、青土社］

15 ベルンハルト・リーマン

- John Derbyshire. *Prime Obsession: Bernhard Riemann and the Greatest Unsolved Problem in Mathematics*, Plume Books 2004.［邦訳、ジョン・ダービーシャー『素数に憑かれた人たち』松浦俊輔訳、日経BP社］
- Marcus Du Sautoy. *The Music of the Primes: Why an Unsolved Problem in Mathematics Matters* (second edition), HarperPerennial 2004.［邦訳、マーカス・デュ・ソートイ『素数の音楽』冨永星訳、新潮文庫］

16 ゲオルク・カントール

- Amir D. Aczel. *The Mystery of the Aleph: Mathematics, the Kabbalah, and the Search for Infinity*, Four Walls Eight Windows 2000.［邦訳、アミール・D・アクゼル『「無限」に魅入られた天才数学者たち』青木薫訳、ハヤカワ文庫NF］
- Joseph Warren Dauben. *Georg Cantor: His Mathematics and Philosophy of the Infinite* (second edition), Princeton University Press 1990.

17 ソフィア・コワレフスカヤ

- Ann Hibner Koblitz. *A Convergence of Lives — Sofia Kovalevskaia: Scientist, Writer, Revolutionary*, Birkhäuser 1983.

18 アンリ・ポアンカレ

- Jean-Marc Ginoux and Christian Gerini. *Henri Poincaré: A Biography Through the Daily Papers*, WSPC 2013.
- Jeremy Gray. *Henri Poincaré, A Scientific Biography*, Princeton University Press 2012.
- Jacques Hadamard. *The Psychology of Invention in the Mathematical Field*, Princeton University Press 1945. (Reprinted Dover 1954.)［邦訳、ジャック・アダマール『数学における発明の心理』伏見康治・尾崎辰之助・大塚益比古訳、みすず書房］
- Ferdinand Verhulst. *Henri Poincaré*, Springer 2012.

19 ダフィット・ヒルベルト

- Constance Reid. *Hilbert*, Springer 1970.［邦訳、コンスタンス・リード『ヒルベルト』彌永健一訳、岩波現代文庫］

- Ben Yandell. *The Honors Class: Hilbert's Problems and Their Solvers* (second edition), A.K. Peters / CRC Press 2003.

20 __エミー・ネーター

- Auguste Dick. *Emmy Noether: 1882 – 1935*, Birkhäuser 1981.［邦訳、 A・ディック『ネーターの生涯』 静間良次・諏訪由利子訳、 東京図書］
- M.B.W. Tent. *Emmy Noether: The Mother of Modern Algebra*, A.K. Peters / CRC Press 2008.

21 __シュリニヴァーサ・ラマヌジャン

- Bruce C. Berndt and Robert A. Rankin. *Ramanujan: Letters and Commentary*, American Mathematical Society 1995.［邦訳、 B・C・バーント／R・A・ランキン『ラマヌジャン書簡集』 細川尋史訳、 丸善出版］
- Robert Kanigel. *The Man Who Knew Infinity – A Life of the Genius Ramanujan*, Scribner's 1991.［邦訳、 ロバート・カニーゲル『無限の天才』 田中靖夫訳、 工作舎］
- S.R. Ranganathan. *Ramanujan; The Man and the Mathematician* (reprint), Ess Ess Publications 2009.

22 __クルト・ゲーデル

- Gabriella Crocco and Eva-Maria Engelen. *Kurt Gödel, Philosopher-Scientist*, Publications de l'Université de Provence 2016.
- John Dawson. *Logical Dilemmas: The Life and Work of Kurt Gödel*, A.K. Peters / CRC Press 1996.［邦訳、 ジョン・W・ドーソンJr『ロジカル・ディレンマ』 村上祐子・塩谷賢訳、 新曜社］

23 __アラン・チューリング

- Andrew Hodges. *Alan Turing: The Enigma*, Burnett Books 1983.［邦訳、 アンドルー・ホッジス 『エニグマ　アラン・チューリング伝』〈上・下〉土屋俊・土屋希和子訳、 勁草書房］
- Michael Smith. *The Secrets of Station X: How the Bletchley Park Codebreakers Helped Win the War*, Biteback Publishing 2011.
- Dermot Turing. *Prof: Alan Turing Decoded*, The History Press 2016.

24 __ブノワ・マンデルブロ

- Michael Frame and Nathan Cohen (eds.). *Benoit Mandelbrot: a Life in Many Dimensions*, World Scientific, Singapore 2015.
- Benoit Mandelbrot. *The Fractalist: Memoir of a Scientific Maverick*, Vintage 2014.［邦訳、 ベノワ・B・マンデルブロ『フラクタリスト』 田沢恭子訳、 早川書房］

25 __ウィリアム・サーストン

- David Gabai and Steve Kerckhoff (eds.). William P. Thurston, 1946 – 2012. *Notices of the American Mathematical Society* 62 (2015) 1318 – 1332; 63 (2016) 31 – 41.

索引

ア行

アインシュタイン,アルベルト ... xii–xiv, 164, 165, 183, 221, 222, 285, 286, 300, 306, 307, 318, 343, 345, 346, 356, 400
アーベル,ニールス ... 168, 169, 179, 181, 226, 227, 262, 263
アポロニウス ... 66
アリストテレス ... iii, 83, 209, 210, 233, 245, 415
アル＝カーシー,ジャムシード ... 43
アルキメデス ... iv, ix, 1–13, 15, 16, 19, 21, 23, 36, 49, 87, 143, 269
アルキメデスの原理 ... 4, 11
アルキメデスの熱光線 ... 3
アルゴリズム ... ix, 29, 36–38, 127, 192, 299, 356–358, 360, 363
アル＝フワーリズミー,ムハンマド ... ix, 27, 29–40, 56, 207, 412
アンティキティラの機械 ... 4
アンテミオス ... 2
一般相対論 ... xii, xiv, 221, 222, 279, 286, 300, 346, 400
イデアル数 ... 75, 294, 312
イブン・バットゥータ,ムハンマド ... 25
引力の逆2乗則 ... 93, 95, 96
ヴァスコ・ダ・ガマ ... 50
ヴィトゲンシュタイン,ルートヴィヒ ... 246
ウィリアムズ,ヒュー ... 15
ヴェイユ予想 ... 336
ヴェーバー,ヴィルヘルム ... 146, 147, 219–221
運動の三法則 ... 92, 93
エウクレイデス(ユークリッド) ... iv, v, xiii, 33, 34, 36, 54, 71, 73, 83, 129, 130, 134, 135, 137, 138, 150, 152–154, 159, 213, 276, 289, 296–298, 309, 310, 347, 399, 411, 412
エウドクソス ... 8
ACE(自動計算エンジン) ... 367
エリオット,ジョージ ... 258
オイラー,レオンハルト ... x, xiv, 68, 70, 74, 99–114, 116, 123, 141, 229, 293, 331, 407, 408, 410, 411, 417
オイラー角 ... 113
オイラー定数 ... 109
オイラーのこま ... 113, 266, 267
オイラー方程式 ... 113

カ行

階差機関 ... 187–192, 194
解析機関 ... xii, 190–192, 194, 196
ガウス,カール・フリードリヒ ... xi, 65, 69, 70, 110, 128–134, 136–139, 141–148, 150, 157–161, 174, 219–223, 225, 227, 228, 273, 276, 294, 305, 332, 336, 407, 408, 410, 411, 413, 416
ガリレイ,ガリレオ ... iii, 83, 92, 239
カルダーノ,ジローラモ ... x, 52–55, 58–62, 176, 177, 407
ガロア,エヴァリスト ... xi, 166–175, 179, 181, 183, 294, 308, 340, 407
ガロア群 ... 180, 181
完全性定理 ... 344
カント,イマヌエル ... 152, 288, 289
カントール,ゲオルク ... xii, 123, 232–249, 340, 345, 385
幾何化予想 ... 165, 399, 401, 402
キケロ ... 16
驚異の定理 ... 147, 220
キルヒホッフの法則 ... 147
キング,オーガスタ・エイダ ... xi, xii, 184–187, 190–196, 407
グラフ理論 ... 111
グレゴリー,ジェイムズ ... 43, 48
クンマー,エルンスト ... 75, 227, 235, 294, 312
群論 ... 165, 168
ケインズ,ジョン・メイナード ... 97, 417
ゲーデル,クルト ... xv, 299, 339, 341–346, 349–353, 357, 358, 360, 361, 407
ケプラー,ヨハネス ... 83, 92, 93, 95, 283
ケプラーの三法則 ... 92, 93, 96
『原論』(エウクレイデス) ... iv, 33, 34, 71, 129, 134, 135, 150, 152, 154
コーシー,オーギュスタン＝ルイ ... 146, 178, 179, 223, 225, 260

コーシー＝コワレフスカヤの定理 260
コーシーの定理 145, 146
ゴムシートの幾何学 xiii, 273, 398
コワレフスカヤ, ソフィア xii, xiii, 250-267, 407
コワレフスカヤのこま 264

サ行

最終定理（フェルマー） viii, x, 63, 65, 70, 72, 74-76, 109, 214, 223, 228, 293, 294
最小時間の原理 67
サーストン, ウィリアム xvi, 165, 391, 394-396, 398, 399, 401, 403-405, 407
サッカス, イオアンニス 2, 3
サッケーリ, ジョヴァンニ 155, 156, 159-161
三角関数の無限級数展開 ix, 44
ザーンキ, チャールズ 15
三段論法 209, 210
シェルピンスキー, ヴァツワフ 376, 385, 386, 387
シェルピンスキーのガスケット 376, 385, 386, 387
『自然哲学の数学的諸原理』（プリンキピア） x, 80, 86, 87, 90-93, 96, 143
志村＝谷山＝ヴェイユ予想 76
シャノン, クロード 217
ジャーマン, R・A 15
シャンポリオン, ジャン＝フランソワ 120
集合論 xii, 124, 206, 233, 234, 236-238, 245-249, 345, 348, 352
ジョーゼフ, ジョージ・G 19, 25, 47, 50
ジラール, アルベール 69
スピノザ, ベネディクト 208
スペンサー, ハーバート 258
関孝和 193
双曲幾何学 xi, 161-164
素数定理 133, 228-230, 321, 332
祖沖之 23, 25

夕行

対角線論法 242, 243, 246

代数学の基本定理 145
ダーウィン, チャールズ 256, 257
ダ・ヴィンチ, レオナルド 54
谷山豊 75
ダランベール, ジャン・ル・ロン 106, 116
中心極限定理 358
チューリング, アラン xv, 354-372, 407
チューリングテスト xv, 367, 368
チューリングマシン 358-360
趙君卿 21
張衡 21, 22
ディオファントス 14, 34, 36, 56, 71, 73
ディオファントス方程式 14, 71, 72, 75, 299
ティティウス＝ボーデ則 144
デカルト, ルネ 3, 64, 67, 68, 74, 83, 84, 94, 104, 136
てこの原理 iv, 4, 7, 10
デュマ, アレクサンドル 173
デル・フェッロ, シピオーネ 57-60
特殊相対論 xiii, 165, 183, 285, 286, 307
トーシェント関数（オイラー関数） 110
閉じた時間的曲線 346
ドストエフスキー, フョードル 253-255
ド・ソシュール, オラス＝ベネディクト 125, 126

ナ行

ナポレオン 119, 120, 221
23の未解決問題リスト（ヒルベルト問題） 230, 299, 300
ニュートン, アイザック iii, v, vi, ix, x, xiii, 43, 49-51, 77-87, 89-98, 104, 110, 116, 143, 223, 265, 283, 308-310, 348, 407, 408, 414, 417
ネーター, エミー xiv, 301, 303-312, 314-318, 408
ネーター環 312, 314
熱伝導方程式 120, 121, 123, 126, 127, 260
ネルソン, ホレイショ 119

ハ行

ハイヤーム, ウマル 57, 153-155

バイロン,ジョージ・ゴードン	185, 186
ハクスリー,トーマス	257
ハーシュ,ルーベン	vii, viii
パスカル,ブレーズ	64
ハーディー,ゴッドフレイ・ハロルド	230, 320-322, 327-330, 332, 334, 336-338
波動方程式	116, 117, 123
バベッジ,チャールズ	xi, xii, 187, 188, 190-192, 195-197
万有引力の法則	283
ピタゴラスの定理	19, 20, 24, 25, 46, 71
ヒッパルコス	45, 46
非ユークリッド幾何学	xi, xvi, 145, 151, 156-159, 162, 163, 270, 272
ヒルベルト,ダフィット	xiii-xv, 204, 227, 230, 234, 247, 287-302, 306-308, 310, 311, 314, 344, 348, 349, 351, 357, 376, 410
フェイディアス	5
フェルマー,ピエール・ド	viii, x, 62-77, 87, 92, 109, 138, 141, 214, 223, 228, 293, 294, 407
フェルマーの小定理	109
フォンタナ,ニッコロ(タルタリア)	58
不確定性原理	310
不完全性定理(第一不完全性定理)	349, 357
藤原大	405
フック,ロバート	v, 93, 95, 96, 116, 269, 270
フックス関数	269, 270
フックの法則	116
プトレマイオス	39, 45, 46
フラクタル	xv, 373, 375, 381, 383-390
ブラック=ショールズ方程式	127
プラトン	vii
フーリエ,ジョゼフ	x, 115-127, 170, 223, 260, 407
フーリエ解析	x, 126, 231
フーリエ級数	122, 126, 127, 219, 235, 236, 379
フーリエ変換	127, 231
ブール,ジョージ	xii, xiii, 198-213, 216, 217, 291, 407, 415
ブール関数	208
ブール代数	205, 213, 216, 217
プルタルコス	5, 7, 15, 16
ブルバキ,ニコラ	248, 249, 305, 379
平行線公理	152-156, 159-163, 296, 298
平方剰余の相互法則(ガウスの黄金定理)	110, 133, 141, 142, 294, 295
ベルヌーイ,ダニエル	105, 108
ベルヌーイ,ヤコブ	104, 108, 193
ベルヌーイ,ヨハン	104, 108, 116, 123
ベルヌーイ数	193, 195
ベル方程式	14, 15, 68
ペレルマン,グリゴリ	xvi, 279, 398, 400-402
変分法	67, 106, 113
ポアソン方程式	225
ポアンカレ,アンリ	xiii, xvi, 146, 164, 183, 268-273, 276-282, 284-286, 316, 387, 392, 396, 402, 410
ポアンカレ写像	280, 282
ポアンカレ=ベンディクソンの定理	282
ポアンカレ予想	273, 277, 279, 396-398, 400-402
『放物線の求積』	6
ボンベリ,ラファエル	61

マ行

マイブリッジ,エドワード	iii
マーダヴァ,イリンナラッピッリ	ix, 41-44, 47-50, 409
マルクス,カール	259
マンデルブロ,ブノワ	xv, xvi, 373-383, 385, 386, 388-390, 407
マンデルブロ集合	389, 390, 418
無限降下法	64, 73
ムハンマド(預言者)	25, 28
無矛盾性定理(第二不完全性定理)	349, 351
モジュラ算術(合同算術)	138, 140

ヤ行

ヤコービ,カール	xiv, 142, 143, 174, 175, 331, 336
ヤーノシュ,ボーヤイ	xi, 151, 159-161

ユークリッド幾何学　xi, 150–153, 155, 156, 160, 162, 163, 273, 295, 297, 298, 383

ラ行

ライプニッツ, ゴットフリート　26, 87, 89–91, 108, 110
ラグランジュ　70, 119, 141, 169, 176–179, 202, 266
ラグランジュのこま　266, 267
ラグランジュの定理　110
ラッセル, バートランド　343, 348
ラテン方格　112
ラプラス　114, 202, 261
ラマヌジャン, シュリニヴァーサ　xiv, 319, 321–338, 407, 417
リヴィングストン, デイヴィッド　vi
リウヴィル, ジョゼフ　75, 174, 242
リーマン, ベルンハルト　xii, 124, 164, 218–231, 235, 307, 400
リーマン幾何学　164
リーマン面　225, 237
リーマン予想　xii, 227, 228, 230, 231, 299, 352
劉徽　ix, 17, 19, 21–25
劉歆　22
ルキアノス　2
ルジャンドル, アドリアン＝マリ　74, 119, 168, 222
ルフィニ, パオロ　178, 179
ルベーグ, アンリ　124
レーニン, ウラディミール　256, 259
ロバチェフスキー, ニコライ・イワノヴィッチ　xi, 149–151, 157–159, 161, 162
ロベスピエール, マクシミリアン　119
ローレンツ群　183, 286, 307

ワ行

ワイルズ, アンドリュー　viii, 76, 77, 223

［著者］
イアン・スチュアート（Ian Stewart）
ウォーリック大学数学部教授。英国の第一線の数学者であり、ポピュラーサイエンス書の著者としても世界的に有名。2001年に、王立協会のフェローとなる。新聞や雑誌の記事の執筆、テレビの科学番組への出演なども積極的に行っている。著書に、『数学の秘密の本棚』『世界を変えた17の方程式』『数学で生命の謎を解く』（いずれもSBクリエイティブ）、『もっとも美しい対称性』（日経BP社）、『自然界の秘められたデザイン』（河出書房新社）などがある。

［訳者］
水谷淳（みずたに・じゅん）
翻訳者。主に科学や数学の一般向け解説書を扱う。主な訳書にジョージ・チャム、ダニエル・ホワイトソン『僕たちは、宇宙のことぜんぜんわからない』、ジェイムズ・バラット『人工知能　人類最悪にして最後の発明』（ともにダイヤモンド社）、イアン・スチュアート『数学の秘密の本棚』、ジム・アル＝カリーリ、ジョンジョー・マクファデン『量子力学で生命の謎を解く』（ともにSBクリエイティブ）、レナード・ムロディナウ『この世界を知るための　人類と科学の400万年史』（河出書房新社）、ユージン・E・ハリス『ゲノム革命――ヒト起源の真実』（早川書房）などがある。

数学の真理をつかんだ25人の天才たち

2019年1月16日　第1刷発行

著　者――イアン・スチュアート
訳　者――水谷淳
発行所――ダイヤモンド社
　　　　　〒150-8409　東京都渋谷区神宮前6-12-17
　　　　　http://www.diamond.co.jp/
　　　　　電話／03・5778・7232（編集）　03・5778・7240（販売）
編集協力――片桐克博
装丁―――杉山健太郎
本文レイアウト――布施育哉
校正―――鷗来堂
製作進行――ダイヤモンド・グラフィック社
印刷―――信毎書籍印刷（本文）・加藤文明社（カバー）
製本―――ブックアート
編集担当――廣畑達也

Ⓒ2019 Jun Mizutani
ISBN 978-4-478-10407-1
落丁・乱丁本はお手数ですが小社営業局宛にお送りください。送料小社負担にてお取替えいたします。但し、古書店で購入されたものについてはお取替えできません。
無断転載・複製を禁ず
Printed in Japan

◆ダイヤモンド社の本◆

ありえないほど「シンプルな問い」で、今知っておくべき教養が身につく!

「樹木は移動できるのか?」「最短距離は常に「直線」か?」「眠らずに生きることはできるか?」――数百年、知を紡いできたフランスの一流科学者たちが「100のQ」に向き合い、大真面目に、そして超わかりやすく答える! 数学、物理学、経済学、心理学、哲学、脳科学、天文学など、最先端の「知の武器」20分野超を網羅した決定版!

世界一深い100のQ
いかなる状況でも本質をつかむ思考力養成講座

ロジェ・ゲスネリ、ジャン＝ルイ・ボバンほか [著] 吉田良子 [訳]

●四六判並製●定価（本体1600＋税）

http://www.diamond.co.jp/